FORSCHUNGSBERICHT DES LANDES NORDRHEIN-WESTFALEN

Nr. 2558/Fachgruppe Hüttenwesen/Werkstoffkunde

Herausgegeben im Auftrage des Ministerpräsidenten Heinz Kühn
vom Minister für Wissenschaft und Forschung Johannes Rau

AF792205

Prof. Dr. Bruno Predel
Institut für Metallkunde
der Universität Stuttgart
und Max-Planck-Institut für Metallforschung,
Institut für Werkstoffwissenschaften
Stuttgart

Experimentelle Untersuchungen zur Thermodynamik der Legierungsbildung

Westdeutscher Verlag 1976

© 1976 by Westdeutscher Verlag GmbH, Opladen
Gesamtherstellung: Westdeutscher Verlag

ISBN 978-3-531-02558-2 ISBN 978-3-322-88307-0 (eBook)
DOI 10.1007/978-3-322-88307-0

Inhalt Seite

Seite

Seite

1. Einführung

Reaktionen im physikalisch-chemischen Sinne laufen bekanntlich nur dann spontan ab, wenn die freie Enthalpie des Reaktionssystems dabei erniedrigt wird. Das gilt naturgemäß auch für Systeme,an denen ausschließlich oder teilweise Metalle beteiligt sind. Die Kenntnis der entsprechenden thermodynamischen Gegebenheiten ermöglicht es, die im wesentlichen durch systematisches Probieren empirisch gefundenen metallurgischen Prozesse und Reaktionen zur Verbesserung der Eigenschaften von Legierungen im Prinzip zu durchschauen und erforderlichenfalls zu optimieren. Erinnert sei an Ausscheidungsreaktionen in übersättigten Mischkristallen, die zur Erhöhung der Festigkeit von metallischen Materialien in ungewöhnlich breitem Ausmaß genutzt werden. Zu ihrem Verständnis ist die Kenntnis der thermodynamischen Eigenschaften des Systems unerläßlich. Gleiches gilt für metallphysikalische Grundphänomene wie die Diffusion, den Erstarrungsprozeß von Schmelzen und die Strukturumwandlungen in festen Legierungen, die alle von erheblicher technologischer Bedeutung sind.

In den letzten Jahrzehnten ist der Bedarf an speziellen metallischen Werkstoffen infolge der raschen Entwicklung neuer komplexer technischer Projekte außerordentlich angestiegen. Als Beispiele seien die Halbleitertechnik, die Kernreaktortechnik, die Supraleitungstechnologie und die metallischen Hochtemperaturwerkstoffe für leistungsfähige Triebwerke erwähnt. Nicht nur bei der Herstellung von Legierungen mit speziellen Eigenschaften, sondern auch bei ihrem Einsatz treten Probleme auf, die ohne Kenntnis der energetischen Verhältnisse kaum rationell lösbar sind. Gravierend sind solche Probleme der sogenannten "Verträglichkeit" von Metallkombinationen, das heißt des Nichteintretens von schädlichen Reaktionen zwischen den Systemkomponenten, insbesondere im Kernreaktor und beim Einsatz von Werkstoffen bei hohen Arbeitstemperaturen.

Die zunehmende Vielfalt spezieller metallischer Werkstoffe und ihrer Kombinationen in technologischen Systemen erfordert zur

Beherrschung vieler der damit verbundenen metallkundlichen und metallphysikalischen Probleme eine Vermehrung unseres Wissens auf dem Gebiet der Thermodynamik der Legierungsbildung. Diese Notwendigkeit zwingt zwar oft zur Erforschung sehr spezieller energetischer Gegebenheiten, um ein aktuelles Problem langfristig zu lösen, wie beispielsweise im Falle der Kernenergietechnik, von allgemeinem Nutzen dürfte indessen eine Vertiefung der grundlegenden Erkenntnisse im Bereich der Thermodynamik der Legierungsbildung sein. Bei Kenntnis des generellen Einflusses bestimmter Faktoren sind, ohne oft recht aufwendige Einzeluntersuchungen durchführen zu müssen, gewisse Voraussagen über Stabilitäts- und Reaktionsverhältnisse in konkreten Metallsystemen möglich, die in vielen Fällen bei der Projektierung technischer Anlagen zur Orientierung bereits von erheblicher Bedeutung sein können. Diesem Ziel wird in den weiter unten beschriebenen Untersuchungen nachgegangen. Es soll in erster Linie durch experimentelle Ermittlung der thermodynamischen Eigenschaften ausgewählter binärer metallischer Systeme eine gesicherte Basis geschaffen werden, auf der die Erschließung einiger Faktoren möglich ist, die für die thermodynamischen Überschußfunktionen der Legierungen von grundsätzlicher Bedeutung sind. Die im vorliegenden Falle im Vordergrund des Interesses stehenden Einflußgrößen sind die Auswirkung einer "Fehlpassung" infolge von Atomradiendifferenzen auf die thermodynamischen Eigenschaften flüssiger Legierungen, die Auswirkung von Strukturdifferenzen zwischen Ausgangs- und Endphasen bei der Legierungsbildung und die Rückwirkung elektronischer Besonderheiten in einer Reihe von Systemen. In stofflicher Hinsicht werden bei diesen Untersuchungen binäre Legierungen mit Gallium und mit Germanium bevorzugt behandelt, über die in thermodynamischer Hinsicht bis dahin nur wenige Informationen vorlagen.

2. Überblick über einige thermodynamische Zusammenhänge

Der Darstellung der angewandten experimentellen Methoden und der Erläuterung der Ergebnisse sei eine Zusammenfassung der wichtigsten grundlegenden Beziehungen zwischen thermodynamischen Größen vorangestellt und dabei gleichzeitig die angewandte Nomenklatur erläutert.

Als Maß für die Stabilität einer Legierung kann die Änderung der freien Enthalpie, ΔG (freie Mischungsenthalpie), bei der Legierungsbildung genommen werden. Sie ist bekanntlich mit der bei der Legierungsbildung eintretenden Änderung der Enthalpie, ΔH (Mischungsenthalpie), und der Änderung der Entropie, ΔS (Mischungsentropie), gemäß der Helmholtz-Gibbsschen Gleichung verknüpft:

$$\Delta G = \Delta H - T\Delta S \quad . \qquad (1)$$

Die Begriffe "freie Mischungsenthalpie", "Mischungsenthalpie" und "Mischungsentropie" werden im folgenden für flüssige Legierungen verwandt, während die entsprechenden Größen für feste Phasen mit "freie Bildungsenthalpie", "Bildungsenthalpie" und "Bildungsentropie" bezeichnet werden sollen.

Für den Fall einer idealen Lösung ist bekanntlich $\Delta H = 0$. Die Atomsorten sind völlig regellos verteilt und die Mischungsentropie ist daher gegeben durch:

$$\Delta S_{ideal} = - R \left[x_A \ln x_A + x_B \ln x_B \right] \qquad (2)$$

x_A und x_B bedeuten die Atombrüche der Komponenten der Legierung und R die allgemeine Gaskonstante.

Die Abweichungen der realen Größen ΔG, ΔH und ΔS von den Werten für eine ideale Lösung werden Überschußfunktionen oder Exzeßgrößen genannt:

$\Delta S^{ex} = \Delta S - \Delta S_{ideal}$ Exzeßentropie (3)

$\Delta H^{ex} = \Delta H$ Mischungsenthalpie (4)

$\Delta G^{ex} = \Delta G - \Delta G_{ideal}$ freie Exzeßenthalpie (5)

Das Vorzeichen und der Betrag der Überschußfunktionen wird festgelegt durch Änderungen der Bindungsverhältnisse, durch Strukturänderungen und durch das Auftreten von atomaren Fehlpassungen bei der Legierungsbildung. Ihre Ermittlung und Interpretation ist das Ziel dieser Untersuchungen.

Die integralen Größen ΔG, ΔH und ΔS setzen sich in bekannter Weise aus den entsprechenden partiellen Größen zusammen, z.B.:

$$\Delta G = x_A \overline{\Delta G_A} + x_B \overline{\Delta G_B} \qquad (6)$$

Die partielle freie Mischungsenthalpie einer Komponente, z.B. $\overline{\Delta G_A}$, ist unmittelbar mit der thermodynamischen Aktivität a_A verknüpft:

$$\overline{\Delta G_A} = RT \ln a_A \qquad (7)$$

T ist die Temperatur in ^{o}K.

Die partiellen Größen beider Komponenten eines binären Systems sind durch die Gibbs-Duhem-Gleichung miteinander verknüpft:

$$\overline{\Delta G_A} = - \int_{x_B = 0}^{x_B} \frac{x_B}{x_A} \, d \, \overline{\Delta G_B} \qquad (8)$$

Ferner sei die Verknüpfung der Temperaturabhängigkeit der thermodynamischen Aktivitäten mit der partiellen Mischungsenthalpie erwähnt:

$$\frac{d \ln a_A}{d(\frac{1}{T})} = \frac{\overline{\Delta H}_A}{R} \qquad (9)$$

Zur Kennzeichnung des Aggregatzustandes, in dem die betrachtete Legierung vorliegt, werden die Zeichen L (flüssi bzw. S (fest) an die Symbole angefügt, z.B. bedeutet ΔH^L die Mischungsenthalpie und ΔG^S die freie Bildungsenthalr Der Übergang fest $\rightleftarrows$ flüssig wird durch F gekennzeichnet; ΔH^F bedeutet beispielsweise die Schmelzenthalpie.

3. Experimentelle Methoden

Die üblichen Verfahren zur Ermittlung der thermodynamischen Überschußfunktionen sind in der Regel nicht universell anwendbar. Aus der Vielzahl der experimentellen Möglichkeiten ist für die Untersuchungen eine Reihe von optimalen Methoden ausgewählt worden.

Zur Bestimmung der partiellen freien Mischungsenthalpie haben sich, sofern eine der Legierungskomponenten einen hinreichend hohen Dampfdruck besitzt, Partialdampfdruckmessungen bewährt. Ferner ist die EMK-Methode mit flüssigen oder festen Elektrolyten eingesetzt worden. Die integralen Mischungsenthalpien konnten entweder direkt in einem Hochtemperaturkalorimeter gewonnen oder über die Schmelzenthalpien ermittelt werden. Die für die Auswertung thermodynamischer Basisdaten oft notwendige präzise Kenntnis der Phasengleichgewichte ist in einfacher Weise durch Differential-Thermoanalyse der Legierungen zugänglich.

Die Prinzipien dieser Methoden und einige Besonderheiten ihrer Realisierung sind im folgenden kurz dargelegt. Auf spezielle konstruktive Einzelheiten und auf eine konkrete Beschreibung der Versuchsdurchführung in den untersuchten Systemen, die von Fall zu Fall recht unterschiedlich sind, sei hier verzichtet. Diese Gegebenheiten sind in einer Reihe von Einzelpublikationen dargestellt, auf die bei der Erörterung der Resultate hingewiesen werden soll.

3.1 Partialdampfdruckmessungen nach der Vergleichsmethode

Das Verfahren beruht auf der Gleichgewichtseinstellung des Partialdampfdrucks zwischen einem leicht flüchtigen Metall A bei der Temperatur T_1 und der Legierung A-B bei der höheren Temperatur T_2, wobei die Legierungskomponente B bei dieser Temperatur einen vernachlässigbar kleinen Partialdampfdruck gegenüber A hat ($p_A >> p_B$)[1)2)]. Eine schematische Darstellung der benutzten Versuchsanordnung gibt Bild 1 wieder.

Die Legierung A-B und die leicht flüchtige Komponente A sind an jeweils einem Ende des Reaktionsrohrs untergebracht. Die Füllkörper (5) aus Glas reduzieren das Totvolumen dieses Reaktionsrohrs, das in der Mitte zu einer Kapillare verengt ist. Durch eine spezielle Widerstandsheizung wird der Aluminiumblock (6a) auf T_1 und (6b) auf T_2 gehalten ($T_1 < T_2$). Die gesamte Anordnung ist in einem Widerstandsofen (8) untergebracht. Bei vorgegebener Temperaturdifferenz $T_1 - T_2$ erfolgt so lange Destillation von A in die eine oder andere Richtung, bis das Partialdampfdruckgleichgewicht erreicht ist:

$$p^o_{A(T_1)} = p_{A(T_2,x_A)} \tag{10}$$

Wenn die Dampfdruckkurve von A bekannt ist, ist damit auch der Gleichgewichtspartialdruck $p_{A(T_2,x_A)}$ für die sich einstellende Gleichgewichtskonzentration x_A der Legierung A-B gegeben. Die thermodynamische Aktivität a_A folgt daraus gemäß

$$\frac{p_A}{p^o_A} = a_A \;; \quad (T = T_2,\; x = x_A) \tag{11}$$

x_A wird aus der Masse der eingewogenen flüchtigen Komponente B und der Masse der Legierung nach der Gleichgewichtseinstellung ermittelt. Zur Unterbindung unkontrollierbarer Destillationsprozesse nach Entnahme des Reaktionsrohrs aus dem Ofen wird zweckmäßigerweise die Kapillare rasch abgeschmolzen. Ferner hat sich eine dauernde Drehbewegung des Reaktionsgefäßes um seine Längsachse während des Versuches im Ofen bewährt. Die dadurch erzielte Rührwirkung beschleunigt die Gleichgewichtseinstellung durch Konzentrationsausgleich zwischen der Oberfläche und dem Inneren der flüssigen Legierung, und zwar in sehr beachtlichem Maße.

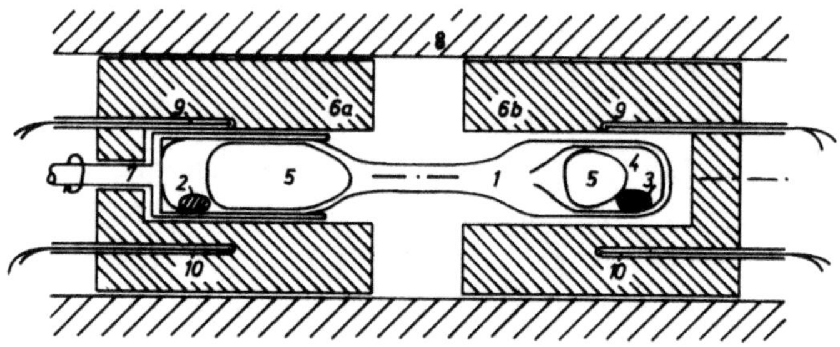

Bild 1
Versuchsanordnung zur Messung von Partialdampfdrucken nach der Vergleichsmethode

1 evakuiertes Reaktionsgefäß
2 reines, leichtflüchtiges Metall A
3 Legierung A-B
4 Glasbehälter für die Legierung
5 Füllkörper aus Glas
6 Aluminiumblöcke (a, b)
7 Drehvorrichtung
8 elektrischer Widerstandsofen
9 Thermoelemente zur Messung der Temperatur
10 Thermoelemente zur Regelung der Temperatur

3.2 Partialdampfdruckmessungen nach der isopiestischen Methode

Das Prinzip der Einstellung des Partialdampfdruckgleichgewichts durch isotherme Destillation kann auch genutzt werden, um die Partialdampfdrucke - und damit die thermodynamischen Aktivitäten - einer leicht flüchtigen Komponente A von zwei oder mehreren in einem geschlossenen Raum untergebrachten Legierungen A-B, A-C, A-D ... zu vergleichen[3). Bild 2 gibt das Prinzip der benutzten Versuchsanordnung wieder. Die Legierungen A-B, A-C und A-D mit der gemeinsamen leicht flüchtigen Komponente A sind in Gefäßen in einem Reaktionsrohr untergebracht. Das Totvolumen wird durch Füllkörper (5) reduziert. In einem Aluminiumblock (7), innerhalb dessen eine bestimmte, orts- und zeitkonstante Temperatur eingestellt wird, erfolgt eine Destillation von A zwischen den Legierungsproben mit zunächst willkürlicher Ausgangskonzentration, bis schließlich das Dampfdruckgleichgewicht erreicht ist. Für die sich einstellenden Endkonzentrationen $x_{A(A-B)}$, $x_{A(A-C)}$ und $x_{A(A-D)}$ gilt bei der Versuchstemperatur T:

$$a_{A(A-B)} = a_{A(A-C)} = a_{A(A-D)} \qquad (12)$$

Ist die Aktivität in einem dieser Systeme bekannt,dann ist sie damit auch für die beiden anderen gegeben.

In diesemFalle werden unmittelbar thermodynamische Aktivitäten, also Partialdampfdruckverhältnisse, ermittelt, bei der weiter oben erläuterten Variante der Taupunktsmethode resultieren hingegen absolute Partialdampfdrucke.Die Temperaturabhängigkeit der thermodynamischen Aktivitäten ist um eine bis zwei Größenordnungen kleiner als die der Partialdampfdrucke. Aus diesem Grunde gehen Meßfehler bei der Temperaturbestimmung im Falle der isopiestischen Methode weniger stark ein im Vergleich zu der Taupunktsmethode, wo ein Fehler von einem Grad in der Temperaturmessung bereits einen Fehler im Partialdampfdruck von der Größenordnung 5% bedingen kann. Diese Gegebenheit ist zweifellos ein wesentlicher Vorteil des isopiestischen Verfahrens. Allerdings übernimmt es die

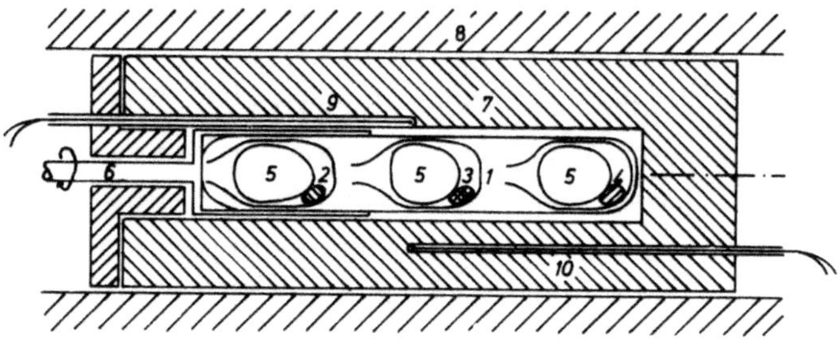

Bild 2

Versuchsanordnung zur Messung thermodynamischer Aktivitäten nach der isotopiestischen Methode

1 evakuiertes Reaktionsgefäß
2,3,4 Legierungen A-B, A-C, A-D mit einer gemeinsamen, leicht flüchtigen Komponente A
5 Füllkörper aus Glas
6 Drehvorrichtung
7 Aluminiumblock
8 elektrischer Widerstandsofen
9 Thermoelement zur Messung der Temperatur
10 Thermoelement zur Regelung der Temperatur

eventuellen Fehler des Vergleichssystems.

3.3 Bestimmung der thermodynamischen Aktivitäten nach der EMK-Methode

In einer galvanischen Zelle

$$\ominus \; |A|A^{z+}|A \text{ in } A\text{-}B| \; \oplus \qquad (13)$$

die als Konzentrationskette bezüglich der Elektroden wirkt, tritt eine Überführung der elektrochemisch unedlen Komponente A von der aus reinem A bestehenden Elektrode in die Legierung A-B ein. Bei Überführung von 1 g-Atom A ist die damit verbundene Erniedrigung der partiellen freien Mischungsenthalpie $\overline{\Delta G}_A$ dieser Komponente in der Legierung folgendermaßen mit der an den Elektroden abgreifbaren elektromotorischen Kraft E verknüpft:

$$\overline{\Delta G}_A = - z \cdot F \cdot E \qquad (14)$$

Dabei bedeutet z die Wertigkeit der A-Kationen im Elektrolyten und F die Faraday-Konstante.

Das Prinzip dieser EMK-Methode ist sowohl auf flüssige als auch auf feste Legierungen anwendbar[4)]. Desgleichen können feste oder flüssige Elektrolyte eingesetzt werden. Eine zur Untersuchung flüssiger Legierungen verwendete Versuchsanordnung ist in Bild 3 skizziert. Der Elektrolyt kann z.B. aus einem niedrigschmelzenden eutektischen Gemisch von LiCl und KCl bestehen, in dem ein Chlorid von A gelöst ist. Von diesem geschmolzenen Salzgemisch sind die Elektroden überschichtet. Nach erfolgter Messung bei einer vorgegebenen A-Konzentration der flüssigen Legierung A-B kann durch Einwurf bestimmter Mengen A bei (6) der A-Gehalt auf die nächste zu untersuchende Legierungskonzentration erhöht werden. Die Messungen werden unter Schutzgas durchgeführt.

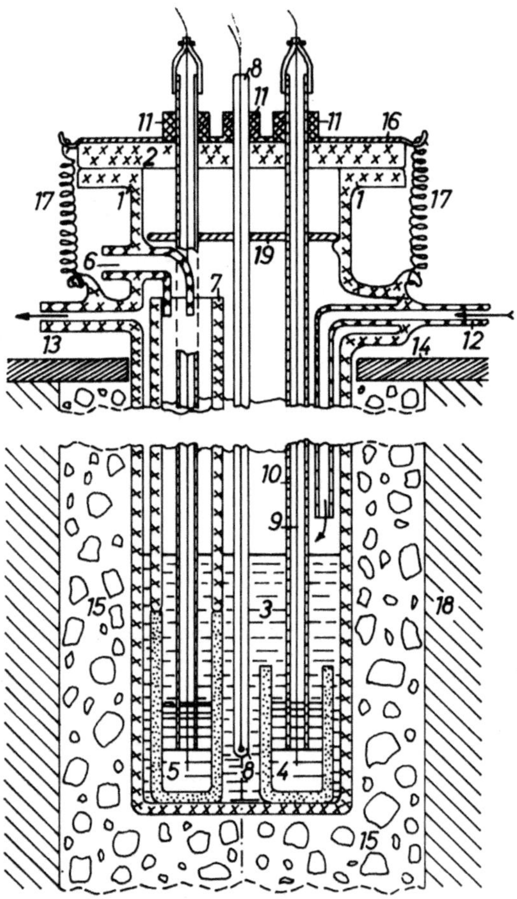

1 Gefäß aus Quarzglas
2 Deckplatte aus Quarzglas
3 flüssiger Elektrolyt
4 Tiegel mit reinem flüssigen Metall A
5 Tiegel mit Legierungsschmelze A - B
6 Öffnung für Einwurf von A
7 Führung für eingeworfenes A
8 Thermoelement
9 Elektrodenzuleitung aus Tantal oder Wolfram
10 Schutzrohr für die Elektrodenzuleitung
11 Dichtungsringe
12 Schutzgaszuleitung
13 Schutzgasableitung
14 Asbestplatte
15 Kohlegrus
16 Metallbügel
17 Spannfedern
18 elektrischer Widerstandsofen
19 Strahlenschutzplatte

Bild 3
Versuchsanordnung zur Messung thermodynamischer Aktivitäten nach der EMK-Methode mit flüssigen Elektrolyten

Die EMK-Methode ist in dieser Form nur dann anwendbar, wenn an den Elektrodenreaktionen, die das Potential der Legierungselektroden bestimmen, praktisch ausschließlich A-Ionen beteiligt sind.

Für die Untersuchung fester Legierungen hat sich die EMK-Methode vor allem bei Einsatz sauerstoffionenleitender Festkörperelektrolyte bewährt. Die galvanische Zelle kann folgenden prinzipiellen Aufbau haben:

$$\oplus \; |A + A_2O_z|\text{fester } O^{2-}\text{-Leiter}|\text{A-B-Legierung} + A_2O_z| \ominus \qquad (15)$$

A_2O_z ist ein Oxid der Komponente A der Legierung A-B und z die Wertigkeit von A.

Bei vorgegebener Temperatur stellen sich an den Elektroden die Gleichgewichtspartialdrucke des Sauerstoffs ein. Wenn $p^o_{O_2}$ der Sauerstoffpartialdruck an der Elektrode $|A + A_2O_z|$ und $p^{Leg}_{O_2}$ der Sauerstoffpartialdruck an der Elektrode $|\text{A-B-Legierung} + A_2O_z|$ ist, dann gilt $p^o_{O_2} > p^{Leg}_{O_2}$. Der Ausgleich dieser Partialdruckdifferenz kann durch den sauerstoffionenleitenden Elektrolyten erfolgen, indem O^{2-}-Ionen von links nach rechts (vgl. Gl. 15) wandern:

$$\oplus \quad |O_2 + 4e \quad 2\,O^{2-} \rightarrow O_2 - 4e| \quad \ominus \qquad (16)$$

Erfolgt dieser Vorgang isotherm und reversibel, dann ist die bei der Überführung der O^{2-}-Ionen geleistete Arbeit gegeben durch die Änderung der partiellen freien Enthalpie des Sauerstoffs:

$$-\,4 \cdot F \cdot E = RT \cdot \ln \frac{p^{Leg}_{O_2}}{p^{o}_{O_2}} \qquad (17)$$

Über die die Gesamtreaktion an beiden Elektroden beschreibende Reaktionsgleichung

$$2A + \frac{z}{2}\,O_2 \rightleftharpoons A_2O_z \qquad (18)$$

ergibt sich der Zusammenhang zwischen den Partialdrucken des Sauerstoffs und dem Partialdruck der Komponente A. Die Anwendung des Massenwirkungsgesetzes liefert:

$$\frac{(p^{o}_{A_2O_z})}{(p^{o}_{A})^2 \cdot (p^{o}_{O_z})^{z/2}} = \frac{(p^{Leg}_{A_2O_z})}{(p^{Leg}_{A})^2 \cdot (p^{Leg}_{O_2})^{z/2}} \qquad (19)$$

Da der Partialdruck von A_2O_z für beide Elektroden der Zelle (15) als gleich groß angenommen werden kann, folgt aus Gl. (19) für die thermodynamische Aktivität der Legierungskomponente A:

$$a_A = \left[\frac{p^{Leg}_{O_z}}{p^{o}_{O_z}} \right]^{z/4} \qquad (20)$$

Für die experimentelle Durchführung haben sich als sauerstoffionenleitende Festkörperelektrolyten unter anderem Mischkristalle von 0,85 Mol-% ThO_2 und 0,15 Mol-% $YO_{3/2}$ bewährt. Das Schema der eingesetzten Versuchsanordnung[4)5)] ist in Bild 4 wiedergegeben. Die galvanische Festkörperzelle ist in einem keramischen Rohr untergebracht, das mit einem Messingblock fest verbunden wurde. Mit einer Anpreßschraube können die Teile der Festkörperzelle über ein keramisches Röhrchen zusammengepreßt werden. Durch dieses Röhrchen wird ferner hochreines Argon als Schutzgas eingeleitet. Als Kontakt für die Ableitung der auftretenden EMK dienten Platinfolien mit angeschweißten Platindrähten. Zur Erzielung störungsfreier Messungen war die Erdung des über die gesamte Versuchsanordnung gasdicht geschobenen weiten Keramikrohres durch Umhüllung mit Platinfolien erforderlich.

Nach Untersuchungen von F. Hund und R. Mezger[6)] wird bei höheren Temperaturen die Beweglichkeit der O^{2-}-Ionen im ThO_2-$YO_{3/2}$-Mischkristall so groß, daß bei Vorliegen eines elektrischen Feldes eine merkliche Ionenleitfähigkeit auftritt. Ferner

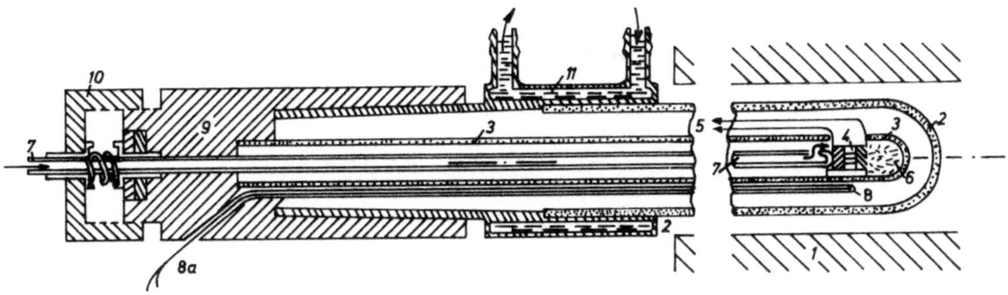

Bild 4

Versuchsanordnung zur Messung thermodynamischer Aktivitäten nach der EMK-Methode mit Festkörperelektrolyten

1 elektrischer Widerstandsofen
2,3 Pythagorasrohre
4 Festkörperkette
5 Zuleitung zur Messung der EMK
6 Ergan - Block
7 Gaszuleitungsrohr für Argon
8 Thermoelement (a -Zuleitungen)
9 Messingblock
10 Anpreßmutter
11 Messingrohr mit Wasserkühlung

haben C.H. Steele und C.B. Alcock[7] nachgewiesen, daß bei dieser Mischphase bei 1000°C und Sauerstoffpartialdrucken zwischen 10^{-6} und 10^{-25} atm reine Ionenleitung vorliegt und weder Defektelektronenleitung noch Überschußelektronenleitung, die den Meßprozeß stören würden, in diesem Bereich in merklichem Ausmaß auftreten.

3.4 Hochtemperatur-Kalorimeter

Es besteht prinzipiell die Möglichkeit, gemäß Gl. (9) aus der Temperaturabhängigkeit der thermodynamischen Aktivitäten die partiellen Mischungsenthalpien und daraus über die Duhem-Margules-Gleichung die integralen Mischungsenthalpien zu gewinnen. Die so erhaltenen Resultate sind aus experimentellen Gründen in der Regel mit erheblichen Fehlern behaftet. Es ist daher in den letzten Jahrzehnten verschiedentlich unternommen worden, hinreichend genaue Hochtemperatur-Kalorimeter zu konstruieren, um die Mischungs- oder Bildungsenthalpien unmittelbar zu bestimmen[8]. Die schematische Darstellung einer solchen Versuchsanordnung, die zur Ermittlung von ΔH-Werten für die im folgenden näher beschriebenen Systeme benutzt wurde, ist in Bild 5 wiedergegeben. Sie ist für Temperaturen bis $1050^{o}C$ eingesetzt worden.

Zur Ermittlung der Mischungsenthalpien flüssiger Legierungen werden die reinen Komponenten in den Korundtiegeln (1) bzw. (2) untergebracht (vgl. Bild 5). Diese Tiegel sind in einen massiven Block aus zunderfestem Stahl eingelegt, der sich, unten und oben durch keramisches Material abgedeckt, in einem geeigneten elektrischen Widerstandsofen befindet. Bei der eingestellten Versuchstemperatur oberhalb der Schmelzpunkte der beiden Legierungskomponenten wird durch Heben des Stöpsels von Tiegel (2) der Tiegelinhalt in den Tiegel (1) eingefüllt. Der Rührer (9) unterstützt die Vermischung der beiden flüssigen Metalle. Die bei dieser Legierungsbildung auftretende Enthalpieänderung bewirkt eine Temperaturdifferenz ΔT zwischen Legierungsschmelze und dem Stahlblock, die mit den Thermoelementen (4) und (5) als Funktion der Zeit aufgezeichnet wird. Das Thermoelement (4) taucht in dieSchmelze und das Vergleichsthermoelement (5) ist an einer geeigneten Stelle des Stahlblocks untergebracht. Als Schutzgas diente Argon.

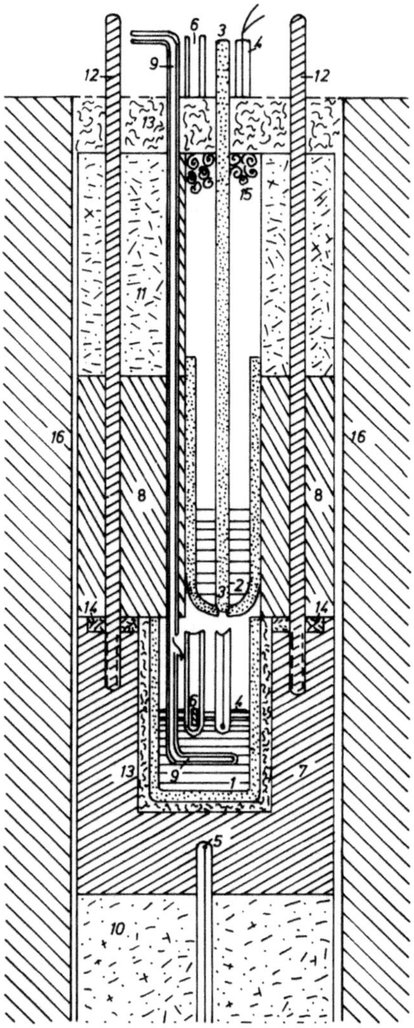

1 unterer Probentiegel
2 oberer Probentiegel
3 Stöpsel für oberen Probentiegel
4 Probenthermoelement
5 Vergleichsthermoelement
6 Eichrohr mit Eichprobe
7 unterer Metallblock
8 oberer Metallblock
9 Rührer mit Schutzgaszuleitung
10 unterer Erganblock
11 oberer Erganblock
12 Haltebolzen
13 Asbestwolle
14 Asbestplättchen
15 Asbestschnur
16 elektrischer Widerstandsofen

Bild 5
Hochtemperaturkalorimeter zur Ermittlung von Mischungsenthalpien flüssiger Legierungen

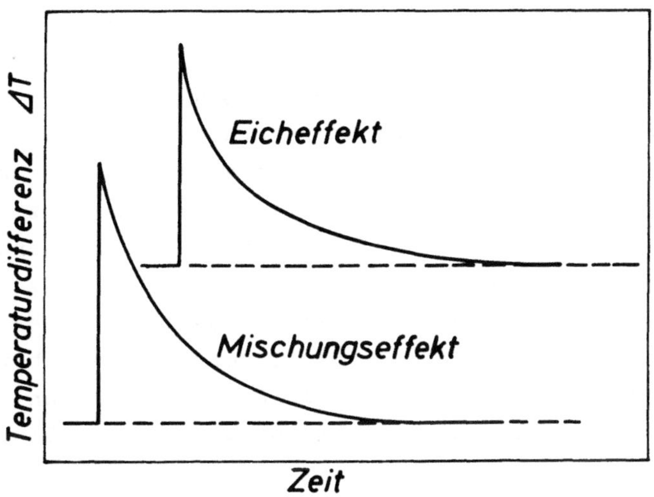

Bild 6
Typischer Kurvenverlauf der bei den kalorimetrischen Messungen erhaltenen Registrierkurven

Einen typischen Verlauf der Abhängigkeit der Temperaturdifferenz von der Zeit zeigt Bild 6. Die Fläche unter der ΔT-Zeitkurve ist ein Maß für die Wärmetönung beim Vermischungsvorgang.

Die Eichung des Kalorimeters erfolgt unter gleichen Bedingungen wie die Messung des Vermischungseffektes. Nach erfolgter Vereinigung der beiden Komponenten wird eine bestimmte Menge Zinn oder Silber von $20^{o}C$ in das in die Schmelze tauchende, unten verschlossene Eichrohr (6) eingeworfen. Dadurch wird der Wärmeinhalt der betreffenden Eichprobe für die Temperaturdifferenz zwischen $20^{o}C$ und der Kalorimetertemperatur dem Kalorimetersystem entzogen, was einen analogen Effekt wie beim Vermischungsvorgang liefert. Die Wärmeinhalte einschließlich der Schmelzenthalpien sind für die eingesetzten Eichmetalle aus der Literatur mit hinreichender Genauigkeit bekannt[9]. Durch Vergleich von Meßeffekt und Eicheffekt (vgl. Bild 6) ist die Anzahl der Kalorien, die dem Mischungseffekt entsprechen, unmittelbar gegeben.

Für die im folgenden beschriebenen Untersuchungen ist dieses Meßprinzip in verschiedenen Variationen genutzt worden. Die konkrete Ausstattung der Kalorimeter richtete sich vor allem nach der jeweiligen Betriebstemperatur. Bei Messungen im Bereich um $1500^{o}C$, der für ΔH-Messungen bisher kaum erschlossen ist, wurden als Konstruktionsmaterialien in der Hochtemperaturzone des Kalorimeters Graphit und Korund verwendet. Die hohen Temperaturen wurden mit einem Silitstabofen oder mit einem Widerstandsofen mit Molybdändrahtwicklung erreicht.

Ferner ist dieses Meßprinzip auch zur Ermittlung von Lösungsenthalpien geeignet, die Auskunft über die Bildungsenthalpien fester Legierungen geben können. Dabei wird anstelle des oberen Tiegels (2) ein dünnes Korundrohr eingebaut, durch das eine zu untersuchende Probe einer festen Legierung A-B von 20°C in das als Lösungsbad dienende flüssige Metall in Tiegel (1) eingeworfen wird. Die dabei auftretende Lösungsenthalpie ΔH_{Leg} wird in gleicher Weise ermittelt, wie oben für die Mischungsenthalpie beschrieben. In weiteren Experimenten sind die Lösungsenthalpien ΔH_l der reinen Komponenten A und B in demselben Metallbad zu ermitteln. Die Bildungsenthalpie ΔH^S der Legierung ist dann zugänglich durch die Bilanz:

$$\Delta H^S = \Delta H_{Leg} - (x_A \, \Delta H_{l(A)} + x_B \, \Delta H_{l(B)}) \, , \qquad (21)$$

wobei x_A und x_B die Atombrüche der bezeichneten Komponenten in der eingesetzten Legierung sind.

3.5 Differential-Thermoanalyse zur Ermittlung von Phasengleichgewichten

Die verwendete Versuchsanordnung zur Differential-Thermoanalyse ist in Bild 7 schematisch wiedergegeben. Die Legierungsprobe (1) ist in einem Tiegel untergebracht, der in einem massiven Metallblock (3) ruht. Beim Erhitzen oder Abkühlen in der Probe eintretende Phasenübergänge können in bekannter Weise an den damit verbundenen Enthalpieänderungen erkannt werden. Dazu wird die Temperaturdifferenz zwischen Probenthermoelement (4) und Vergleichsthermoelement (6), analog wie im Falle des oben beschriebenen Hochtemperatur-Kalorimeters, als Funktion der Zeit registriert. Mit Hilfe des Probenthermoelements kann die Temperatur ermittelt werden, bei der ein thermischer Effekt beginnt.

Die Empfindlichkeit der eingesetzten Versuchsanordnung war hinreichend groß, um die außerordentlich kleinen thermischen Effekte bei der Entmischung flüssiger Legierungen zu erfassen, was in der Vergangenheit nur in Einzelfällen gelungen war[10].

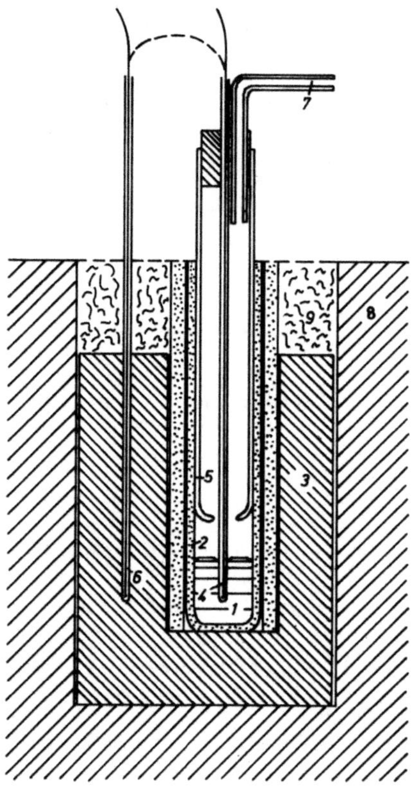

1 Legierungsprobe
2 Tiegel
3 Metall-oder Graphitblock
4 Probenthermoelement
5 Füllkörper aus Glas
6 Vergleichsthermo-element
7 Schutzgaseinlaß
8 Ofen
9 Keramisches Material

Bild 7
Versuchsanordnung zur Differential-Thermoanalyse

4. Experimentelle Ergebnisse

Vor einer Diskussion und Interpretation der erzielten Resultate sollen im folgenden die experimentellen Grundergebnisse in systematischer Weise dargestellt werden. Damit verbunden ist eine Erschließung weiterer thermodynamischer Größen aus den primären experimentellen Daten. Ferner wird auf die individuellen thermodynamischen Eigenheiten der jeweiligen, zum Teil außerordentlich verschiedenartigen Legierungssysteme eingegangen. Eine zusammenfassende Erörterung der Ergebnisse unter speziellen Aspekten soll dem abschließenden Kapitel vorbehalten bleiben.

4.1 Binäre Systeme des Quecksilbers

4.1.1 Das System Quecksilber-Kadmium[11)]

Eine Übersicht über die Schmelzgleichgewichte des Systems Hg-Cd gibt Bild 8. Quecksilber-Kadmium-Legierungen bilden die Basis des Weston-Normalelements. Sie sind in diesem Zusammenhang verschiedentlich untersucht worden. Die meisten der erzielten Ergebnisse beziehen sich indessen nur auf Teilbereiche des Systems und erlauben keine umfassende Analyse der thermodynamischen Eigenschaften der flüssigen Legierungen. Häufig durchgeführte Aktivitätsbestimmungen nach der EMK-Methode konzentrierten sich auf quecksilberreiche Schmelzen und auf Temperaturbereiche unterhalb 75°C[12-18)]. Partialdampfdruckmessungen sind ebenfalls nur an Legierungen mit hohen Hg-Gehalten vorgenommen worden[19-21)]. Ähnliches gilt zum Teil auch für Messungen der Mischungsenthalpien[17,22,23)]. Integrale Mischungsenthalpien des gesamten Legierungsbereichs wurden von F.E. Wittig und P. Scheidt[24)] bestimmt.

Um verläßliche freie Mischungsenthalpien im gesamten Konzentrationsbereich zu ermitteln, sind Messungen des Hg-Partialdampfdrucks nach der isopiestischen Methode durchgeführt worden. Als Vergleichssystem diente Hg-In, dessen thermodynamische Aktivitäten nach der Vergleichsmethode bestimmt worden sind[25)]. Die für 423°C erzielten Aktivitätswerte des Quecksilbers und die daraus über die Duhem-Margules-Gleichung zugängliche Aktivitätsisotherme des Kadmiums sind in Bild 9 dargestellt. Von R. Hultgren und Mitarb.[9)] aus den Literaturdaten erschlossene thermodynamische Aktivitäten des Quecksilbers für 327°C sind samt Fehlergrenzen ebenfalls eingezeichnet.

Aus den thermodynamischen Aktivitäten sind in bekannter Weise die partiellen und integralen freien Mischungsenthalpien zugänglich (vgl. Gl. (7) und Gl. (6)). Zusammen mit den aus der Literatur bekannten Mischungsenthalpien resultieren die

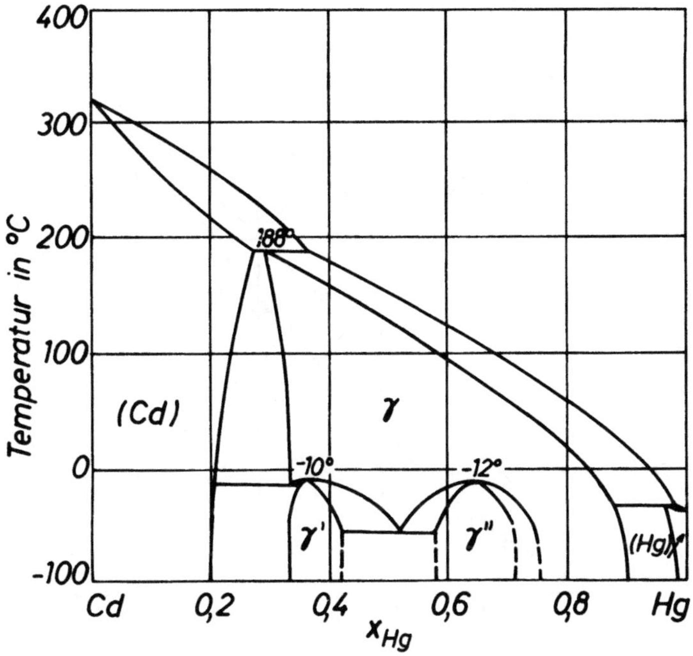

Bild 8
Zustandsdiagramm Hg - Cd
nach [27) 28) 29) 30)]

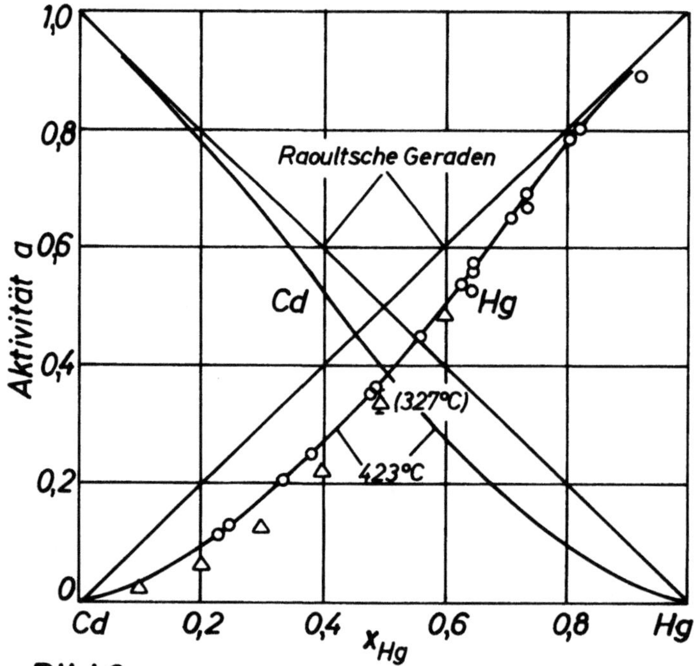

Bild 9
Thermodynamische Aktivitäten flüssiger Hg - Cd - Legierungen

△ *nach* [9] *für 327°C*

○ *diese Arbeit für 423°C*

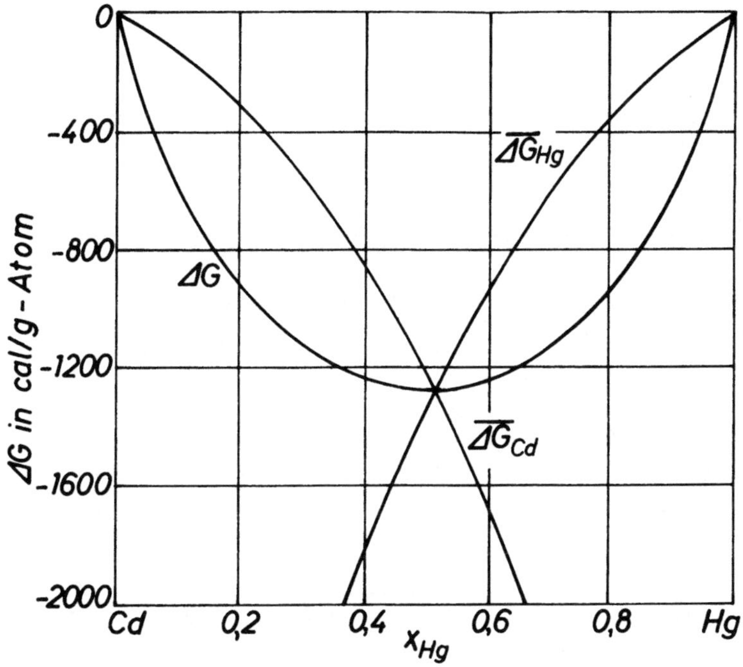

Bild 10
Partielle und integrale freie Mischungsenthalpien flüssiger Hg-Cd-Legierungen für 423°C

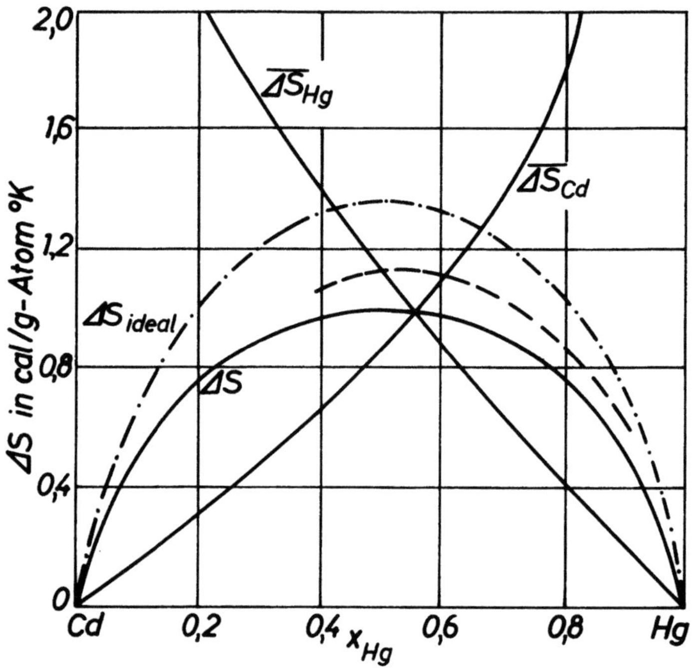

Bild 11
Partielle und integrale Mischungs-entropien flüssiger Hg-Cd-Legierungen
---nach 9); —— diese Arbeit
-·-· ideale Mischungsentropien

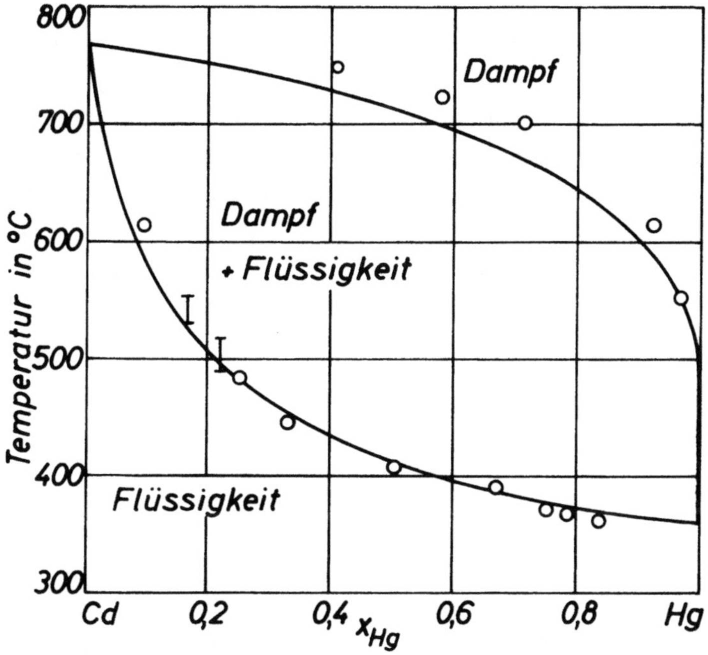

Bild 12

Siedediagramm Hg-Cd

∘I nach [26] ; —— diese Arbeit

entsprechenden Mischungsentropien (vgl. Gl. (1)). Die gewonnenen freien Mischungsenthalpien und die Mischungsentropien sind in den Bildern 10 und 11 als Funktion der Legierungszusammensetzung dargestellt.

Mit Hilfe der Gl. (9) sind nun die thermodynamischen Aktivitäten der beiden Komponenten für beliebige Temperaturen zugänglich. Da die Dampfdruckkurven der reinen Komponenten Quecksilber und Kadmium bekannt sind, können über Gl. (11) auch die Partialdampfdrucke bei beliebigen Konzentrationen und Temperaturen ermittelt werden. Damit ist die Möglichkeit gegeben, die Siedetemperaturen der Legierungen zu ermitteln, für die definitionsgemäß der Totaldampfdruck 1 atm beträgt. Auch die Zusammensetzung der dabei mit der flüssigen Phase im Gleichgewicht stehenden Dampfphase ist leicht zugänglich. Der Atombruch des Kadmiums im Dampf über der siedenden Schmelze beträgt

$$x_{Cd}^{D} = p_{Cd} \qquad (22)$$

Mit den von R. Hultgren und Mitarb.[9] angegebenen Dampfdruckwerten für Kadmium und Quecksilber ergibt sich aus den von uns ermittelten thermodynamischen Aktivitäten das in Bild 12 dargestellte Siedediagramm. Die Siedekurve stimmt mit den von E. Kordes und F. Raaz[26] unmittelbar experimentell ermittelten Siedepunkten überein. Die Taukurve ist von diesen Autoren nicht experimentell bestimmt, sondern anhand der Siedekurve errechnet worden. Infolge der bei hohen Kadmiumgehalten gefundenen höheren Siedepunkte weichen die von E. Kordes und F. Raaz[26] mitgeteilten Taupunkte gegenüber unserer Taukurve zu höheren Temperaturen ab. Es sei noch bemerkt, daß die gute Übereinstimmung der berechneten mit der experimentell gewonnenen Siedekurve ein Hinweis für die Konsistenz der nun vorliegenden thermodynamischen Daten flüssiger Quecksilber-Kadmium-Legierungen ist.

Die negative Abweichung der Aktivitätsisothermen von den Raoultschen Geraden zeigt eine deutliche Verbindungstendenz in der Schmelze an, die sich im festen Zustand in der Existenz einer intermetallischen Phase dokumentiert (vgl. Bild 8). Auch die Mischungsenthalpien haben ein negatives Vorzeichen. Desgleichen weichen die Mischungsentropien von den idealen Mischungsentropien zu kleineren Werten ab. Die negativen Exzeßentropien sind zweifellos auf die Abweichung von einer statistischen Atomverteilung in Richtung auf eine Assoziatbildung in der Schmelze zurückzuführen. Der Assoziationsgrad dürfte indessen nur relativ gering sein.

4.1.2 Das System Quecksilber-Wismut

Die Schmelzgleichgewichte des Systems Quecksilber-Wismut sind vom einfachen eutektischen Typ. Sie sind in erster Linie von N.A. Puschin[14] im Jahre 1903 sowie im quecksilberreichen Bereich von H. Schenck, E. Steinmetz und M.G. Frohberg[32] untersucht worden. Für eine quantitative Auswertung hinsichtlich thermodynamischer Eigenschaften der Schmelzen dürfte die Genauigkeit, mit der die Liquiduskurve bisher bekannt war, nicht ausreichend sein. Insbesondere bei hohen Wismutkonzentrationen schien eine Revision erforderlich zu sein, da für das von N.A. Puschin[14] bei seinen Untersuchungen eingesetzte Wismut ein Schmelzpunkt von 265,5^{o}C angegeben wird, was ein Hinweis auf dessen geringe Reinheit sein dürfte.

Durch Differential-Thermoanalyse sind von uns Liquiduspunkte im gesamten Konzentrationsbereich des Systems Quecksilber-Wismut bestimmt worden[11]. Die Ergebnisse sind in Bild 13 graphisch dargestellt. Im mittleren Konzentrationsbereich sind merklich niedrigere Temperaturen für den Beginn der Erstarrung gefunden worden als sie von N.A. Puschin[14] angegeben werden.

Aufgrund von Partialdampfdruckmessungen haben J.H. Hildebrand und E.D. Eastman[33] thermodynamische Aktivitäten flüssiger Quecksilber-Wismut-Legierungen ermittelt. Ferner liegen in der Literatur Angaben über thermodynamische Aktivitäten wismutarmer Quecksilber-Wismut-Legierungen von H.Schenck, E. Steinmetz und M.G. Frohberg[32] auf der Basis von EMK-Messungen vor. Nach kritischer Auswertung der vorliegenden Informationen schreiben R. Hultgren und Mitarb.[9] diesen Aktivitätswerten bei mittleren Konzentrationen eine beträchtliche Fehlergrenze zu. Für eine zuverlässige Erschließung der thermodynamischen Eigenschaften flüssiger Quecksilber-Wismut-Legierungen schien eine Revision der Aktivitätsdaten notwendig zu sein.

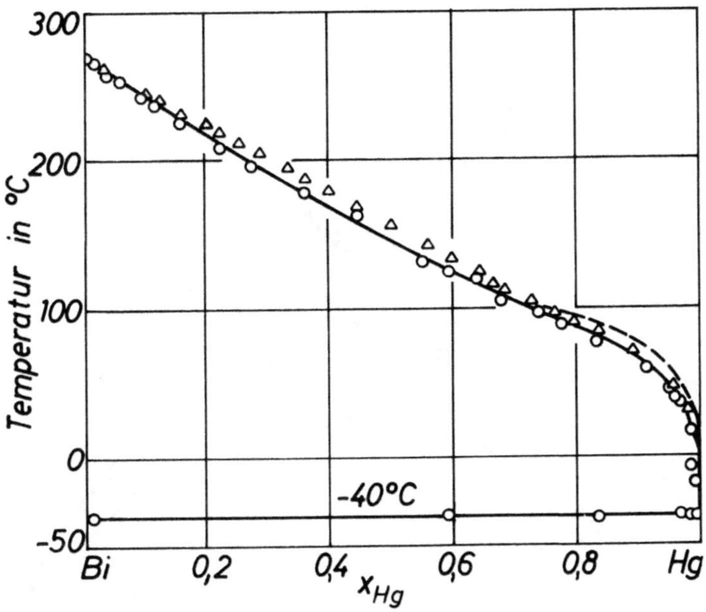

Bild 13
Zustandsdiagramm Hg - Bi
△ N. A. Puschin[14]
--- H. Schenck und Mitarb.[32]
○ diese Arbeit

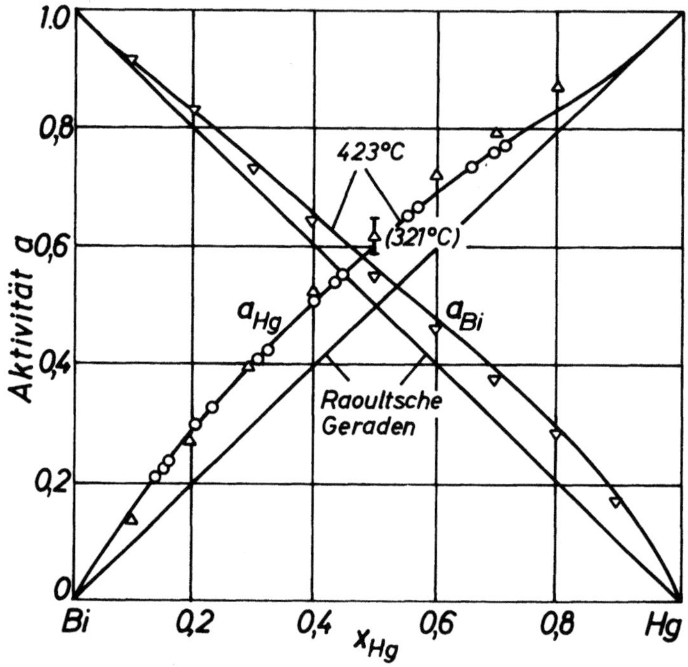

Bild 14

Thermodynamische Aktivitäten flüssiger Hg - Bi - Legierungen

△ nach Hultgren und Mitarb. für 321°C

-o- diese Arbeit, Partialdampfdruckmessungen (423°C)

▽ diese Arbeit, aus dem Zustandsdiagramm berechnet (423°C)

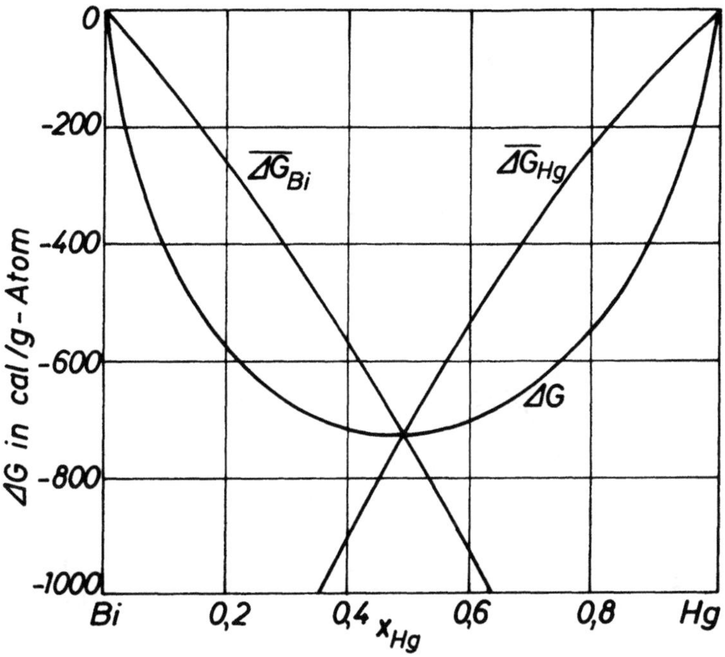

Bild 15

Partielle und integrale freie Mischungsenthalpien flüssiger Hg-Bi-Legierungen bei 423°C

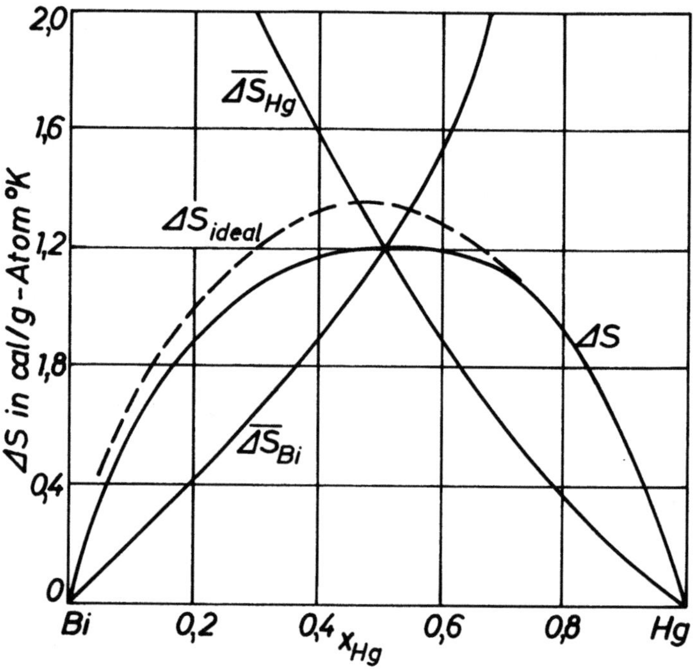

Bild 16

Partielle und integrale Mischungsentropien flüssiger Hg-Bi-Legierungen

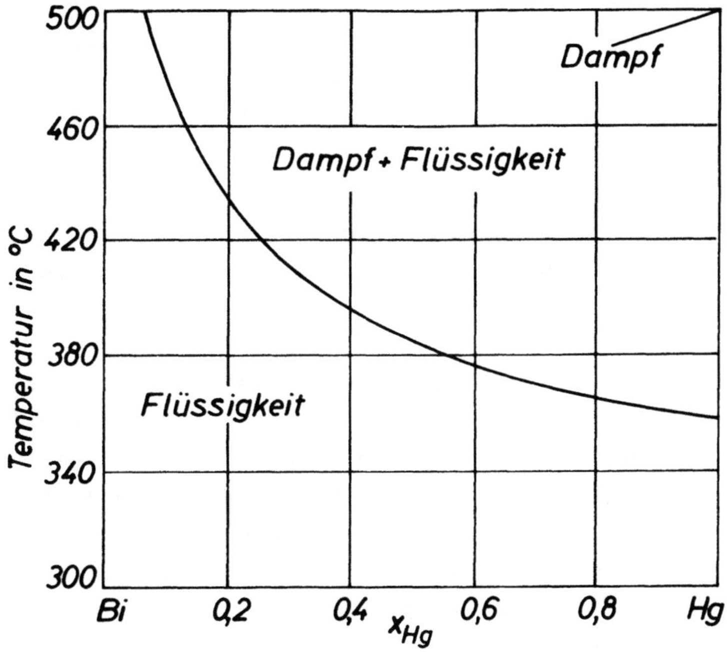

Bild 17
Siedediagramm Hg - Bi

Die Untersuchungen wurden nach der isopiestischen Methode mit flüssigen Quecksilber-Indium-Legierungen als Vergleichssystem durchgeführt[11]. Die gewonnenen a_{Hg}-Werte für 423°C und die daraus über die Duhem-Margules-Gleichung zugänglichen thermodynamischen Aktivitäten des Wismuts sind in Bild 14 als Funktion des Atombruchs dargestellt. Sie stimmen innerhalb der von R. Hultgren und Mitarb.[9] angegebenen, beträchtlichen Fehlergrenzen mit den bisher vorliegenden Daten überein.

Die aus den Aktivitäten erhältlichen partiellen und integralen freien Mischungsenthalpien sind in Bild 15 wiedergegeben.

Die integralen Mischungsenthalpien flüssiger Quecksilber-Wismut-Legierungen sind von F.E. Wittig und P. Scheidt[24] bei 310°C kalorimetrisch ermittelt worden. Anhand der Helmholtz-Gibbsschen-Gleichung sind aus diesen ΔH-Werten und den über die Partialdampfdruckmessungen gewonnenen ΔG-Werten die Mischungsentropien zugänglich. Sie sind in Bild 16 in Abhängigkeit vom Atombruch aufgetragen.

Das Siedediagramm des Systems Quecksilber-Wismut war bisher nicht bekannt. Es kann in analoger Weise, wie dies am Beispiel des Systems Quecksilber-Kadmium dargestellt wurde, aus den nun vorliegenden thermodynamischen Daten berechnet werden. Die dazu erforderlichen Dampfdrucke als Funktion der Temperatur für die reinen Metalle Quecksilber und Wismut wurden dem Tabellenwerk von R. Hultgren und Mitarb.[9] entnommen. Das resultierende Normal-Siedediagramm ist in Bild 17 wiedergegeben.

Die Konsistenz der ermittelten thermodynamischen Daten kann durch Erschließung der Aktivitäten aus den Schmelzgleichgewichten und Vergleich mit den aus den Dampfdruckmessungen resultierenden a-Werten geprüft werden. Mit den üblichen

Methoden der Röntgenstrukturuntersuchung konnten wir keine Löslichkeit von Quecksilber im festen Wismut nachweisen. Unter der damit gerechtfertigten Annahme einer für die folgenden Betrachtungen vernachlässigbar kleinen Löslichkeit im festen Zustand gilt für das Phasengleichgewicht zwischen Wismut und der Quecksilber-Wismut-Schmelze:

$$\overline{\Delta G}^{L}_{Bi} = -\frac{\Delta H^{f}_{Bi} \cdot (T_{Bi} - T)}{T_{Bi}} \qquad (23)$$

Dabei bedeuten $\overline{\Delta G}^{L}_{Bi}$ die partielle freie Mischungsenthalpie des Wismuts in der flüssigen Phase, ΔH^{f}_{Bi} die Schmelzenthalpie des reinen Wismuts, T_{Bi} die Schmelztemperatur des Wismuts in ^{o}K und T die Gleichgewichtstemperatur in ^{o}K. Diese Beziehung gilt für den Fall, daß ΔH^{f}_{Bi} von der Temperatur unabhängig ist, was nicht in hinreichendem Maße zutrifft. Aus dem von W. Oelsen und Mitarb.[34] mitgeteilten Wert für ΔH^{f}_{Bi} = 2680 cal/g-Atom bei der Schmelztemperatur des reinen Wismuts und unter Benutzung der von O. Kubaschewski und L.L. Evans[8] angegebenen spezifischen Wärmen des Wismuts im flüssigen und festen Zustand sind die entsprechenden Schmelzenthalpien für die hier in Betracht kommenden Temperaturen $T < T_{Bi}$ errechnet und in Gl. (23) eingesetzt worden. Die über die resultierenden $\overline{\Delta G}^{L}_{Bi}$-Werte erhaltenen thermodynamischen Aktivitäten des Wismuts längs der Liquiduslinie sind gemäß Gl. (9) unter Mitbenutzung der aus den ΔH-Angaben von F.E. Wittig und P. Scheidt[24] erschließbaren partiellen Mischungsenthalpien $\overline{\Delta H}_{Bi}$ auf eine feste Temperatur von 423°C umgerechnet worden. Die Ergebnisse sind in Bild 14 dargestellt. Sie stimmen gut mit den a_{Bi}-Werten überein, die aus den Partialdampfdruckmessungen über die Duhem-Margules-Gleichung erhalten worden sind.

Die flüssigen Quecksilber-Wismut-Legierungen weisen eine deutliche Tendenz zur Entmischung auf. Das äußert sich unter anderem in der positiven Abweichung der Aktivitätsisothermen von den Raoultschen Geraden (vgl. Bild 14) und in den positiven Mischungsenthalpien[24]. Auch das Fehlen einer merklichen Mischkristallbildung deutet in die gleiche Richtung, wenngleich auch die erhebliche Strukturdifferenz zwischen den beiden festen Komponenten hier ebenfalls nennenswert ins Gewicht fallen dürfte. Bei hinreichender Unterkühlung ist eine Aufspaltung der homogenen Schmelze in zwei flüssige Phasen zu erwarten. Wie in einer früheren Untersuchung gezeigt werden konnte[35], gilt näherungsweise für die kritische Entmischungstemperatur T_K:

$$T_K = \frac{2\Delta H_{max}}{R + 2\,S^{ex}_{max}} \tag{24}$$

ΔS^{ex}_{max} bedeutet die maximale integrale Überschußentropie. Im vorliegenden Falle des Systems Quecksilber-Wismut ergibt sich $T_K = 133^{o}K$. Diese Temperatur dürfte deutlich unter der Temperatur für eine homogene Keimbildung einer festen Phase dieses Systems liegen, so daß unter den üblichen Abkühlungsbedingungen keine Möglichkeit für eine reale Phasentrennung im flüssigen Zustand gegeben ist.

Bemerkenswert ist schließlich das Auftreten negativer Überschußentropien (vgl. Bild 16). Aufgrund der beträchtlichen Atomradiendifferenzen von Wismut und Quecksilber (r_{Bi} = 1,82 Å und r_{Hg} = 1,55 Å, jeweils für die Koordinationszahl 12) könnten positive Überschußentropien als Folge einer atomaren Fehlpassung in der Schmelze erwartet werden. Offensichtlich wird dieser von der Fehlpassung herrührende positive Beitrag übertroffen von einem negativen Anteil an der Mischungsentropie, der mit einer Strukturänderung beim Übergang von den beiden unvermischten Komponenten zur flüssigen Legierung verbunden ist. Die Metalle Wismut und Quecksilber sind bekanntlich durch spezielle Bindungs- und Strukturverhältnisse ausgezeichnet, die bei der Legierungsbildung offensichtlich nicht mehr in individueller Weise aufrechterhalten werden können. Die negativen Überschußentropien sind im wesentlichen auf die Wismutseite des Systems beschränkt. Vermutlich wird die negative Mischungsentropie in erster Linie durch eine Änderung der Struktur- und Bindungsverhältnisse des Wismuts bedingt. Es wäre von Interesse, diesen Gegebenheiten durch Röntgen- oder Neutronenbeugungsexperimente nachzugehen, die die Möglichkeit bieten, unmittelbare Aussagen über den atomaren Aufbau von Schmelzen zu gewinnen.

Es sei noch erwähnt, daß später von G. Petot-Ervas und Mitarb.[215] im Bereich von x_{Hg} = 0,999 bis x_{Hg} = 0,7 sowie von L.F. Kozin und R.S. Nigmetova[216] zwischen x_{Hg} = 0,1 und x_{Hg} = 0,995 durchgeführte EMK-Messungen zu Resultaten führten, die weitgehend mit unseren Ergebnissen übereinstimmen (vgl. [30]).

4.1.3 Das System Quecksilber-Indium

Bedingt durch die wachsende Bedeutung der Indium-Quecksilber-Mischphasen bei der Herstellung von hochreinem Indium ist das System Hg-In in den letzten Jahrzehnten verschiedentlich Gegenstand von Untersuchungen zur Konstitution und zur Thermodynamik der Legierungsbildung gewesen. Das aufgrund von Untersuchungen durch B.R. Coles, M.F. Merriam und Z. Fisk[36] sowie W. Morawietz[37] sich ergebende Zustandsdiagramm ist in Bild 18 dargestellt.

Die thermodynamischen Aktivitäten flüssiger Quecksilber-Indium-Legierungen werden aufgrund von EMK-Messungen im Tabellenwerk von R. Hultgren und Mitarb.[9] nur für den Bereich von 0 bis 50 At.-% Hg angegeben, und zwar mit beträchtlichen Fehlergrenzen. F.E. Wittig und P. Scheidt[24] sowie O.J. Kleppa und Mitarb.[38][22] haben die integralen Mischungsenthalpien kalorimetrisch bestimmt. Die festen Quecksilber-Indium-Legierungen waren bisher in thermodynamischer Hinsicht noch nicht untersucht worden.

Die Bestimmung der thermodynamischen Aktivitäten des Quecksilbers im gesamten Konzentrationsbereich erfolgte nach der Vergleichsmethode bei Temperaturen zwischen 284° und 423°C[25]. Die gewonnenen Aktivitätsisothermen für diese Temperaturen sind in Bild 19 dargestellt. Die mit Hilfe der Duhem-Margules-Gleichung erhaltene Aktivitätsisotherme des Indiums für 423°C ist ebenfalls eingezeichnet. Die Temperaturabhängigkeit der Aktivitäten stimmt mit derjenigen überein, die aufgrund der kalorimetrisch ermittelten Mischungsenthalpien[24][38][22] zu erwarten ist. Auch die bisher bekannten thermodynamischen Aktivitäten flüssiger quecksilberreicher Hg-In-Legierungen bei 160°C[9] ordnen sich in unsere Befunde zwanglos ein.

Die aus den thermodynamischen Aktivitäten für 423°C berechneten partiellen und integralen freien Mischungsenthalpien sind in Bild 20 als Funktion des Atombruchs wiedergegeben. Aus diesen

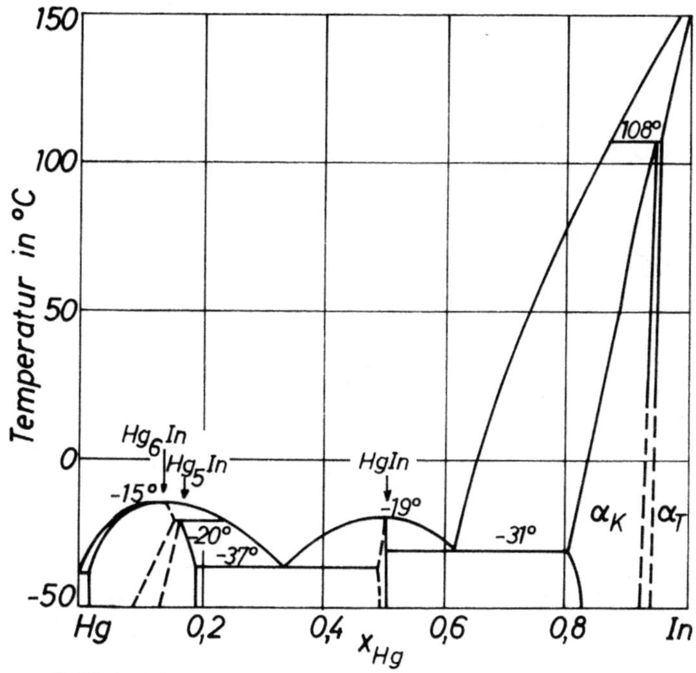

Bild 18
Zustandsdiagramm Hg - In
nach [36) 37)]

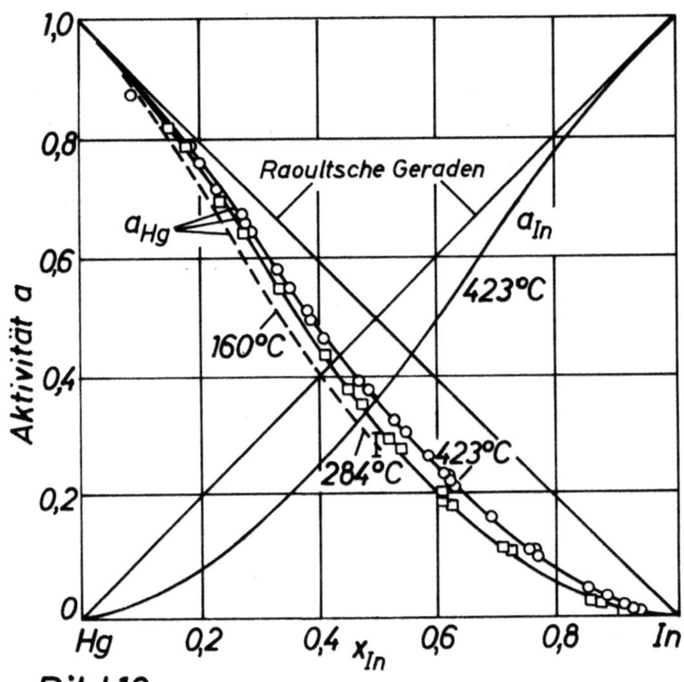

Bild 19

Thermodynamische Aktivitäten flüssiger Hg - In - Legierungen

--- *nach* [9] ; I *Fehlergrenze*

□ ○ — *diese Arbeit*

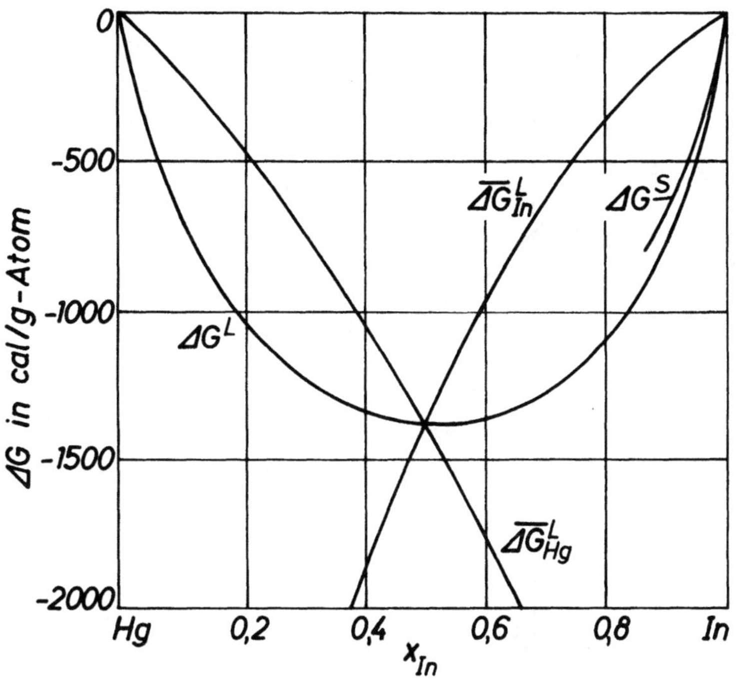

Bild 20

Partielle und integrale freie Mischungsenthalpien flüssiger(L) und fester(S) Hg-In-Legierungen

ΔG^L und $\overline{\Delta G}^L$ bei 423°C; ΔG^S bei 0°C

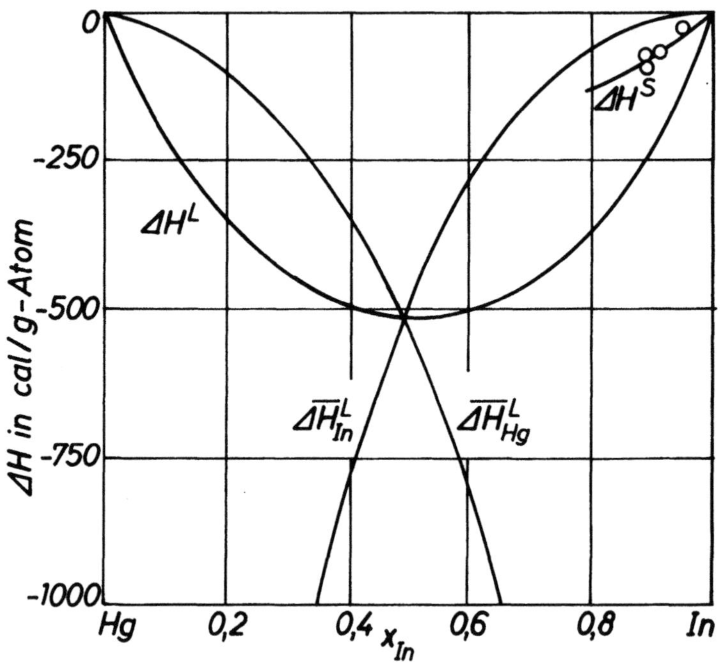

Bild 21

Partielle und integrale Mischungsenthalpien flüssiger (^{L}) und fester (^{S}) Hg - In - Legierungen

ΔH^L und $\overline{\Delta H}^L$ nach [22) 24) 38)]

ΔH^S diese Arbeit

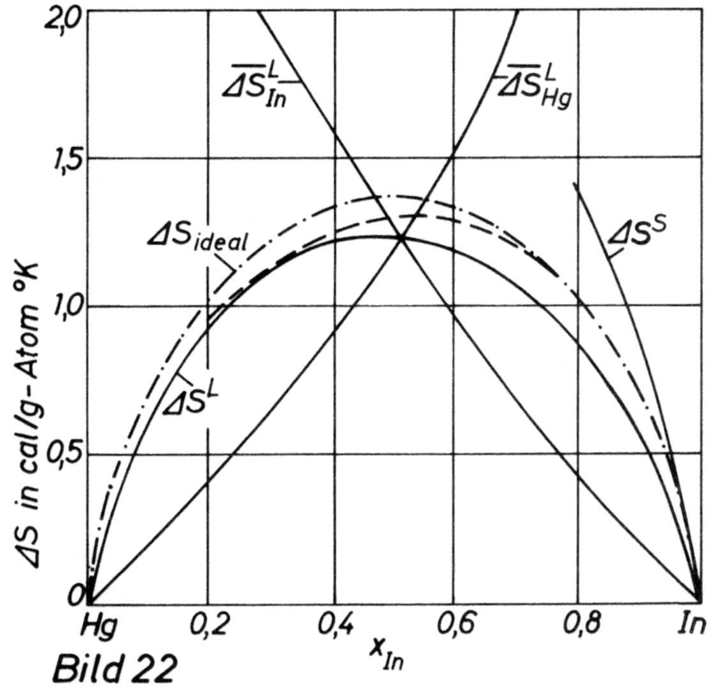

Bild 22
Partielle und integrale Mischungsentropien flüssiger (^{L}) und fester (^{S}) Hg - In - Legierungen

– – – – nach Hultgren und Mitarb.[9)]
——— diese Arbeit
—·—·— ideale Mischungsentropie

ΔG^L-Werten und den in der Literatur vorliegenden integralen Mischungsenthalpien[24)38)22)] (vgl. Bild 21) resultieren die in Bild 22 wiedergegebenen Mischungsentropien. Die Mischungsentropien sind niedriger als die idealen Werte und ebenfalls etwas niedriger, als von R. Hultgren und Mitarb.[9)] angenommen. Offensichtlich sind die negativen Überschuß-entropien auf eine Assoziatbildung in der Schmelze zurückzuführen. Es sei bemerkt, daß die ausgeprägte Tendenz des Systems Quecksilber-Indium zur Verbindungsbildung, die sich in der Existenz intermetallischer Phasen im festen Zustand manifestiert (vgl. Bild 18), entsprechend auch in den anderen thermodynamischen Eigenschaften der flüssigen Legierungen deutlich zu Tage tritt, beispielsweise in den negativen Abweichungen der Aktivitätsisothermen von den Raoultschen Geraden und in den negativen Mischungsenthalpien.

Um Aufschluß über die thermodynamischen Eigenschaften der festen Quecksilber-Indium-Legierungen zu erhalten, sind die Bildungsenthalpien von Hg-In-Mischkristallen mit 89 bis 95 At.-% In bei 20°C lösungskalorimetrisch mit Quecksilber als Lösungsmittel ermittelt worden. Die Bildungsenthalpien der Hg-In-Mischkristalle sind in Bild 21 in Abhängigkeit vom Atombruch aufgetragen. Sie haben das gleiche Vorzeichen wie die Mischungsenthalpien, weisen aber erheblich geringere Beträge auf als ΔH^L-Werte des gleichen Konzentrationsbereichs.

Anhand der Schmelzgleichgewichte können aus den bekannten thermodynamischen Daten im flüssigen Zustand und den Bildungsenthalpien ΔH^S die Bildungsentropien der Mischkristalle gewonnen werden. Dabei wird für die Konzentrationsabhängigkeit der Überschußentropien im festen Zustand folgender Ansatz zugrunde gelegt, der in dem hier zu betrachtenden engen Konzentrationsintervall in guter Näherung gültig sein dürfte:

$$\Delta S^{ex} = A^S \, x_{In}^S \, (1 - x_{In}^S) \qquad (25)$$

A^S ist eine Konstante. Ferner kann im folgenden das schmale Zweiphasengebiet bei etwa 7 At.-% Hg unberücksichtigt bleiben. Es trennt nämlich zwei strukturell außerordentlich ähnliche Phasen voneinander (tetragonal-flächenzentriert unterhalb 7 At.-% Hg und kubisch-flächenzentriert oberhalb 7 At.-% Hg), die auch in energetischer Hinsicht ein ähnliches Verhalten aufweisen. Untersuchungen analoger Verhältnisse in den Systemen In-Cd und In-Tl haben gezeigt, daß Strukturänderungen dieser Art mit einer Enthalpieänderung in der Größenordnung von nur 1 cal/g-Atom verbunden sind[40) 41)].

Für die freien Enthalpien der im Schmelzgleichgewicht koexistierenden Phasen gilt:

$$G^L = x^L G^L_{In} + (1 - x^L)\, G^L_{Hg} + \Delta H^L + \\ + RT\left[x^L \ln x^L + (1 - x^L) \ln (1 - x^L)\right] - T\, \Delta S^{ex,L} \quad (26)$$

$$G^S = x^S G^S_{In} + (1 - x^S)\, G^S_{Hg} + \Delta H^S + \\ + RT\left[x^S \ln x^S + (1 - x^S) \ln (1 - x^S)\right] - \\ - T\, A^S x^S (1 - x^S) \quad (27)$$

Dabei bedeuten $x = x_{In}$ und G_{In} bzw. G_{Hg} die freien Enthalpien der bezeichneten Elemente bei der Temperatur T des Schmelzgleichgewichts. Für das Schmelzgleichgewicht gilt Gleichheit der Ableitungen von G^L und G^S nach x. Aus den Gleichungen (26) und (27) folgt nach der "Tangentenbedingung":

$$\Delta S^f_{In}(T_{In}-T) - \Delta S^f_{Hg}(T_{Hg}-T) + \frac{d\Delta H^L}{dx^L} - \frac{d\Delta H^S}{dx^S} + R\left[\ln \frac{x^L}{1-x^L} - \ln \frac{x^S}{1-x^S}\right] \\ = T\left[\frac{d\Delta S^{ex,L}}{dx^L} - A^S(1 - 2\, x^S)\right] \quad (28)$$

In Gl. (28) sind die freien Schmelzenthalpien der Komponenten gemäß

$$G_{In}^{L} - G_{In}^{S} = \Delta S_{In}^{f} \ (T_{In} - T) \qquad (29)$$

und

$$G_{Hg}^{L} - G_{Hg}^{S} = \Delta S_{Hg}^{f} \ (T_{Hg} - T) \qquad (30)$$

ausgedrückt worden. $\Delta S_{Hg,In}^{f}$ bedeutet die Schmelzentropie und $T_{Hg,In}$ die Schmelztemperatur (in ^{o}K) der bezeichneten Komponente. Eine eventuell vorhandene Temperaturabhängigkeit der Schmelzentropien ist für das hier betrachtete, relativ kleine Temperaturintervall von 0° bis $120^{o}C$ ohne nennenswerte Bedeutung.

Mit Gl. (28) resultiert aus den Schmelzgleichgewichten und den bekannten Daten ΔH^{L}, ΔH^{S} und ΔS^{L} ein Wert von A^{S} = 2,5 cal/g-Atom ^{o}K. Die damit gegebenen Bildungsentropien fester Hg-In-Mischkristalle sind in Bild 22 als Funktion des Atombruchs dargestellt. Sie haben höhere Beträge als flüssige Quecksilber-Indium-Legierungen gleicher Zusammensetzung. Es sei noch erwähnt, daß für die Auswertung gemäß Gl. (28) für die Schmelzentropien der Komponenten folgende Werte eingesetzt worden sind:

ΔS_{In}^{f} = 1,877 cal/g-Atom ^{o}K[42]

ΔS_{Hg}^{f} = 2,342 cal/g-Atom ^{o}K[9]

Zur Ermittlung der Schmelzenthalpien ΔH^{f} der Verbindungen HgIn und Hg_6In sind Wärmeinhaltsmessungen durchgeführt worden, und zwar im Temperaturbereich zwischen $+20^{o}$ und $-20^{o}C$. Die resultierenden Schmelzenthalpien sind in Tabelle 1 wiedergegeben. Mit den Schmelzenthalpien der Komponenten (ΔH_{In}^{f} = 806 cal/g-Atom[42] und ΔH_{Hg}^{f} = 549 cal/g-Atom[9]) und mit den Mischungsenthalpien der zugehörigen flüssigen Legierungen sind damit die Bildungsenthalpien ΔH^{S} zugänglich gemäß:

$$\Delta H^S = \Delta H^L + x_{Hg}\,\Delta H^f_{Hg} + x_{In}\,\Delta H^f_{In} - \Delta H^f \qquad (31)$$

In entsprechender Weise können die Bildungsentropien gewonnen werden:

$$\Delta S^S = \Delta S^L + x_{Hg}\,\Delta S^f_{Hg} + x_{In}\,\Delta S^f_{In} - \Delta S^f \qquad (32)$$

Die resultierenden Bildungsenthalpien und Bildungsentropien sind in Tabelle 1 ebenfalls zahlenmäßig angegeben.

Tabelle 1

Thermodynamische Daten der intermetallischen Verbindungen HgIn und Hg_6In

Thermodynamische Größe	Phase	
	HgIn	Hg_6In
Schmelzenthalpie ΔH^f cal/g-Atom	925	625
Bildungsenthalpie ΔH^S cal/g-Atom	- 777	- 275
Schmelzentropie ΔS^f cal/g-Atom °K	3,64	2,42
Bildungsentropie ΔS^S cal/g-Atom °K	-0,29	+0,63
Überschußentropie $\Delta S^{ex,S}$ cal/g-Atom °K	-1,67	-0,19

Die Bildungsenthalpien der hier betrachteten Verbindungen sind negativ, haben indessen relativ geringe Beträge, insbesondere die Phase Hg_6In. Bemerkenswert ist der erhebliche Betrag der negativen Überschußentropie von HgIn. Aufgrund dieses Befundes ist anzunehmen, daß diese Verbindung eine geordnete Atomverteilung im Gitter aufweist und daher auch keine großen Abweichungen von der stöchiometrischen Zusammensetzung möglich sind. Hinweise dafür, daß dies in der Tat zutrifft, liefern Untersuchungen der Sprungtemperatur, die B.R. Coles und Mitarb.[36] durchgeführt haben.

Für die Verbindung Hg_6In ist indessen aufgrund der relativ geringen negativen Überschußentropie keine stöchiometrisch scharf begrenzte Zusammensetzung zu erwarten, was mit dem Zustandsdiagramm (vgl. Bild 18) übereinstimmt.

Eine Analyse der thermodynamischen Eigenschaften indiumreicher Hg-In-Mischkristalle soll weiter unten erfolgen.

4.1.4 Das System Quecksilber-Thallium

Das System Quecksilber-Thallium ist gekennzeichnet durch eine kongruent schmelzende intermetallische Verbindung der ungefähren Zusammensetzung Hg_5Tl_2 (vgl. Bild 23). Auch in den flüssigen Legierungen ist die Tendenz zur Verbindungsbildung vorhanden. Nach kalorimetrischen Untersuchungen von F.E. Wittig und P. Scheidt[24)] sowie O.J. Kleppa[22)] haben die Mischungsenthalpien der flüssigen Hg-Tl-Legierungen ein negatives Vorzeichen.

Weniger genau als die Mischungsenthalpien schienen die thermodynamischen Aktivitäten bekannt zu sein. Unsere Untersuchungen konzentrierten sich daher auf die Bestimmung dieser Größen[56)]. Die thermodynamischen Aktivitäten des Quecksilbers wurden nach der isopiestischen Methode ermittelt. Als Vergleichssystem diente Hg-In. Die Ergebnisse und die daraus über die Duhem-Margules-Gleichung erhältlichen thermodynamischen Aktivitäten des Thalliums sind in Bild 24 und Bild 25 graphisch dargestellt. Die Aktivitätsisothermen weisen, der offensichtlichen Verbindungstendenz des Systems entsprechend, negative Abweichungen von den Raoultschen Geraden auf. Innerhalb der relativ weiten, von R. Hultgren und Mitarb.[9)] angegebenen Fehlergrenzen der bisher bekannten thermodynamischen Aktivitäten stimmen unsere Daten mit diesen völlig überein. Die von diesen Autoren[9)] als Bestwerte vorgeschlagenen Daten beruhen auf EMK-Messungen von A. Succheni[43)] im Konzentrationsbereich von x_{Tl} = 0,0008 bis x_{Tl} = 0,5 und ferner auf EMK-Messungen von T.W. Richards und J.H. Wilson[44)], T.W. Richards und F. Daniels[45)], T.W. Richards und C.P. Smyth[46)] sowie R.H. Gerke[47)]. Ferner lagen Partialdampfdruckmessungen von J.H. Hildebrand und E.D. Eastman[48)], W. Biltz und F. Meyer[49)] sowie L.L. Hirst und A.R. Olson[50)] vor.

Die aus den thermodynamischen Aktivitäten zugänglichen partiellen und integralen freien Mischungsenthalpien sind in Bild 26 graphisch dargestellt. Bild 27 zeigt die Mischungs-

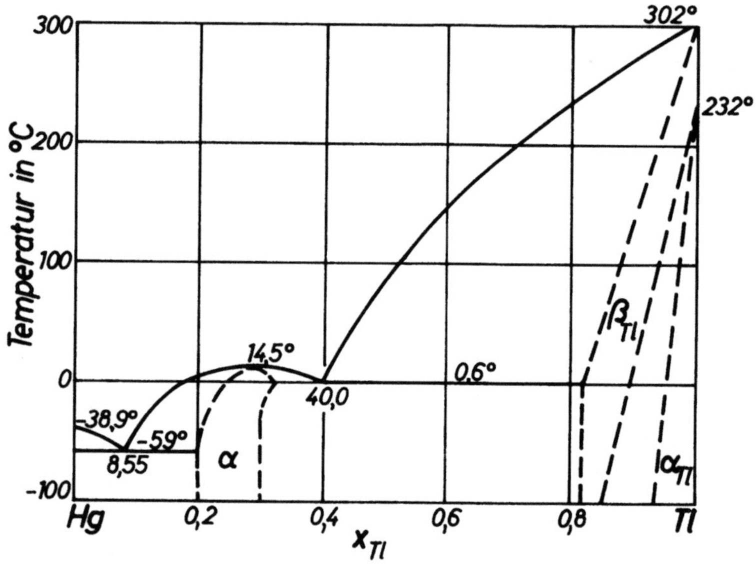

Bild 23
Zustandsdiagramm Hg - Tl [27]

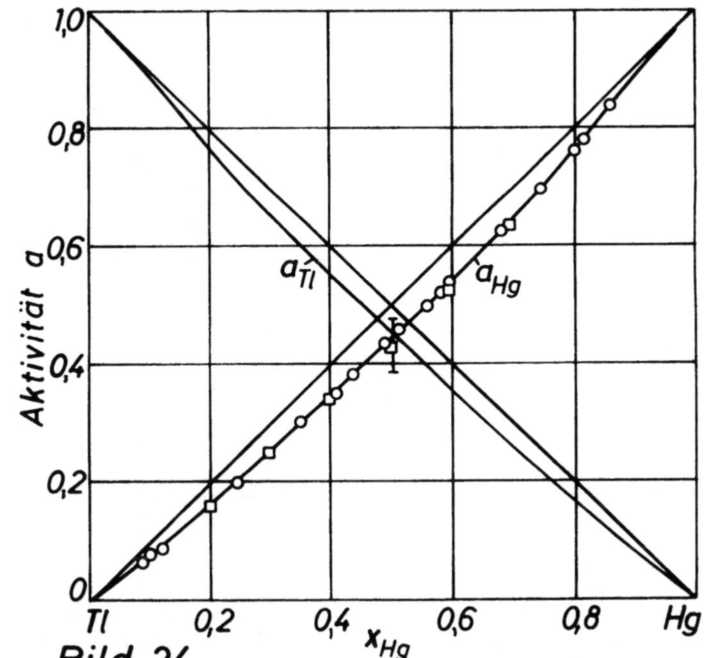

Bild 24
Thermodynamische Aktivitäten flüssiger Hg - Tl - Legierungen bei 423°C

□ nach Hultgren und Mitarb.[9] für 327°C

I Fehlergrenze

○ diese Arbeit, 423°C

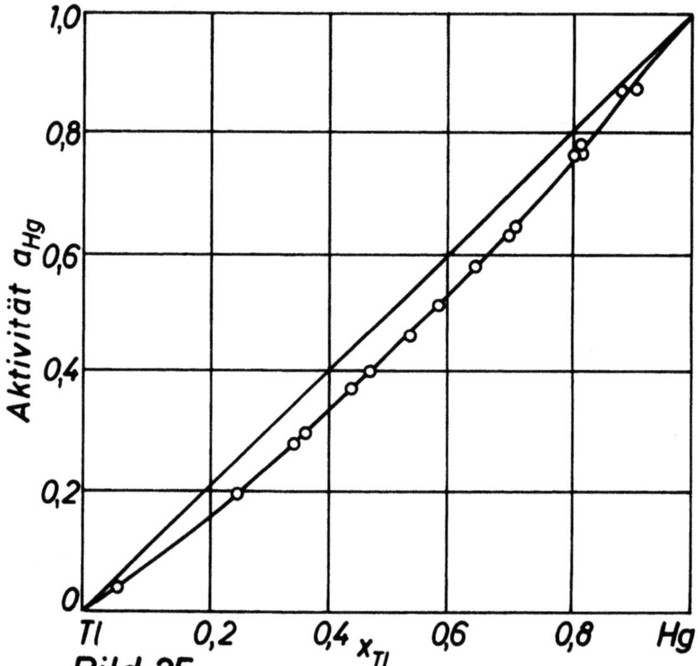

Bild 25
Thermodynamische Aktivitäten flüssiger Hg - Tl - Legierungen bei 284 °C

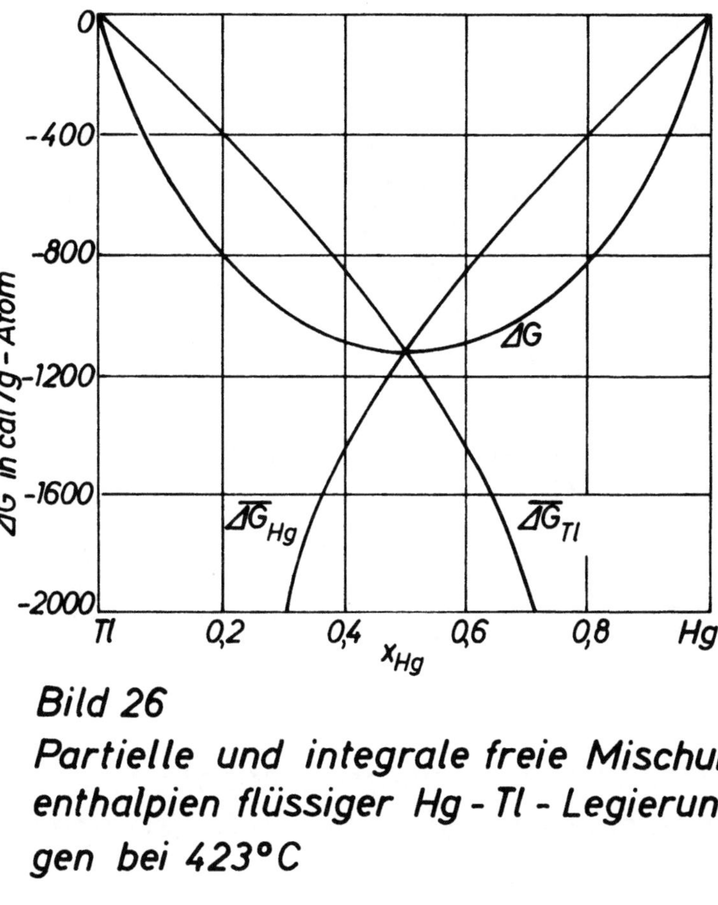

Bild 26

Partielle und integrale freie Mischungsenthalpien flüssiger Hg-Tl-Legierungen bei 423°C

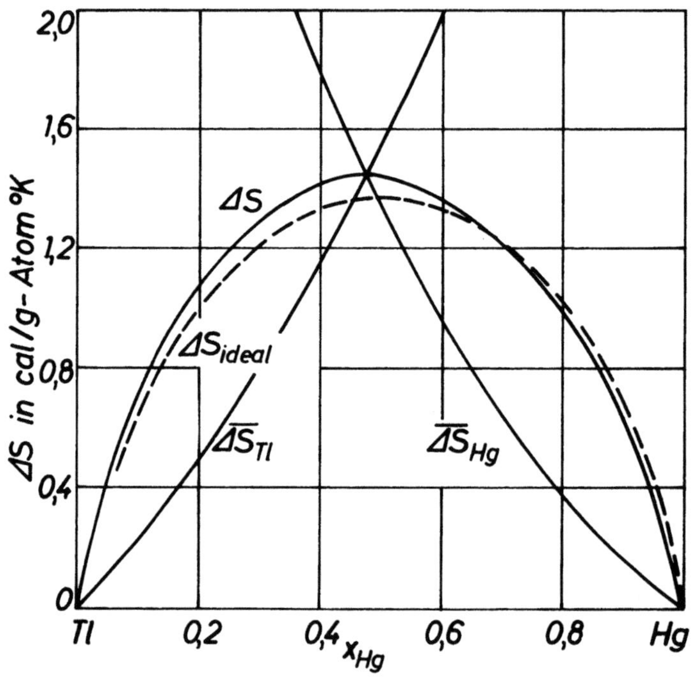

Bild 27

Partielle und integrale Mischungsentropien flüssiger Hg-Tl-Legierungen

entropien, die aus den freien Mischungsenthalpien und den bekannten Mischungsenthalpien[24] [22] gewonnen werden konnten. Es liegen nur geringe Abweichungen der gefundenen Mischungsentropien von den idealen Werten bei statistischer Atomverteilung in der Lösung vor.

Nach Abschluß unserer Untersuchungen bekannt gewordene Ergebnisse von thermodynamischen Messungen im System Quecksilber-Thallium stimmen mit unseren Resultaten überein (vgl. [30]). Es sind dies EMK-Messungen von L.F. Kozin[217] und von Y. Claire und Mitarb. [31] sowie kalorimetrische Ermittlungen der Mischungsenthalpien von Y. Claire und Mitarb. [39].

4.1.5 Das System Quecksilber-Blei

Das Zustandsdiagramm Quecksilber-Blei ist in Bild 28 wiedergegeben. Messungen der Mischungsenthalpien flüssiger Legierungen sind bereits von G. Tammann und E. Ohler[51] im Jahre 1924 durchgeführt worden, allerdings nur bei hohen Quecksilberkonzentrationen. Eine Bestimmung der integralen Mischungsenthalpien im gesamten Konzentrationsbereich erfolgte durch F.E. Wittig und P.Scheidt[24].

Messungen der thermodynamischen Aktivitäten nach der EMK-Methode waren auf Atombrüche $x_{Pb} < 0,5$ beschränkt[47][52][53]. Partialdampfdruckmessungen wurden von J.H. Hildebrand, A.H. Foster und C.W. Beebe[19] sowie B.R. Burgan, R.C. Hall und R.F. Hehemann[55] durchgeführt. Ein in der Aktivitätsisotherme bei 324°C von J.H. Hildebrand und Mitarb.[19] gefundener Wendepunkt wurde von den Autoren auf Meßfehler zurückgeführt. Die von B.R. Burgan und Mitarb.[55] vorgenommenen Aktivitätsmessungen lieferten indessen Ergebnisse, die die älteren Befunde als zumindest qualitativ den tatsächlichen Gegebenheiten entsprechend bestätigen. Es schien daher zur Klärung der energetischen Verhältnisse dieses Systems nützlich zu sein, die thermodynamischen Aktivitäten erneut zu bestimmen. Das erfolgte nach der isopiestischen Methode mit Hg-In als Referenzsystem[56].

Die für 423° und 284°C erhaltenen Aktivitätsisothermen des Quecksilbers sind in den Bildern 29 und 30 graphisch dargestellt. In Bild 30 sind ferner die von R. Hultgren und Mitarb.[9] aus den bisher in der Literatur vorliegenden Daten erschlossene Bestwerte eingezeichnet. Sie stimmen, innerhalb ihrer beträchtlichen Fehlergrenzen, mit den von uns gewonnenen Aktivitätswerten überein. In Bild 29 ist die aus den a_{Hg}-Werten für 423°C anhand der Duhem-Margules-Gleichung ermittelte Aktivitätsisotherme des Bleis wiedergegeben.

Es sei bemerkt, daß die beiden Aktivitätsisothermen des Quecksilbers für 423° und 284°C sich bei etwa $x_{Hg} = 0{,}2$ überschneiden. Das entspricht gemäß Gl. (9) einem Wechsel des Vorzeichens der partiellen Mischungsenthalpien des Quecksilbers. Mit den von F.E. Wittig und P. Scheidt[24] angegebenen integralen Mischungsenthalpien ist dies in guter Übereinstimmung. Diese Autoren fanden bei hohen Quecksilbergehalten positive Mischungsenthalpien, während bleireiche Schmelzen negative ΔH-Werte aufweisen. Darin deutet sich eine auf die Bleiseite des Systems beschränkte Verbindungstendenz an. Im Einklang damit ist die Tatsache, daß im festen Zustand in diesem Bereich eine intermetallische Verbindung existent ist (Pb_2Hg).

Die aus den thermodynamischen Aktivitäten ermittelten freien Mischungsenthalpien und die aus diesen ΔG-Werten und den in der Literatur vorliegenden ΔH-Werten[24] berechneten Mischungsentropien sind in Bild 31 bzw. 32 wiedergegeben. Die negative Abweichung der ΔS-x-Kurve von derjenigen der idealen Mischungsentropie dürfte auf eine Assoziatbildung in den Hg-Pb-Schmelzen zurückzuführen sein.

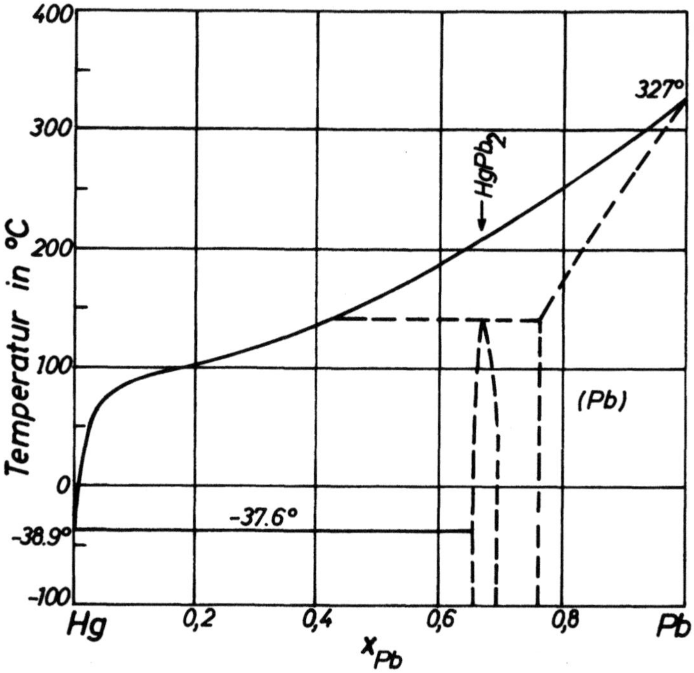

Bild 28
Zustandsdiagramm Hg - Pb [27]

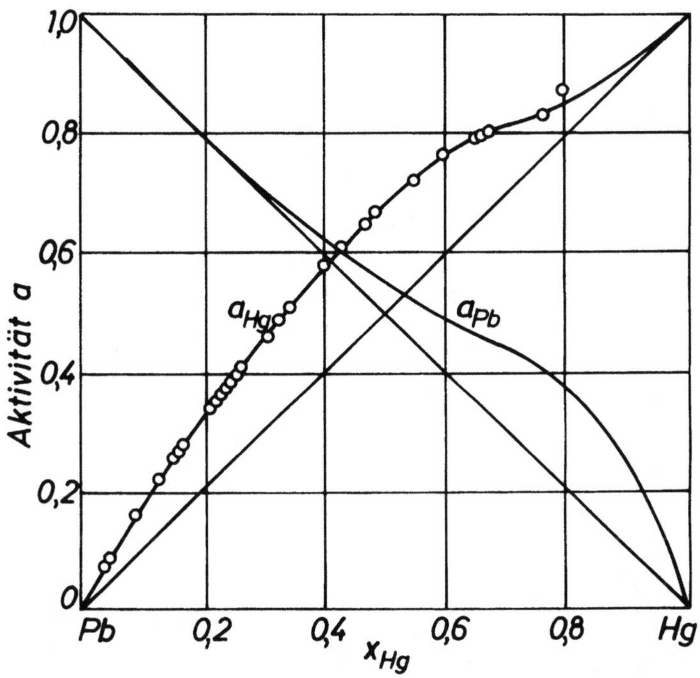

Bild 29
Thermodynamische Aktivitäten flüssiger Hg - Pb - Legierungen bei 423°C

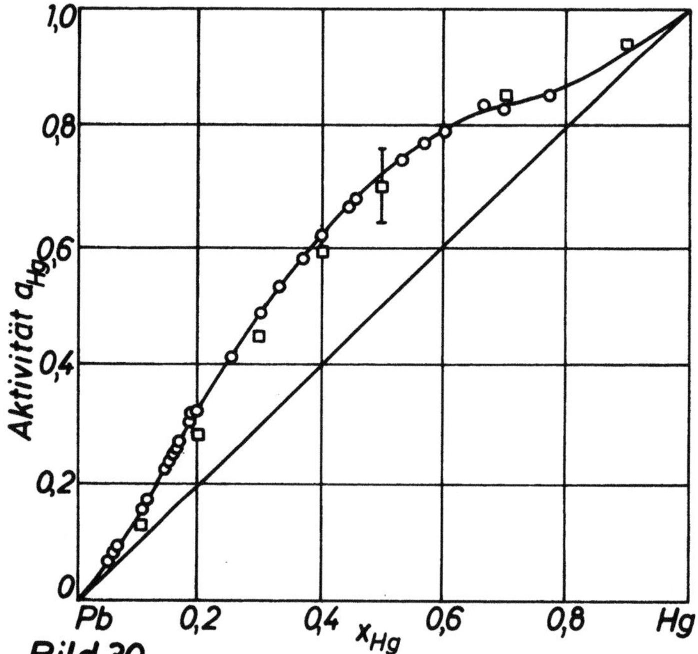

Bild 30
Thermodynamische Aktivitäten flüssiger Hg - Pb - Legierungen

□ nach Hultgren und Mitarb.[9] bei 325°C

I Fehlergrenze

○ diese Arbeit, 284 °C

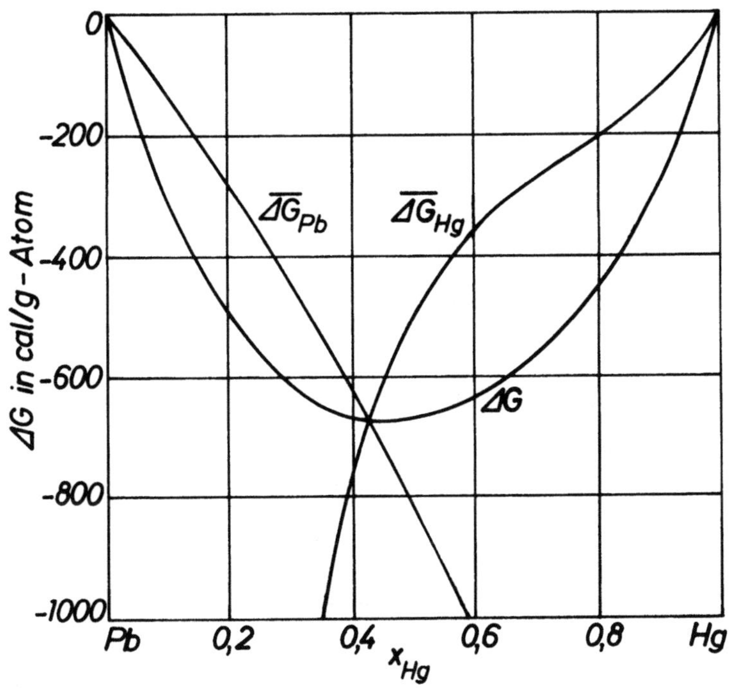

Bild 31
Partielle und integrale freie Mischungs-enthalpien flüssiger Hg-Pb-Legierungen bei 423°C

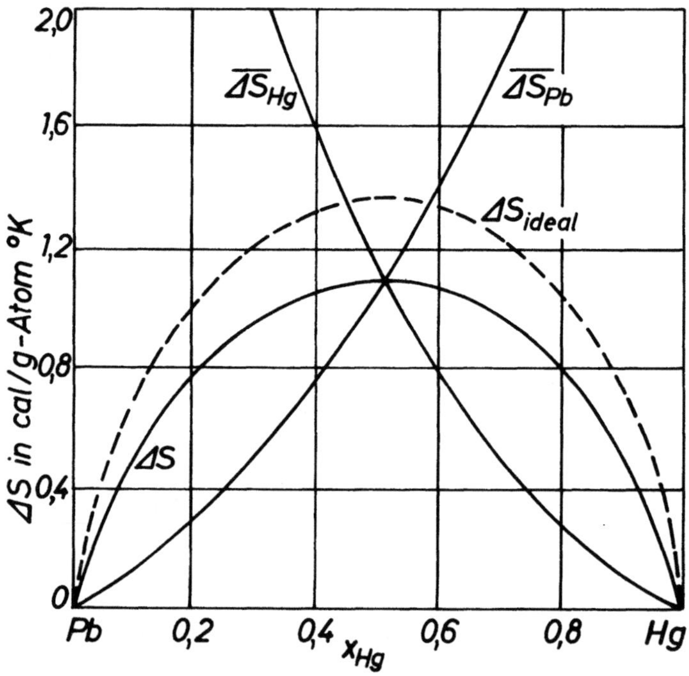

Bild 32
Partielle und integrale Mischungsentropien flüssiger Hg-Pb-Legierungen

4.1.6 Das System Quecksilber-Zinn

Im System Hg-Sn auftretende zwischenatomare Wechselwirkungen führen zur Bildung intermetallischer Phasen (vgl. Bild 33). Sie dürften sich auch auf die thermodynamischen Eigenschaften der flüssigen Legierungen auswirken. Die von O.J. Kleppa (vgl. Ref. 9) ermittelten integralen Mischungsenthalpien haben indessen ein positives Vorzeichen. Das Maximum der ΔH-x-Kurve liegt allerdings nicht bei x = 0,5, sondern bei quecksilberreichen Legierungen mit etwa $x_{Sn} = 0{,}35$. Das kann als Hinweis dafür gewertet werden, daß die Tendenz zur Verbindungsbildung in der Schmelze relativ gering und nicht von dominierender Bedeutung ist und daß sie sich im wesentlichen auf zinnreiche Bereiche beschränkt, wo auch im festen Zustand die intermetallischen Verbindungen dieses Systems gefunden werden.

Auch die bisher bekannten thermodynamischen Aktivitäten weisen darauf hin, daß die Verbindungstendenz in flüssigen Hg-Sn-Legierungen nicht von ausschlaggebendem Einfluß ist. Die Aktivitäten weisen positive Abweichungen von den Raoultschen Geraden auf. Die bisher bekannten Aktivitätsdaten beruhen im wesentlichen auf Ergebnissen von Partialdampfdruckmessungen, die von J.H. Hildebrand, A.H. Foster und C.W. Beebe[19)] sowie A. Sieverts und H. Oehme[57)] durchgeführt worden sind. Nach Hultgren und Mitarb.[9)] kommt diesen Resultaten eine relativ geringe Zuverlässigkeit zu.

Die thermodynamischen Aktivitäten des Quecksilbers wurden von uns nach der isopiestischen Methode mit Hg-In[25)] als Vergleichssystem im Temperaturbereich zwischen 187° und 423°C ermittelt[105)]. Die Ergebnisse sind in Bild 34 in Form von Aktivitätsisothermen wiedergegeben. Aufgrund von in der Literatur vorliegenden Meßergebnissen haben R. Hultgren und Mitarb.[9)] Bestwerte für die thermodynamischen Aktivitäten empfohlen, die allerdings beträchtliche Fehlergrenzen auf-

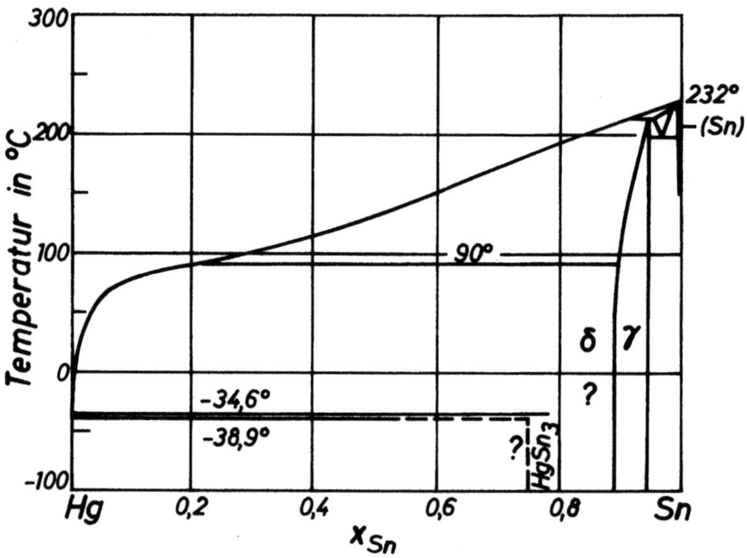

Bild 33
Zustandsdiagramm Hg - Sn [27)]

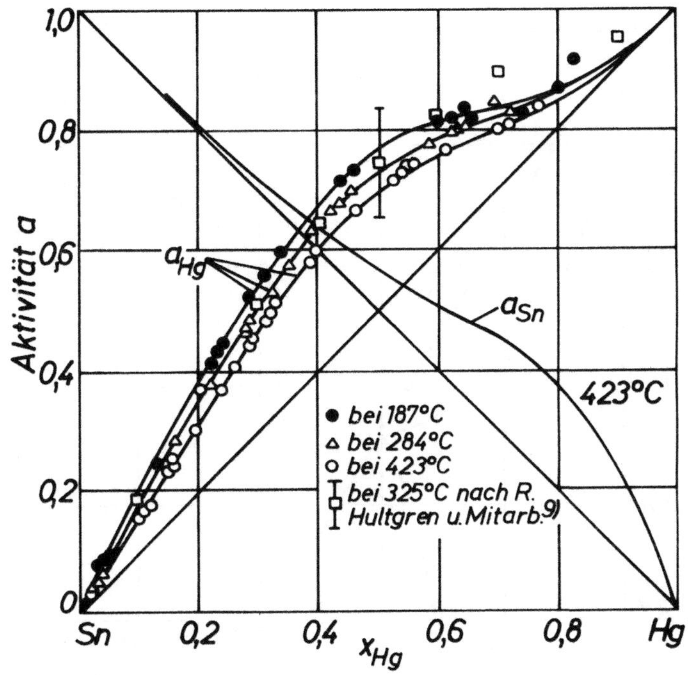

Bild 34
Thermodynamische Aktivitäten flüssiger Hg - Sn - Legierungen

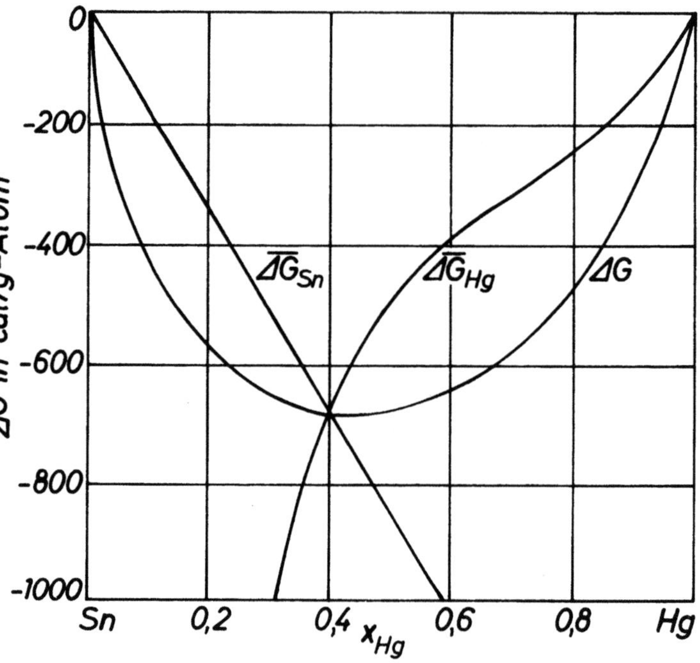

Bild 35
Partielle und integrale freie Mischungsenthalpien flüssiger Hg-Sn-Legierungen bei 423°C

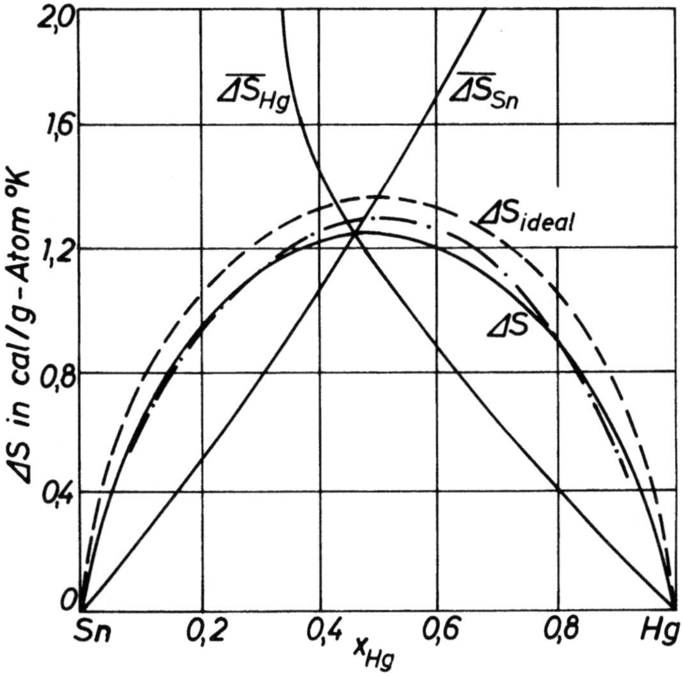

Bild 36

Partielle und integrale Mischungsentropien flüssiger Hg-Sn-Legierungen

—·— nach [9)]

—— diese Arbeit

weisen. Diese Bestwerte und deren Fehlergrenzen sind in Bild 34 ebenfalls eingezeichnet. Die gleichzeitig dargestellte a_{Sn}-Aktivitätsisotherme ist mit Hilfe der Duhem-Margules-Gleichung aus den Hg-Aktivitäten bei 423°C gewonnen worden. Die Temperaturabhängigkeit der Aktivitäten stimmt mit den von F.E. Wittig und P. Scheidt[24] kalorimetrisch gefundenen ΔH-Werten überein.

Die aus den thermodynamischen Aktivitäten berechenbaren freien Mischungsenthalpien und die aus diesen Größen und aus den in der Literatur[24] vorliegenden ΔH-Werten zugänglichen Mischungsentropien sind in Bild 35 bzw. 36 graphisch wiedergegeben.

Bezüglich der drei in der Literatur beschriebenen intermetallischen Phasen ($HgSn_3$, γ und β) ist an der Existenz von $HgSn_3$ und der γ-Phase nicht zu zweifeln. Für die bei Zinnkonzentrationen um 97 At.-% Sn bei Temperaturen oberhalb 198°C angenommene, mit β bezeichnete Phase ist diese Sicherheit nicht gegeben[58][59]. Zur Klärung der Phasengleichgewichte bei hohen Zinngehalten sind daher Untersuchungen nach der Methode der Differential-Thermoanalyse im Bereich von 88 bis 100 At.-% Sn durchgeführt worden. Bei der Ermittlung der Liquiduslinie wurden Abkühlungs- und Erhitzungskurven aufgenommen. Die Soliduskurve wurde durch Erhitzung an Proben bestimmt, die sechs Wochen getempert worden sind, und zwar je nach ihrer Zusammensetzung bei Temperaturen zwischen 150° und 180°C. Die Ergebnisse sind in Bild 37 b wiedergegeben. Zum Vergleich sind die bisher angenommenen Phasengleichgewichte in Bild 37 a dargestellt. Es tritt nur eine einzige peritektische Reaktion in diesem Bereich auf, und zwar bildet sich in ihrem Verlauf beim Abkühlen die hexagonal primitiv kristallisierende γ-Phase.

Zur Ermittlung der Bildungsenthalpie der γ-Phase wurden zwei Legierungen mit 89,4 und 93,1 At.-% Sn vier Wochen bei 90°

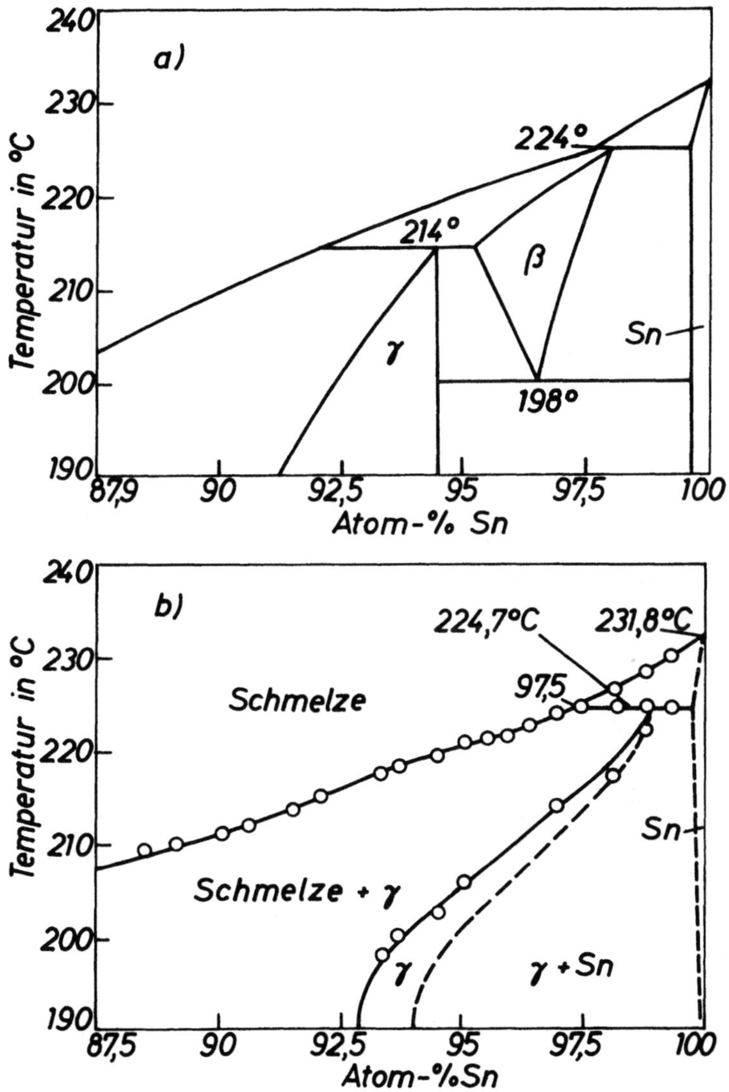

Bild 37
Zinnreiche Seite des Zustandsdiagramms Hg-Sn
a) nach [27]
b) diese Arbeit

bzw. 180°C durch Tempern homogenisiert und dann lösungskalorimetrisch mit flüssigem Quecksilber als Lösungsmittel untersucht. Die Bildungsenthalpie ΔH_{γ}^{S} ergibt sich gemäß

$$\Delta H_{\gamma}^{S} = \Delta H_{\gamma}^{Lös} - x_{Hg} \cdot \Delta H_{Hg}^{Lös} - x_{Sn} \cdot \Delta H_{Sn}^{Lös} \qquad (33)$$

Dabei bedeuten $\Delta H_{\gamma}^{Lös}$ die Lösungsenthalpie der γ-Phase und $\Delta H_{Hg}^{Lös}$ bzw. $\Delta H_{Sn}^{Lös}$ die Lösungsenthalpien der reinen festen Komponenten unter gleichen Lösungsbedingungen. Der resultierende Betrag für ΔH_{γ}^{S} ist kleiner als die Fehlergrenzen des Verfahrens. Das Ergebnis lautet:

$$\Delta H_{\gamma}^{S} = 0 \pm 70 \text{ cal/g-Atom}$$

Für eine Abschätzung der Bildungsentropie der γ-Phase kann die Gegebenheit genutzt werden, daß das Temperaturintervall zwischen Liquidus- und Solidustemperatur bei 93,1 At.-% Sn relativ gering ist. Es kann daher angenommen werden, daß für den Schmelzprozeß dieser Legierung die Beziehung

$$\Delta S_{\gamma}^{f} = \frac{\Delta H_{\gamma}^{f}}{T_m} \qquad (34)$$

die exakt bekanntlich nur für reine Stoffe zutrifft, in noch hinreichender Näherung auch für diesen Fall gilt. ΔS_{γ}^{f} ist die Schmelzentropie der γ-Phase und $T_m = (T_L + T_S)/2$, wobei T_L die Liquidus- und T_S die Solidustemperatur in °K bedeuten.

Die Schmelzenthalpie ΔH_{γ}^{f} kann aus der Mischungsenthalpie ΔH^{L}, der Bildungsenthalpie ΔH_{γ}^{S} und den Schmelzenthalpien der Komponenten ΔH_{Hg}^{f} und ΔH_{Sn}^{f} folgendermaßen gewonnen werden:

$$\Delta H_{\gamma}^{f} = \Delta H^{L} - \Delta H_{\gamma}^{S} + x_{Hg} \cdot \Delta H_{Hg}^{f} + x_{Sn} \cdot \Delta H_{Sn}^{f} \quad . \qquad (35)$$

Mit ΔH^{L} = 70 cal/g-Atom[24], ΔH_{Hg}^{f} = 548,6 ± 0,5 cal/g-Atom[9], ΔH_{Sn}^{f} = 1734 ± 10 cal/g-Atom[60] und x_{Hg} = 0,069 folgt

$$\Delta H_{\gamma}^{f} = 1722 \pm 80 \text{ cal/g-Atom.}$$

Nach Gl. (34) resultiert damit für die Schmelzentropie der γ-Phase:

$$\Delta S_{\gamma}^{f} = 3{,}59 \pm 0{,}17 \text{ cal/g-Atom } ^{o}K$$

Die Schmelzentropien der Komponenten sind:

$$\Delta S_{Hg}^{f} = 2{,}31 \pm 0{,}002 \text{ cal/g-Atom } ^{o}K$$ [9]

$$\Delta S_{Sn}^{f} = 3{,}43 \pm 0{,}002 \text{ cal/g-Atom } ^{o}K$$ [60]

Die Mischungsentropie der flüssigen Hg-Sn-Legierungen mit $x_{Hg} = 0{,}069$ beträgt $\Delta S^{L} = 0{,}47$ cal/g-Atom ^{o}K (vgl.Bild 36). Mit diesen Daten resultiert gemäß

$$\Delta S_{\gamma}^{S} = \Delta S^{L} - \Delta S_{\gamma}^{f} + x_{Hg}\, \Delta S_{Hg}^{f} + x_{Sn}\, \Delta S_{Sn}^{f} \qquad (36)$$

ein Wert für die Bildungsentropie der γ-Phase

$$\Delta S_{\gamma}^{S} = 0{,}2 \pm 0{,}2 \text{ cal/g-Atom } ^{o}K \text{ .}$$

Für $x_{Hg} = 0{,}069$ beträgt die ideale Mischungsentropie $\Delta S_{ideal} = 0{,}5$ cal/g-Atom ^{o}K. Die γ-Phase besitzt demgemäß eine geringe negative Überschußentropie. Es sei bemerkt, daß auch die flüssigen Hg-Sn-Legierungen des gesamten Konzentrationsbereichs Mischungsentropien aufweisen, die kleiner als die betreffenden idealen ΔS-Werte sind (vgl. Bild 36).

Eine ins Einzelne gehende Erörterung der Faktoren, die für die Stabilität der hexagonal primitiv kristallisierenden γ-Phase von Bedeutung sind, soll weiter unten erfolgen.

Es sei erwähnt, daß nach Publikation unserer Ergebnisse weitere Arbeiten zur Thermodynamik des Systems Quecksilber-Zinn bekannt geworden sind [54] [135]. Die Resultate stimmen mit den hier dargelegten Befunden überein.

4.2 Binäre Systeme des Aluminiums

4.2.1 Das System Aluminium-Indium

Nach M. Hansen und K. Anderko[27)] sind die Metalle Aluminium und Indium im flüssigen Zustand nur begrenzt mischbar. Spezielle Bindungsverhältnisse, die in bestimmten Konzentrationsbereichen einen besonderen Aufbau der flüssigen Legierungen bedingen könnten, sind nicht zu erwarten. Dies dürfte der Grund dafür sein, daß das System Aluminium-Indium, ähnlich wie eine Reihe anderer Systeme mit einer Mischungslücke im flüssigen Zustand, bisher kaum Gegenstand umfassender Untersuchungen zur Thermodynamik der Legierungsbildung gewesen sind. Wie weiter unten ausführlich dargestellt werden soll, sind es indessen vor allem die Systeme mit starker Entmischungstendenz, die es - wegen des Fehlens individueller Bindungsverhältnisse - ermöglichen, den Einfluß der Atomradiendifferenz der Legierungspartner auf die thermodynamischen Eigenschaften und damit auf die Stabilität von flüssigen Legierungen zu erschließen. Ferner sei erwähnt, daß die Phasentrennung im flüssigen Zustand verschiedentlich bei metallurgisch-technologischen Prozessen genutzt wird und auch für künftige technologische Entwicklungen von erheblicher Bedeutung sein dürfte.

Für das System Aluminium-Indium in der Literatur vorliegende Informationen über die Phasengleichgewichte und über die thermodynamischen Eigenschaften der Schmelzen waren für die beabsichtigten systematischen thermodynamischen Betrachtungen nicht ausreichend. A.N. Campbell und Mitarb.[61)] haben versucht, die Ausdehnung der Mischungslücke durch isotherme Gleichgewichtseinstellung zu ermitteln, wobei die Analyse der beiden Flüssigkeitsschichten erst nach deren Erstarrung ohne vorherige Trennung bei der Gleichgewichtstemperatur vorgenommen wurde. Erfahrungsgemäß täuscht dieses Verfahren zu geringe Löslichkeiten im flüssigen Zustand vor.

Die von uns mit Hilfe der Differential-Thermoanalyse ermittelten Löslichkeitsgrenzen im flüssigen Zustand und die in gleicher Weise gefundenen Liquidustemperaturen[62] sind in Bild 38 zu einem vollständigen Phasendiagramm zusammengefaßt. Es sei bemerkt, daß die gefundene Mischungslücke in der Tat merklich kleiner ist, als sie von A.N. Campbell und Mitarb.[61] angegeben worden war. Der kritische Entmischungspunkt liegt bei 830°C und 40 At.-% In.

F.E. Wittig und G. Keil[63] haben kalorimetrische Untersuchungen bei 715°C durchgeführt. Da diese Versuchstemperatur weit unterhalb der kritischen Entmischungstemperatur liegt, konnten dabei nur die Mischungsenthalpien der Randbereiche des Systems erfaßt werden. Die von uns oberhalb 830°C kalorimetrisch bestimmten integralen Mischungsenthalpien des gesamten Konzentrationsbereichs sind in Bild 39 als Funktion des Atombruchs wiedergegeben[67]. Sie stimmen mit den für $0 < x_{Al} < 0,2$ und $0,9 < x_{Al} < 1$ von F.E. Wittig und G. Keil[63] gefundenen ΔH-Werten überein.

Anhand der vorliegenden Ergebnisse können die Mischungsentropien erschlossen werden. Mit Rücksicht auf die zu x = 0,5 symmetrische ΔH-x-Kurve kann die Konzentrationsabhängigkeit der Mischungsenthalpie in guter Näherung durch folgenden, aus dem Modell der regulären Lösung stammenden Ansatz von van Laar ausgedrückt werden:

$$\Delta H = \overline{\Delta H}^{o}\, x_A\, (1 - x_A) \qquad (37)$$

Analog kann für die Überschußentropie in hinreichender Näherung gesetzt werden:

$$\Delta S^{ex} = (\overline{\Delta S}^{ex})^{o}\, x_A\, (1 - x_A) \qquad (38)$$

$\overline{\Delta H}^{o}$ und $(\overline{\Delta S}^{ex})^{o}$ sind Konstanten. Werden die im Bereich

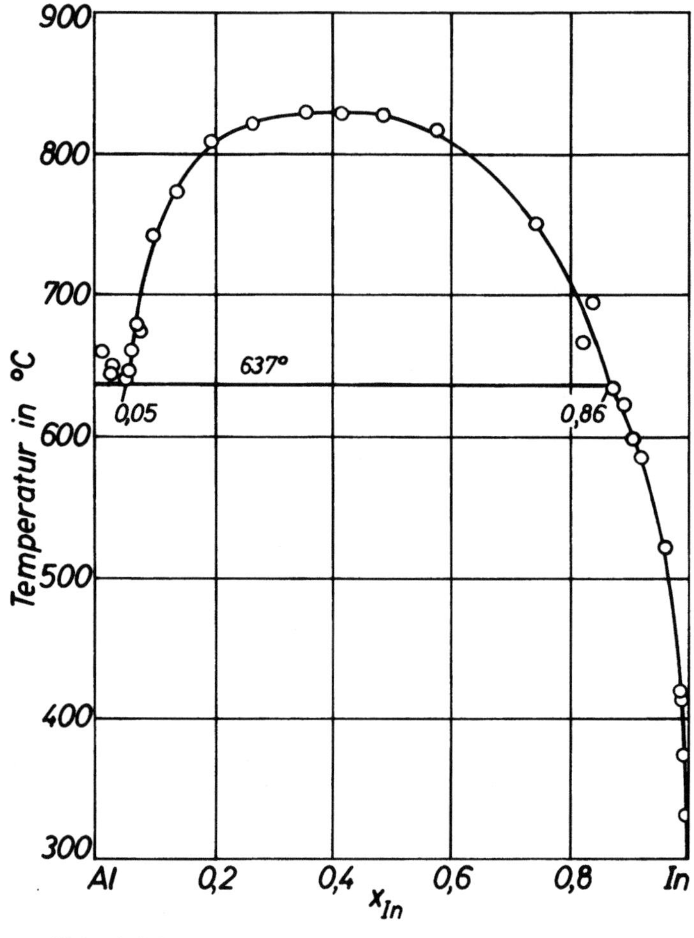

Bild 38
Zustandsdiagramm Al - In [62)]

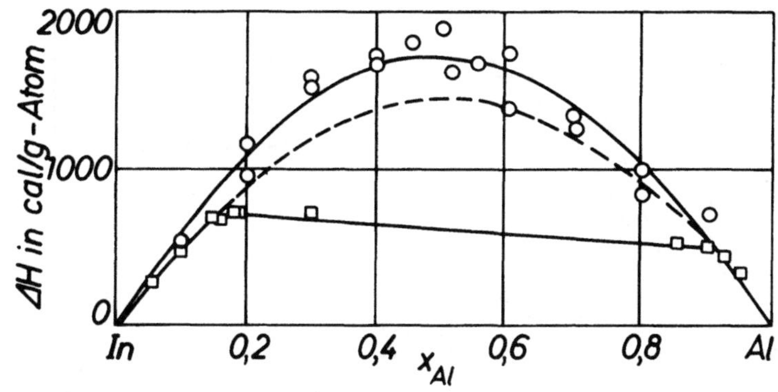

Bild 39

Mischungsenthalpien flüssiger Al-In-Legierungen

□ nach [63)]

○ diese Arbeit

--- aus Löslichkeitsdaten berechnet

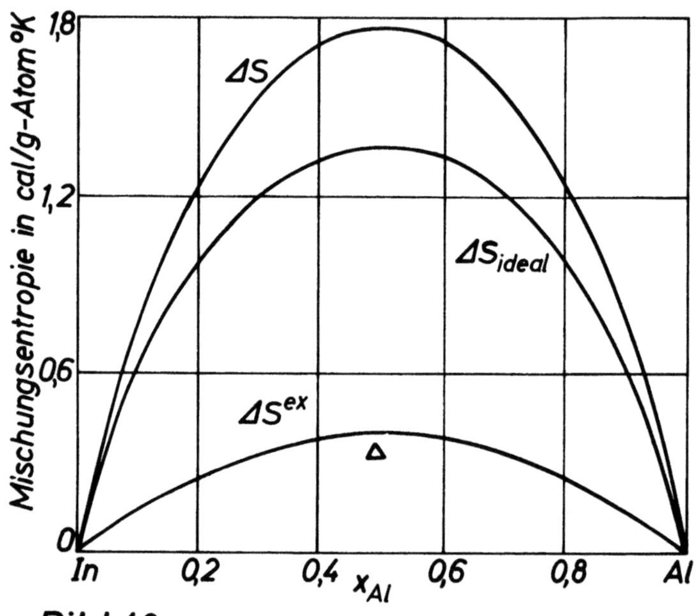

Bild 40

Integrale Mischungsentropien flüssiger Al - In - Legierungen

—— gemäß Gl. (40)

Δ, ΔS^{ex} gemäß Gl. (46)

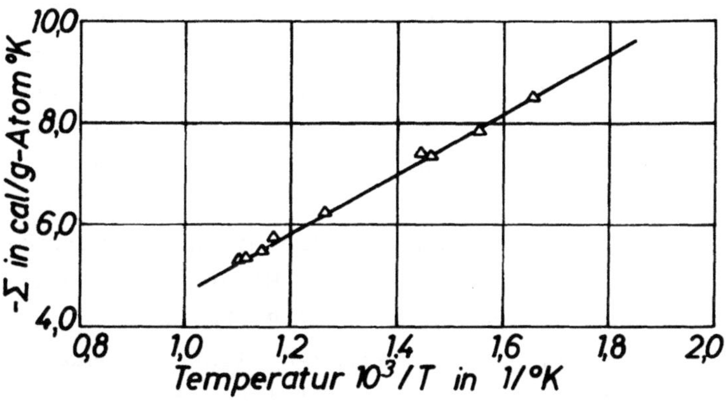

Bild 41
Auswertung der Löslichkeitsgleichgewichte im System Al - In gemäß Gl.(45a)

der Mischungslücke koexistierenden Phasen mit (') und ('') gekennzeichnet, so gilt:

$$\frac{d\Delta G'}{dx'} = \frac{d\Delta G''}{dx''} \qquad (39)$$

Mit der Helmholtz-Gibbsschen Gleichung (1), Gl. (3) und Gl. (38) folgt aus Gl. (39):

$$\frac{d\Delta H'}{dx'} - \frac{d\Delta H''}{dx''} + RT \left[\ln \frac{x'}{1-x'} - \ln \frac{x''}{1-x''}\right] = 2(\overline{\Delta S}^{ex})^{o}\, T(x'' - x') \qquad (40)$$

Es bedeuten $\Delta H'$ und $\Delta H''$ die Mischungsenthalpien bei den Atombrüchen x' bzw. x'' der bei der Gleichgewichtstemperatur T koexistierenden beiden Phasen. Die auf diesem Wege aus den vorliegenden Daten resultierenden $(\overline{\Delta S}^{ex})^{o}$-Werte liefern integrale Mischungsentropien bzw. Überschußentropien, die in Bild 40 als Funktion des Atombruchs dargestellt sind.

Prinzipiell besteht die Möglichkeit, die Mischungsentropien aus den Phasengleichgewichten auch ohne Hinzuziehung der Mischungsenthalpien zu errechnen. Gl. (39) besagt, daß im Gleichgewicht die beiden koexistierenden flüssigen Phasen gleiche partielle freie Mischungsenthalpien aufweisen:

$$\overline{\Delta G}_A' = \overline{\Delta G}_A'' \qquad (41)$$

Mit

$$\overline{\Delta G}_A' = \overline{\Delta H}_A' - T \cdot \overline{\Delta S}_A' \qquad (42)$$

$$\overline{\Delta G}_A'' = RT \ln a_A'' \qquad (43)$$

und

$$\overline{\Delta S}_A' = - R \ln x_A' + \overline{\Delta S}_A^{ex,} \qquad (44)$$

folgt:

$$\Sigma' := R \ln x_A' - R \ln a_A'' = - \frac{\overline{\Delta H}_A'}{T} + \overline{\Delta S}_A^{ex'} \qquad (45)$$

Die partiellen Größen $\overline{\Delta H}_A'$ und $\overline{\Delta S}_A^{ex'}$ sind naturgemäß konzentrationsabhängig. Analog Gl. (37) und Gl. (38) gilt nach J.L. White[68] für diese Konzentrationsabhängigkeit:

$$\overline{\Delta H}_A = \overline{\Delta H}_A^o \; (1 - x_A)^2 \qquad (46)$$

$$\overline{\Delta S}_A^{ex} = (\overline{\Delta S}_A^{ex})^o \; (1 - x_A)^2 \qquad (47)$$

In Kombination mit Gl. (45) folgt:

$$\Sigma := \frac{\Sigma'}{(1-x_A')^2} = - \frac{\overline{\Delta H}_A^{o\prime}}{T} + \overline{\Delta S}_A^{ex,o\prime} \qquad (45a)$$

Wenn die in Gl. (46) und Gl. (47) enthaltenen vereinfachenden Annahmen für das betrachtete System eine hinreichend gute Näherung darstellen, sind bei Auftragung von Σ gegen 1/T Geraden zu erwarten, deren Steigmaß $\overline{\Delta H}_A^{o\prime}$ und deren Ordinatenabschnitt $\overline{\Delta S}_A^{ex,o\prime}$ liefert. Es sei noch bemerkt, daß bei Atombrüchen $x_A'' \approx 1$, was bei ausgedehnten Mischungslücken oft der Fall ist, $a_A'' = x_A''$ gesetzt werden kann.

In Bild 41 ist für flüssige Aluminium-Indium-Legierungen gemäß Gl. (45a) Σ gegen 1/T aufgetragen. Es resultiert eine Gerade, was darauf hinweist, daß Gl. (46) und Gl. (47) für dieses System weitgehend zutreffen. Die aus dem Ordinatenabschnitt berechenbaren integralen Mischungsentropien sind nahezu gleich denjenigen, die aufgrund der Auswertung unter Einbeziehung der experimentellen Mischungsenthalpien gefunden werden konnten (vgl. Bild 40). Auch die auf der Basis der Auswertung gemäß Gl. (45a) schließlich erhaltenen integralen Mischungsenthalpien weisen, wie ein Blick auf Bild 39 lehrt, nur wenig niedrigere Werte auf.

Auf die Ursachen für das positive Vorzeichen der Überschuß-entropien soll weiter unten eingegangen werden.

4.2.2 Das System Aluminium-Blei

Für eine Erschließung des Einflusses der Atomradiendifferenzen der Legierungspartner auf die thermodynamischen Eigenschaften von binären Legierungsschmelzen ist die Kenntnis der Überschußfunktionen der flüssigen Legierungen von Systemen mit extremer Entmischungstendenz von besonderer Bedeutung. Zu diesen Systemen gehört auch Al-Pb, dessen kritische Entmischungstemperatur nicht bekannt war, aber nach den bisher durchgeführten, in der Literatur beschriebenen Untersuchungen mit Sicherheit weit oberhalb 1000°C zu vermuten ist. Wegen der erheblichen experimentellen Schwierigkeiten sind Messungen von Mischungsenthalpien oberhalb 1200°C bisher kaum durchgeführt worden. Auch Ermittlungen der Begrenzung von Mischungslücken im flüssigen Zustand können bei diesen Temperaturen recht problematisch sein. Die verschiedentlich durchgeführten Untersuchungen an Al-Pb-Legierungen sind daher auf Temperaturen unterhalb 1000°C beschränkt. Beispielsweise haben F.E. Wittig und G. Keil[63] bei 832°C Mischungsenthalpien der flüssigen Legierungen bestimmt. Die Löslichkeit von Blei in Aluminium liegt bei dieser Temperatur bei etwa 3 At.-% Al, diejenige von Aluminium in Blei ist noch geringer.

R. Martin-Garin und P. Desré[70] haben bei 1000°C thermodynamische Aktivitäten ermittelt. Bei dieser Temperatur ist die gegenseitige Löslichkeit der Komponenten ebenfalls noch recht gering. Die Grenzlöslichkeiten betragen 5 At.-% Pb und 92,5 At.-% Pb.

Löslichkeitsverhältnisse im flüssigen Zustand waren bisher auf der Bleiseite bis 17 At.-% Al und auf der Aluminiumseite bis 5 At.-% Pb bekannt (vgl. Bild 42).

Für eine Analyse der thermodynamischen Eigenschaften flüssiger Legierungen mit extremer Entmischungstendenz ist die Kenntnis der Überschußfunktionen auch im mittleren Konzentrationsbereich unerläßlich. Um dies zu realisieren, wurde ein Hochtemperatur-Kalorimeter konstruiert, das Bestimmungen der Mischungsenthalpien bis zu Temperaturen von 1500°C ermöglicht[71]. Ferner schien es notwendig zu sein, die Lage der Mischungslücke vollständig zu bestimmen, um sicherzustellen, daß unsere Messungen der Mischungsenthalpien an einphasigen Legierungen vorgenommen wurden. Dies erfolgte mit Hilfe der Differential-Thermoanalyse[71].

Das gewonnene Zustandsdiagramm des Systems Aluminium-Blei ist in Bild 42 wiedergegeben. Auf der Bleiseite des Systems stimmen die von uns gefundenen Löslichkeiten mit den für Temperaturen unterhalb 1200°C in der Literatur vorliegenden Angaben weitgehend überein. Auf der Aluminiumseite finden wir größere Löslichkeitswerte. Bei den früheren Untersuchungen wurde im wesentlichen die Methode der Analyse der getrennten Schichten angewandt, die bekanntlich in vielen Fällen zu kleine Löslichkeitswerte liefert. Auf der Basis der Differential-Thermoanalyse finden wir bei der monotektischen Temperatur von 658,5°C einen Zweiphasenbereich im flüssigen Zustand von 1,2 bis 99,98 At.-% Al. Die kritische Entmischungstemperatur liegt bei t_K = 1400°C, die kritische Konzentration entspricht x_{Al} = 0,625.

Die kalorimetrisch ermittelten integralen Mischungsenthalpien sind in Bild 43 graphisch dargestellt. Sie haben ein positives Vorzeichen und Beträge bis zu ΔH_{max} = 2440 cal/g-Atom (bei x_{Al} = 0,66). In dem engen Bereich einphasiger Schmelzen bei 832°C von F.E. Wittig und G. Keil[63] bestimmte Mischungsenthalpien stimmen mit unseren Ergebnissen überein. Die meisten von diesen Autoren ermittelten ΔH-Werte in diesem System liegen innerhalb der Mischungslücke.

Anhand der nun vorliegenden Informationen über den Verlauf der Löslichkeitsgrenzen (vgl. Bild 42) und über die Mischungs-

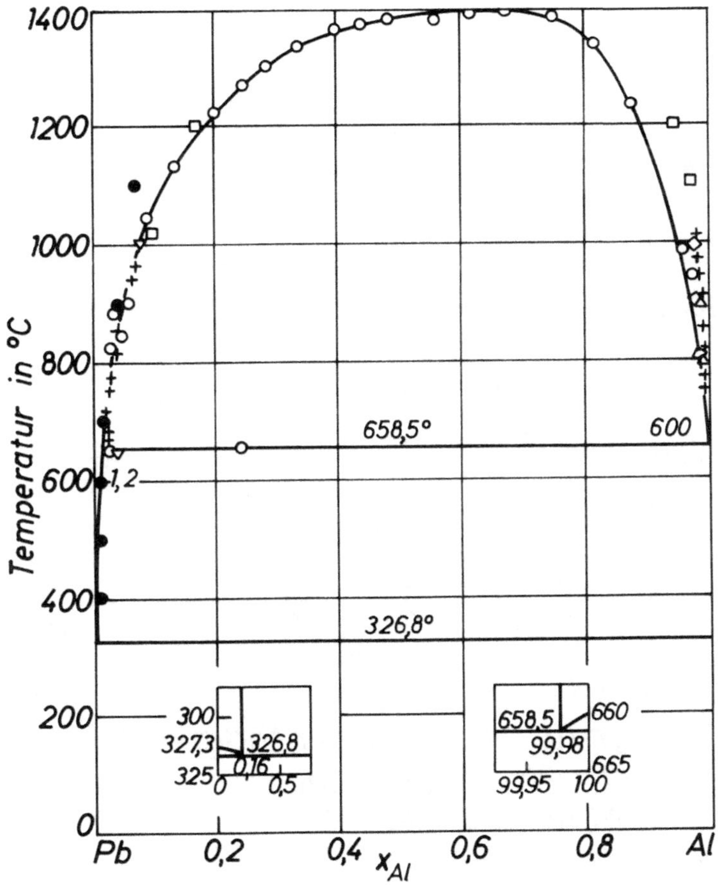

Bild 42

Zustandsdiagramm Al - Pb

+ R. Martin-Garin und P. Desré[70], • Y. Dardel[72],
□ W. Claus und J. Herrmann[73], ▽ K. Schneider[74],
◇ L. W. Kempf und K. R. Van Horn[75], △ H. Bauer[76]
○ Eigene Werte

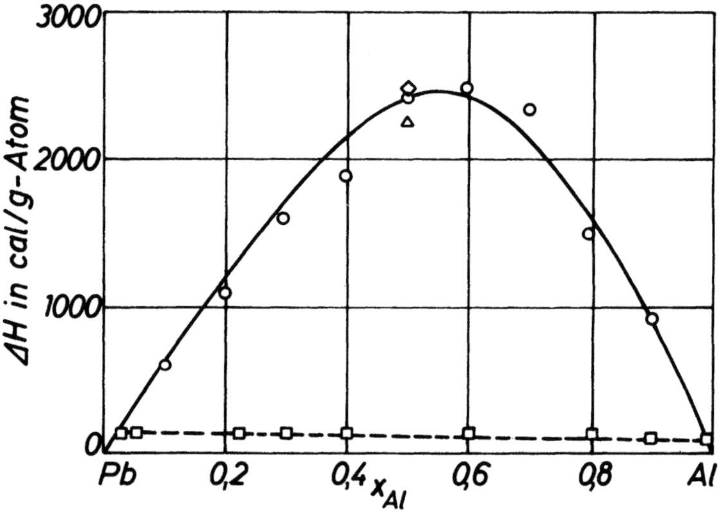

Bild 43
Integrale Mischungsenthalpien flüssiger Al - Pb - Legierungen
□ *F.E.Wittig und G.Keil* [63]
◇ *R.Martin - Garin und P.Desré* [70]
△ *Aus Löslichkeitsdaten berechnet*
○ *Kalorimetrisch gewonnene ΔH-Werte*

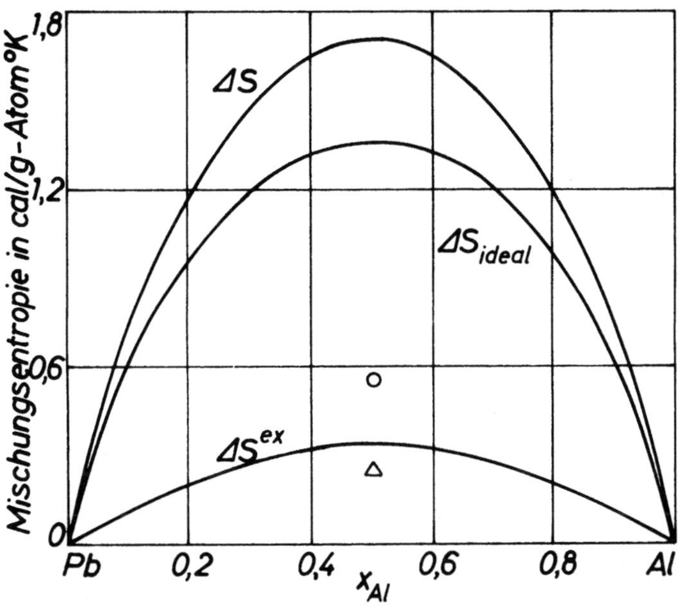

Bild 44
Mischungsentropien flüssiger Al-Pb-Legierungen

o nach R. Martin-Garin und P. Desré [70]

— gemäß Gl. (40)

△ gemäß Gl. (51)

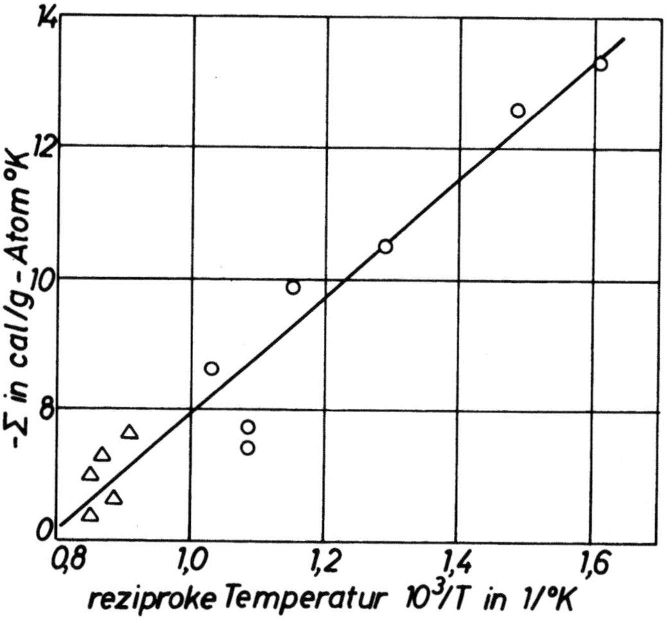

Bild 44a

Auswertung der Löslichkeitsgleichgewichte im System Al - Pb gem. Gl.(51)

o fest-flüssig Gleichgewichte

△ flüssig-flüssig Gleichgewichte

enthalpien können gemäß Gl. (40) die Überschußentropien flüssiger Aluminium-Blei-Legierungen berechnet werden. In Bild 44 sind die erhaltenen ΔS- und ΔS^{ex}-Werte als Funktion des Atombruchs graphisch wiedergegeben. Es sei bemerkt, daß die Überschußentropien positiv sind. Das ist auf die Atomradiendifferenz der Legierungspartner zurückzuführen. Darauf soll weiter unten noch näher eingegangen werden. Die Überschußentropien liegen indessen bei niedrigeren Beträgen, als aufgrund der EMK-Messungen von R. Martin-Garin und P. Desré[70] zu erwarten ist. Die EMK-Messungen waren allerdings, wie bereits erwähnt, auf enge Randbereiche des Systems bei 1000°C beschränkt.

Ebenfalls in guter Übereinstimmung mit unseren Daten ist der Wert für $\overline{\Delta H}_{max}$, der aus EMK-Messungen von R. Martin-Garin und P. Desré[70] erschlossen werden kann. Die aus der Temperaturabhängigkeit der EMK-Daten dieser Autoren resultierende partielle Mischungsenthalpie des Aluminiums bei unendlicher Verdünnung beträgt $\overline{\Delta H}^{o}_{Al}$ = 9,97 kcal/g-Atom. Nach dem van Laarschen Ansatz folgt daraus für x = 0,5 ΔH_{max} = 2,49 kcal/g-Atom. Dieser Wert ordnet sich in die kalorimetrisch gewonnenen Ergebnisse zwanglos ein.

In eine Auswertung der Löslichkeitsdaten gemäß Gl.(45a) zur Ermittlung der Überschußentropien können auch die fest-flüssig-Gleichgewichte einbezogen werden. Für den Fall eines Schmelzgleichgewichts einer binären Legierung gilt:

$$G^{L}_{A} + \overline{\Delta G}^{L}_{A} = G^{S}_{A} + \overline{\Delta G}^{S}_{A} \qquad (48)$$

L und S bezeichnen die Größen der festen bzw. flüssigen Phase.

$$\Delta G^{f}_{A} = G^{L}_{A} - G^{S}_{A} \qquad (49)$$

ist die freie Schmelzenthalpie der Komponente A bei der Gleichgewichtstemperatur T. Aus Gl. (49) folgt mit der

Gl. (42), Gl. (43) und Gl. (44) analog zur Gl. (45):

$$\Sigma'^{f} := R \cdot \ln x_A^L + \frac{\Delta G_A^f}{T} - R \cdot \ln a_A^S = - \frac{\overline{\Delta H}_A^L}{T} + \overline{\Delta S}_A^{ex,L} \qquad (50)$$

Bei Berücksichtigung der Konzentrationsabhängigkeit der partiellen Überschußfunktionen gemäß Gl. (46) und Gl. (47) resultiert:

$$\Sigma^{f} := \frac{\Sigma'^{f}}{(1-x_A^L)^2} = - \frac{\overline{\Delta H}_A^{o,L}}{T} + \overline{\Delta S}_A^{ex,o,L} \qquad (51)$$

ΔG_A^f kann ausgedrückt werden durch:

$$\Delta G_A^f = - \frac{\Delta H_A^f}{T_A} (T_A - T) \qquad (52)$$

wobei ΔH_A^f die Schmelzenthalpie und T_A die absolute Schmelztemperatur der Komponente A ist.

Für die Phasengleichgewichte im System Aluminium-Blei ist unter Zugrundelegung der von Y. Dardel[72] und der von uns neu ermittelten Löslichkeitsdaten gemäß Gl. (51) Σ^f und gemäß Gl. (45a) Σ im gleichen Diagramm gegen 1/T aufgetragen worden (vgl. Bild (44a).Es resultiert eine gemeinsame Gerade für die fest-flüssig- und die flüssig-flüssig-Gleichgewichte. Ihre Steigung und ihr Ordinatenabschnitt liefern folgende partielle Überschußgrößen:

$\overline{\Delta H}_{Al}^{o}$ = 8,9 kcal/g-Atom

$\overline{\Delta S}_{Al}^{ex,o}$ = 1 cal/g-Atom °K .

Damit resultieren nach dem van Laar-Ansatz die maximalen integralen Überschußfunktionen:

ΔH_{max} = 2,24 kcal/g-Atom

ΔS_{max}^{ex} = 0,25 cal/g-Atom °K .

Wie ein Blick auf Bild 43 bzw. Bild 44 lehrt, stimmt der so gewonnene ΔH_{max}-Wert mit den kalorimetrischen Ergebnissen und der ΔS^{ex}_{max}-Wert mit den unter Berücksichtigung der kalorimetrisch gewonnenen Mischungsenthalpien gemäß Gl. (40) erhaltenen Resultaten weitgehend überein.

4.2.3 Das System Aluminium-Wismut

Die Löslichkeitsgleichgewichte und die integralen Mischungsenthalpien im System Aluminium-Wismut sind in ähnlicher Weise untersucht worden wie im System Aluminium-Blei. Die Resultate der Differential-Thermoanalyse sind in Bild 45 in Form eines Zustandsdiagramms dargestellt. Die Mischungslücke weist eine erhebliche Asymmetrie auf. Die kritische Temperatur von $t_K = 1050^\circ C$ liegt bei $x_{Al} = 0,82$. Die von F.E. Wittig und G. Keil[63] kalorimetrisch unterhalb $804^\circ C$ gefundenen und die bei EMK-Messungen von R. Martin-Garin und Mitarb.[69] ermittelten Löslichkeitsgrenzen sind in Bild 45 ebenfalls eingezeichnet. Sie stimmen mit unseren Resultaten überein.

Die mit Hilfe eines Hochtemperatur-Kalorimeters an einphasigen flüssigen Aluminium-Wismut-Legierungen von uns ermittelten Mischungsenthalpien sind in Bild 46 als Funktion des Atombruchs wiedergegeben. Der maximale Wert von $\Delta H_{max} = 1800$ cal/g-Atom wurde bei $x_{Al} = 0,59$ gefunden. Die von F.E. Wittig und G. Keil[63] bei 804° und bei $700^\circ C$ durchgeführten kalorimetrischen Untersuchungen lieferten in den einphasigen Randbereichen ΔH-Werte, die, wie aus Bild 46 ersichtlich, weitgehend mit unseren Resultaten übereinstimmen.

Die gemäß Gl. (40) aus den vorliegenden experimentellen Daten berechneten Mischungsentropien und Überschußentropien sind als integrale Größen in Bild 47 in Abhängigkeit vom Atombruch aufgetragen.

R. Martin-Garin und Mitarb.[69] haben aufgrund von EMK-Messungen für die partiellen Überschußfunktionen bei unendlicher Verdünnung folgende Werte gefunden:

$$\overline{\Delta H}^{o}_{Al} = 5,5 \text{ kcal/g-Atom}$$

$$\overline{\Delta S}^{ex,o}_{Al} = 1,8 \text{ cal/g-Atom } ^\circ K$$

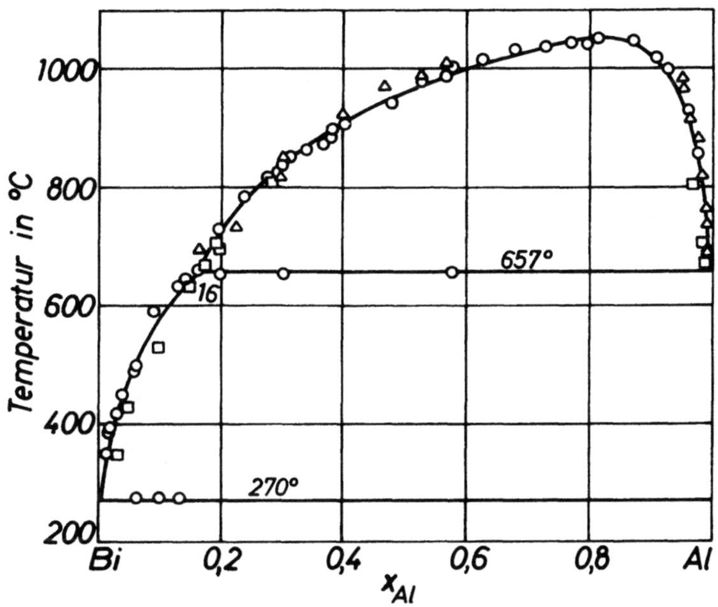

Bild 45
Zustandsdiagramm Al - Bi
□ nach F.E. Wittig und G. Keil[63)]
△ nach R. Martin - Garin u. Mitarb.[69)]
○ diese Arbeit

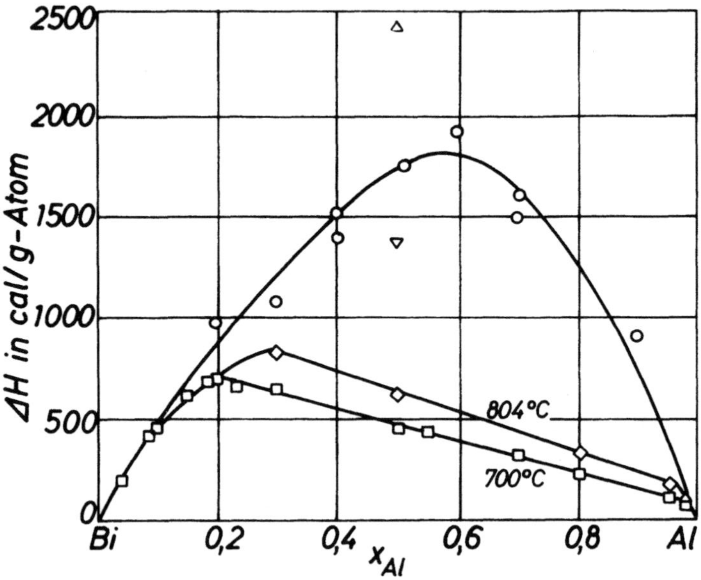

Bild 46
Integrale Mischungenthalpien flüssiger Al - Bi - Legierungen
□ ◇ *nach F.E.Wittig und G.Keil* [63)]
▽ *nach Martin - Garin und Mitarb.* [69)]
○ *diese Arbeit, kalorimetrisch*
△ *diese Arbeit, aus Löslichkeitsdaten*

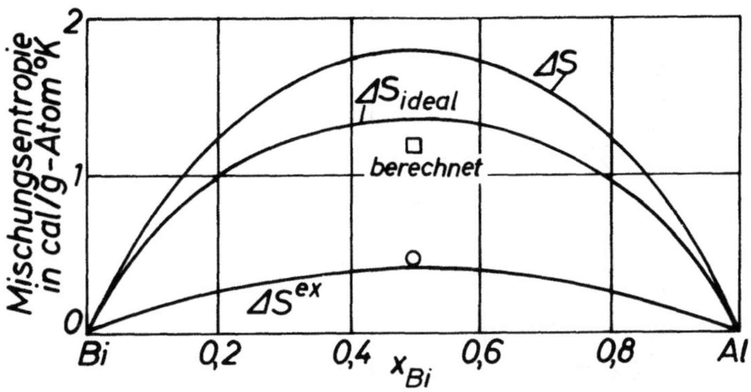

Bild 47

Integrale Mischungsentropien flüssiger Al - Bi - Legierungen

— gemäß Gl. (40)

□ gemäß Gl. (45a)

o nach Martin - Garin und Mitarb.[69]

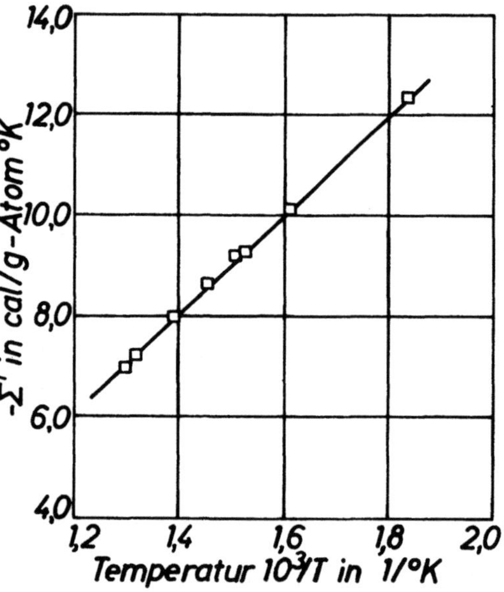

Bild 48
Auswertung der Löslichkeitsgleichgewichte im System Al - Bi

Unter Annahme einer symmetrischen ΔH-x- bzw. ΔS^{ex}-x-Kurve folgt daraus:

$$\Delta H_{max} = 1{,}4 \text{ kcal/g-Atom}$$

$$\Delta S^{ex}_{max} = 0{,}42 \text{ cal/g-Atom } {}^{o}K\ .$$

Wie aus Bild 46 ersichtlich, ordnet sich der so ermittelte ΔH_{max}-Wert größenordnungsmäßig in die von uns kalorimetrisch gefundenen ΔH-Werte ein. Der ΔS^{ex}_{max}-Wert ist in fast völliger Übereinstimmung mit den gemäß Gl. (40) berechneten Überschuß-entropien.

Ferner wurde versucht, aus den fest-flüssig-Löslichkeits-daten mit Hilfe von Gl. (51) die Mischungsenthalpien und Mischungsentropien zu berechnen. Die Auftragung von Σ^{f} gegen 1/T (vgl. Bild 48) liefert eine Gerade, die Zuverlässigkeit dieser Auswertung dürfte indessen wegen der erheblichen Asymmetrie der Löslichkeitsgleichgewichte im Falle der Al-Bi-Legierungen nur gering sein. In der Tat weichen auch, wie aus den Bildern 46 und 47 zu ersehen ist, die auf diesem Wege gewonnenen ΔH_{max}- und ΔS^{ex}_{max}-Werte von den kalorimetrisch ermittelten ΔH- bzw. von den über Gl. (40) gewonnenen ΔS^{ex}-Werten erheblich ab.

4.2.4 Das System Aluminium-Zink

Das Zustandsdiagramm des Systems Aluminium-Zink ist in Bild 49 wiedergegeben. Die integralen Mischungsenthalpien flüssiger Aluminium-Zink-Legierungen sind von F.E. Wittig und G. Keil[63] kalorimetrisch ermittelt worden. A. Schneider und E.K. Stoll[77] haben nach der Taupunktsmethode die thermodynamischen Aktivitäten des Zinks bestimmt. Eine Erklärung der thermodynamischen Eigenschaften flüssiger Aluminium-Zink-Legierungen aufgrund der vorliegenden Resultate ist indessen noch nicht vollständig möglich[9]. Es schien daher nützlich zu sein, weitere Messungen der thermodynamischen Aktivitäten vorzunehmen. Als experimentelles Verfahren wurde die EMK-Methode gewählt, und zwar unter Verwendung folgender galvanischer Kette[81]:

$$\ominus \, | Al_{(flüss)} | Al^{3+}_{(flüss)} | (Al - Zn)_{(flüss)} | \, \oplus \qquad (53)$$

Als Al^{3+}-Ionen enthaltender flüssiger Elektrolyt wurde eine äquiatomare Schmelze von $AlCl_3$ und NaCl verwendet. In diesem Gemisch ist der Partialdampfdruck des $AlCl_3$ nach A.J. Beljajew und Mitarb.[78] extrem niedrig. Er kann nach Angaben von J.F. Morosow[79] bei 500°C mit den verwendeten Verfahren nicht nachgewiesen werden. In der Tat konnten wir diesen Elektrolyten bis zu Temperaturen von 1150°C einsetzen. Es sei bemerkt, daß reines $AlCl_3$ bereits bei 183°C einen Dampfdruck von 760 Torr besitzt.

Ferner sei noch erwähnt, daß aufgrund von Faraday-Feld-Experimenten T.C. Wilder und J.F. Elliott[80] eine effektive Wertigkeit der Aluminiumionen in geschmolzenen $AlCl_3$-NaCl-Gemischen von $z = +3$ gefunden haben. Dieser Wert erwies sich auch als konzentrationsunabhängig. Damit ist eine eindeutige Auswertung der EMK-Werte der angewandten galvanischen Kette gemäß Gl. (14) möglich.

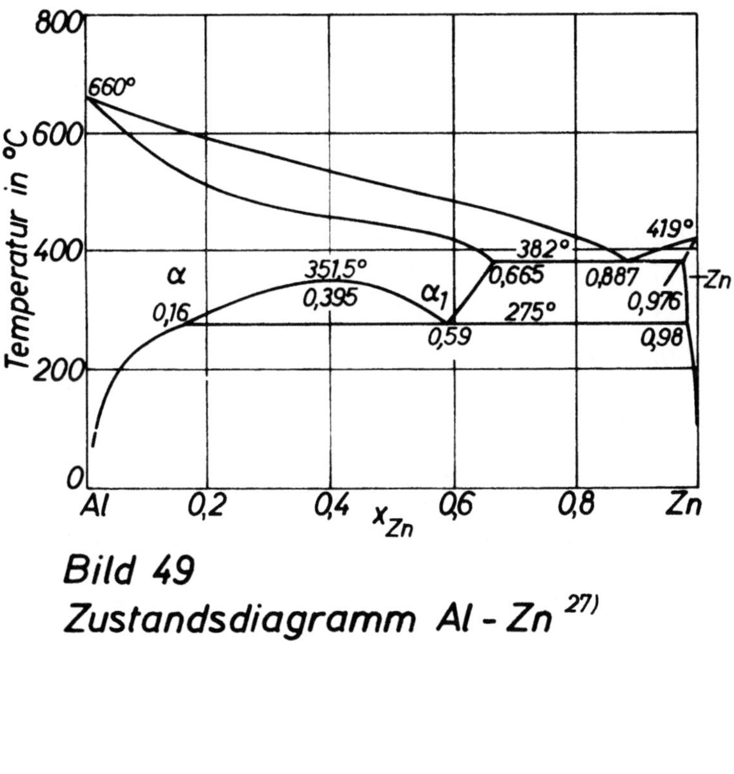

Bild 49
Zustandsdiagramm Al - Zn [27)]

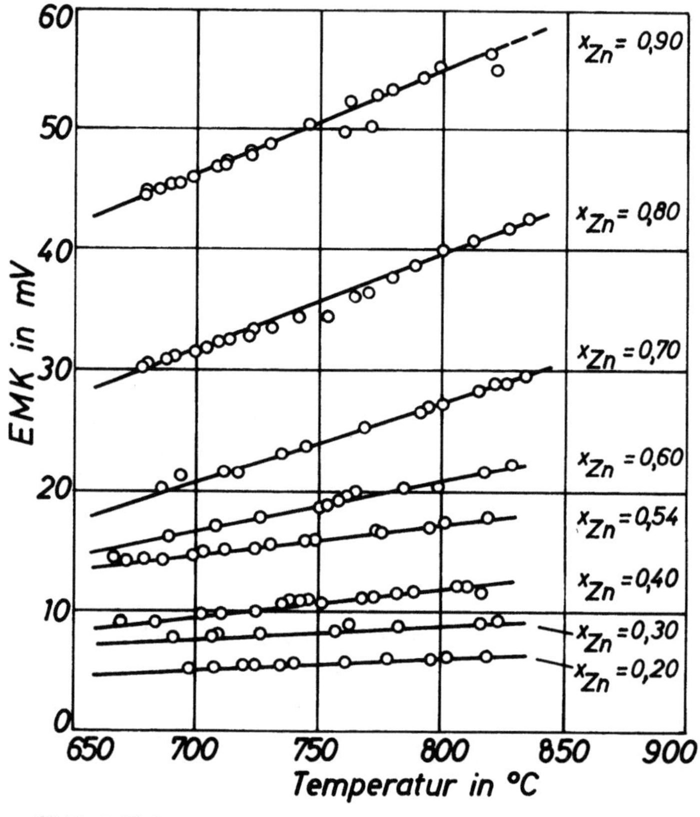

Bild 50
EMK-Werte der galvanischen Kette (Gl.53) zur Bestimmung thermodynamischer Aktivitäten des Aluminiums in flüssigen Al-Zn-Legierungen

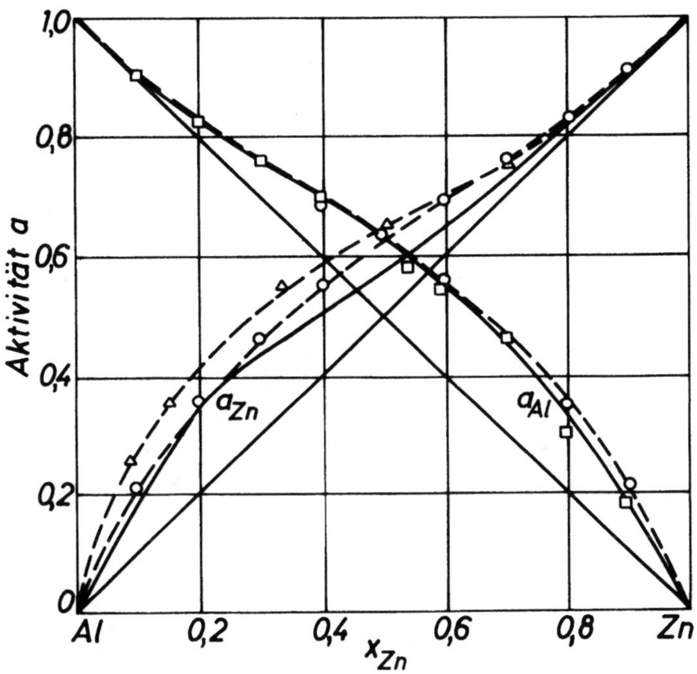

Bild 51
Thermodynamische Aktivitäten flüssiger Al - Zn - Legierungen

△ nach A. Schneider u. E.K. Stoll[77] a_{Zn} für 650°C

○ nach R. Hultgren u. Mitarb.[9] a_{Zn} für 727°C

□ } diese Arbeit 727°C a_{Al} experimentell

— } a_{Zn} berechnet

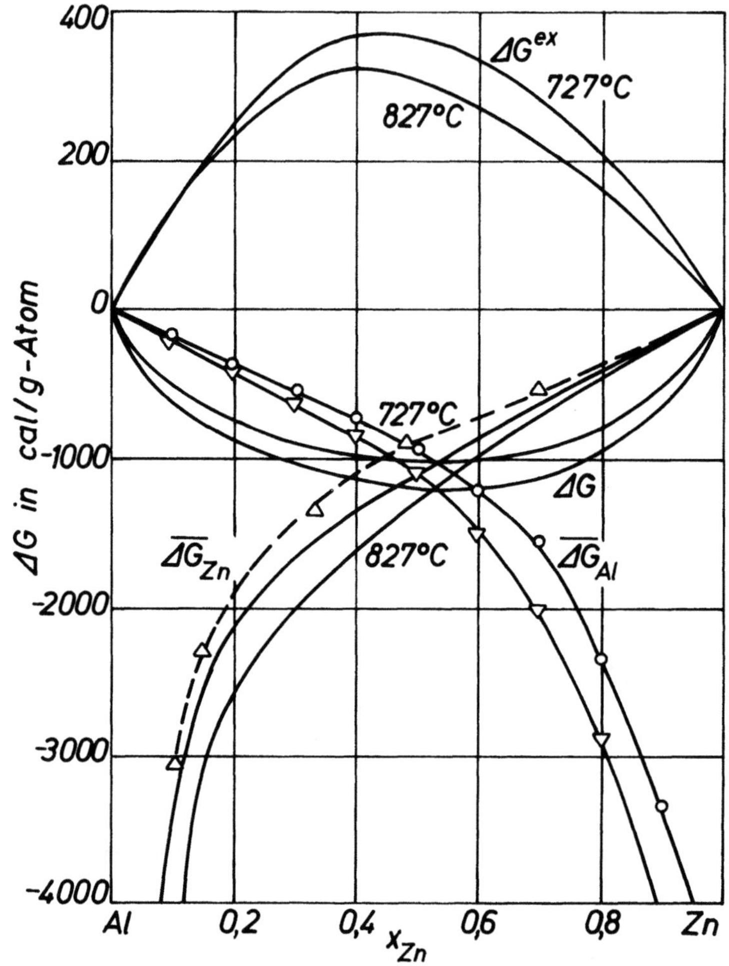

Bild 52

Partielle und integrale freie Mischungs-enthalpien sowie integrale freie Überschußenthalpien flüssiger Al-Zn-Legierungen

△ $\overline{\Delta G}_{Zn}$ nach A. Schneider und E.K. Stoll[77], 800°C

○▽ $\overline{\Delta G}_{Al}$ diese Arbeit, 727° und 827°C

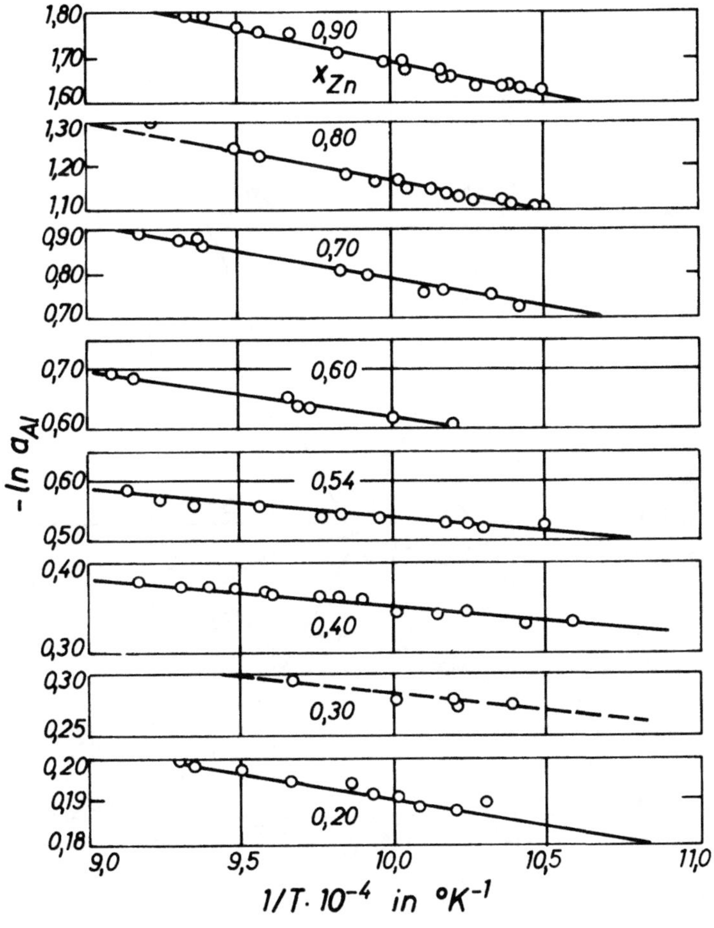

Bild 53
Zur Ermittlung von $\overline{\Delta H}_{Al}$ in flüssigen Al - Zn - Legierungen

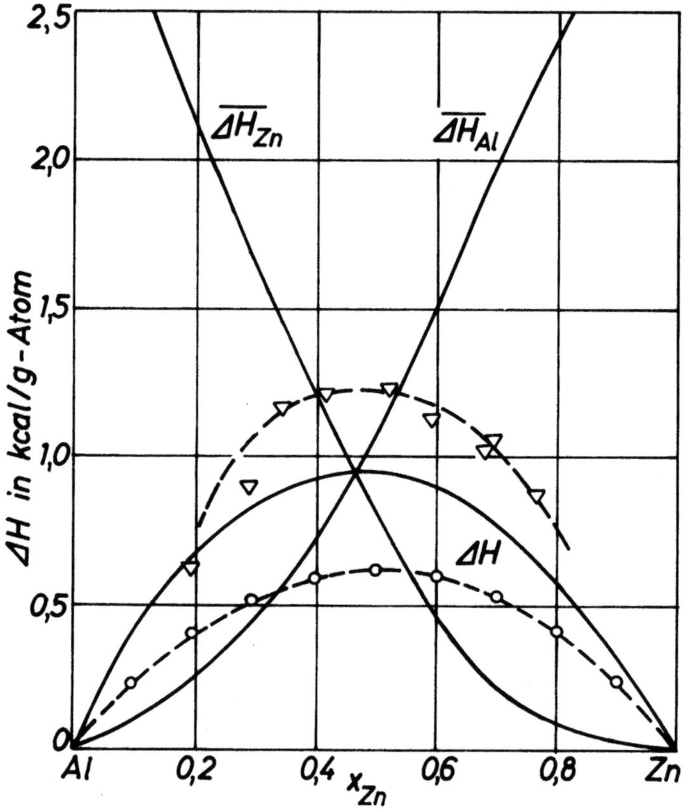

Bild 54
Partielle und integrale Mischungsenthalpien flüssiger Al-Zn-Legierungen

▽ nach M. Kawakami [83]
○ nach F.E. Wittig und G. Keil [63]
— diese Arbeit

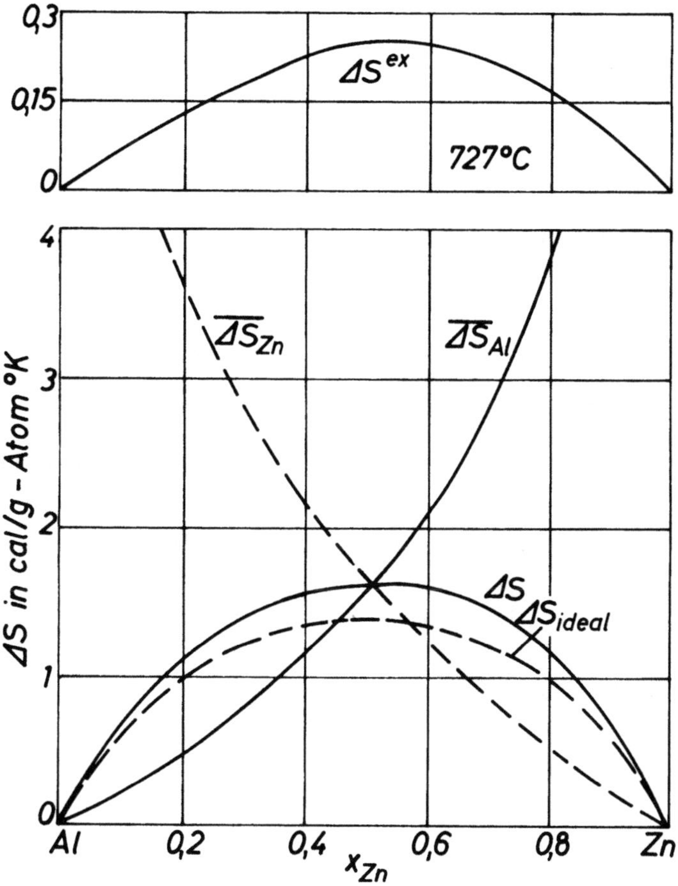

Bild 55
Partielle und integrale Mischungsentropien sowie integrale Überschußentropien flüssiger Al-Zn-Legierungen

Schließlich sei noch erwähnt, daß die Elektroden (flüssiges Aluminium bzw. flüssige Aluminium-Legierungen) in silizium-freien Korundtiegeln untergebracht waren. Als Elektroden-kontakte dienten Drähte aus Tantal, das unter den angewandten Versuchsbedingungen mit dem Elektrodenmaterial nicht nachweisbar reagierte. Zur stromlosen Messung der EMK wurde ein Röhrenvoltmeter mit einem Innenwiderstand von 100 MΩ verwendet, das eine Meßgenauigkeit von 0,5% ermöglichte.

Bei unseren Messungen im Temperaturbereich zwischen 660° und 850°C wurden EMK-Werte erhalten, die in Bild 50 wiedergegeben sind. Die Streuung der Einzelwerte um die eingezeichneten Ausgleichsgeraden beträgt ± 2%. Lediglich bei x_{Zn} = 0,9 ist sie größer, und zwar ± 3%.

Die aus den EMK-Werten gemäß Gl. (14) zugänglichen thermodynamischen Aktivitäten des Aluminiums sind in Bild 51 als Funktion des Atombruchs dargestellt. Im Mittel sind sie mit einem relativen Fehler von ± 1% bis ± 2% behaftet. Nur bei x_{Zn} = 0,9 beträgt der relative Fehler ± 5%.

Die thermodynamischen Aktivitäten des Zinks sind mit Hilfe der Duhem-Margules-Gleichung erhältlich (vgl. Gl. (8)).
Sie kann in der Form

$$\ln f_A = - \int_{\ln f_B^o}^{\ln f_B} \frac{x_B}{x_A} \, d \ln f_B \qquad (54)$$

geschrieben werden. Dabei bedeutet

$$f_A = \frac{a_A}{x_A} \qquad (55)$$

den Aktivitätskoeffizienten der bezeichneten Komponente.
Die Integration wird üblicherweise graphisch durchgeführt.
Durch Einführung der Hilfsfunktion

$$\alpha_B = \frac{\ln f_B}{(1-x_B)^2} \tag{56}$$

und partielle Integration des Integrals kann sie vereinfacht werden. Es ist dann:

$$\ln f_A = \int_0^{x_B} \alpha_B \, dx_B - \alpha_B \, (1-x_B) \cdot x_B \tag{57}$$

Da die α-Funktion in vielen metallischen Systemen annähernd konstant ist, stellt diese Umformung einen erheblichen Vorteil bei der graphischen Integration dar.

Die aus den experimentell gewonnenen a_{Al}-Werten auf diesem Wege resultierenden thermodynamischen Aktivitäten des Zinks sind in Bild 51 als Funktion des Atombruchs eingezeichnet.

R. Hultgren und Mitarb.[9] haben darauf hingewiesen, daß Ergebnisse von Siedepunktsmessungen, die von W. Leitgebel[82] durchgeführt worden sind, sowie ΔH-Werte von M. Kawakami[83] das Zustandsdiagramm und die vorliegenden Informationen über die thermodynamischen Eigenschaften fester Aluminium-Zink-Legierungen mit den von A. Schneider und E.K. Stoll[77] mitgeteilten thermodynamischen Aktivitäten nicht in Einklang sind. Die von R. Hultgren und Mitarb.[9] vorgenommene Abschätzung der Aktivitäten stimmt, wie aus Bild 51 ersichtlich, mit den von uns experimentell gefundenen Werten weitgehend überein.

Die aus den Aktivitäten erhältlichen freien Mischungsenthalpien gibt Bild 52 wieder. Die ebenfalls eingezeichneten integralen freien Überschußenthalpien sind positiv und zeigen eine deutliche Entmischungstendenz des Systems an.

Gemäß Gl. (9) ist in Bild 53 zur Ermittlung der partiellen Mischungsenthalpien des Aluminiums $\ln a_{Al}$ gegen $1/T$ aufgetragen. Aus den erhaltenen $\overline{\Delta H}_{Al}$-Werten sind mit der Beziehung

$$\Delta H = (1-x_{Al}) \int_0^{x_{Al}} \frac{\overline{\Delta H}_{Al}}{(1-x_{Al})^2} \cdot dx_{Al} \tag{58}$$

die integralen Mischungsenthalpien ermittelt worden. Die partiellen Mischungsenthalpien des Zinks sind dann in bekannter Weise leicht zugänglich. Die Resultate gibt Bild 54 wieder. Die von uns erhaltenen integralen Mischungsenthalpien entsprechen ungefähr dem Mittelwert aus den kalorimetrisch bestimmten ΔH-Werten, die von M. Kawakami[83] und F.E. Wittig und G. Keil[63] angegeben werden. Indessen dürfte den von F.E. Wittig und G. Keil[63] auf direktem Wege kalorimetrisch ermittelten Mischungsenthalpien eine größere Zuverlässigkeit zukommen, als den aus der Temperaturabhängigkeit der thermodynamischen Aktivitäten bestimmten.

Aus diesem letztgenannten Grunde ist die Mischungsentropie gemäß der Helmholtz-Gibbsschen-Gleichung aus den von F.E. Wittig und G. Keil[63] angegebenen ΔH-Werten und den von uns gewonnenen ΔG-Werten berechnet worden. Die Ergebnisse sind in Bild 55 graphisch dargestellt. Die integralen Überschußentropien sind positiv und können annähernd durch die Beziehung

$$\Delta S^{ex} = \Delta S^{exo}\ x\ (1-x) \qquad (59)$$

wiedergegeben werden. Dabei ist $\Delta S^{exo} \approx 1$. Der von R. Hultgren und Mitarb.[9] zur Abschätzung der Überschußentropien verwendete Wert von $\Delta S^{exo} = 2$ ergibt zweifellos zu hohe ΔS^{ex}-Beträge.

Auf eine Analyse der Faktoren, die die thermodynamischen Eigenschaften flüssiger Aluminium-Zink-Legierungen bedingen, soll weiter unten eingegangen werden. Es sei hier lediglich erwähnt, daß die Störung der Flüssigkeitsstruktur infolge unterschiedlicher Atomgrößen der Legierungspartner von ausschlaggebender Bedeutung ist.

4.2.5 Das System Aluminium-Antimon

Wie ein Blick auf Bild 56 lehrt, ist das Zustandsdiagramm des Systems Aluminium-Antimon in seinem Grundcharakter festgelegt durch das Auftreten einer kongruent schmelzenden Verbindung bei x = 0,5, deren Schmelzpunkt weit oberhalb der Schmelztemperaturen der Komponenten liegt. Die Tendenz zur Bildung dieser III-V-Verbindung dürfte auch die thermodynamischen Eigenschaften der Schmelzen in dominierender Weise bestimmen. Es lag nahe, zur Erzielung eines ersten Überblicks über die Energetik der Bildung flüssiger Aluminium-Antimon-Legierungen Messungen der thermodynamischen Aktivitäten nach der EMK-Methode mit einem $AlCl_3$-NaCl-Gemisch als flüssigem Elektrolyten durchzuführen. Die Ergebnisse solcher, an einer galvanischen Kette

$$\ominus\ |Al_{(flüss)}|Al^{+3}_{(flüss)}|(Al\text{-}Sb)_{(flüss)}|\ \oplus \qquad (60)$$

zwischen 700° und 1150°C durchgeführten Untersuchungen sind in Bild 57 wiedergegeben[84]. Aufgetragen sind für verschiedene Legierungszusammensetzungen die gefundenen EMK-Werte als Funktion der Temperatur. Beim Übergang vom einphasigen in den fest-flüssig-Bereich tritt ein Knickpunkt in den EMK-T-Kurven auf. Die so erhaltenen Liquiduspunkte sind in das Zustandsdiagramm in Bild 56 eingezeichnet. Sie sind mit der von G.G. Urasov[85] sowie V.M. Glazov und D.A. Petrov[86] mitgeteilten Liquiduskurve in völliger Übereinstimmung. Die Streuung der EMK-Einzelwerte um die ausgleichenden Kurven liegt bei ± 2%. Lediglich bei x_{Sb} = 0,9 und x_{Sb} = 0,1 beträgt sie ± 6%.

Bild 58 gibt als Beispiel für 1027°C die aus den EMK-Werten berechneten thermodynamischen Aktivitäten des Aluminiums als Funktion des Atombruchs wieder. Die a_{Al}-Werte im Konzentrationsbereich von $0,3 < x_{Sb} < 0,6$ beziehen sich

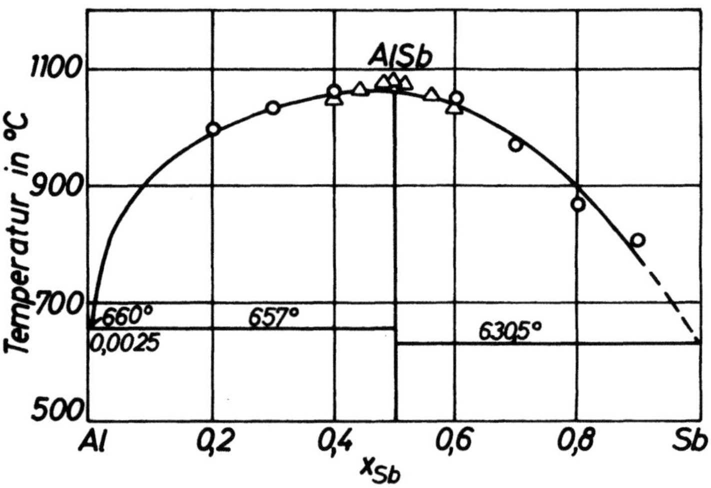

Bild 56
Zustandsdiagramm Al - Sb

— *G.G. Urasov* 85)
△ *V.M. Glazov und D.A. Petrov* 86)
○ *diese Arbeit*

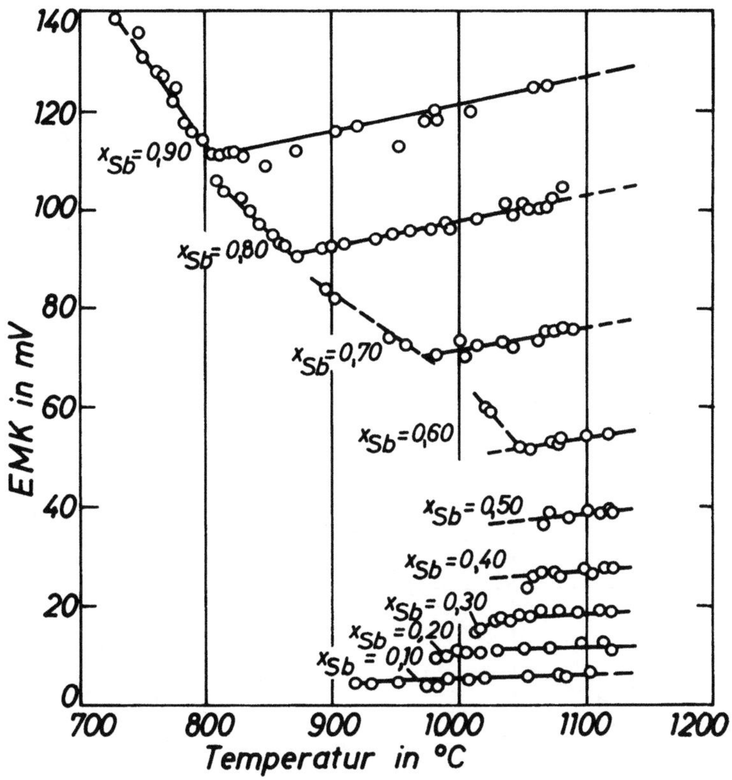

Bild 57
EMK-Werte der galvanischen Ketten Gl. (60) zur Bestimmung thermodynamischer Aktivitäten des Aluminiums in flüssigen Al-Sb-Legierungen

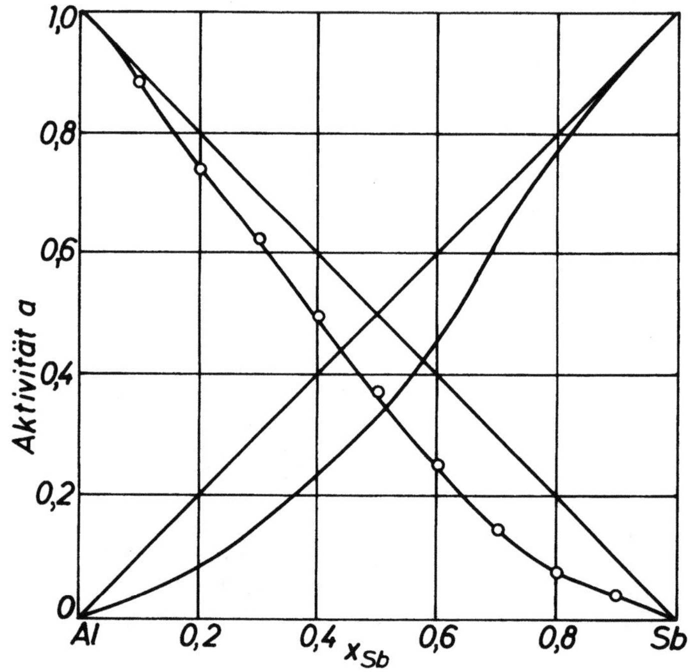

Bild 58
Thermodynamische Aktivitäten flüssiger Al-Sb-Legierungen bei 1027°C

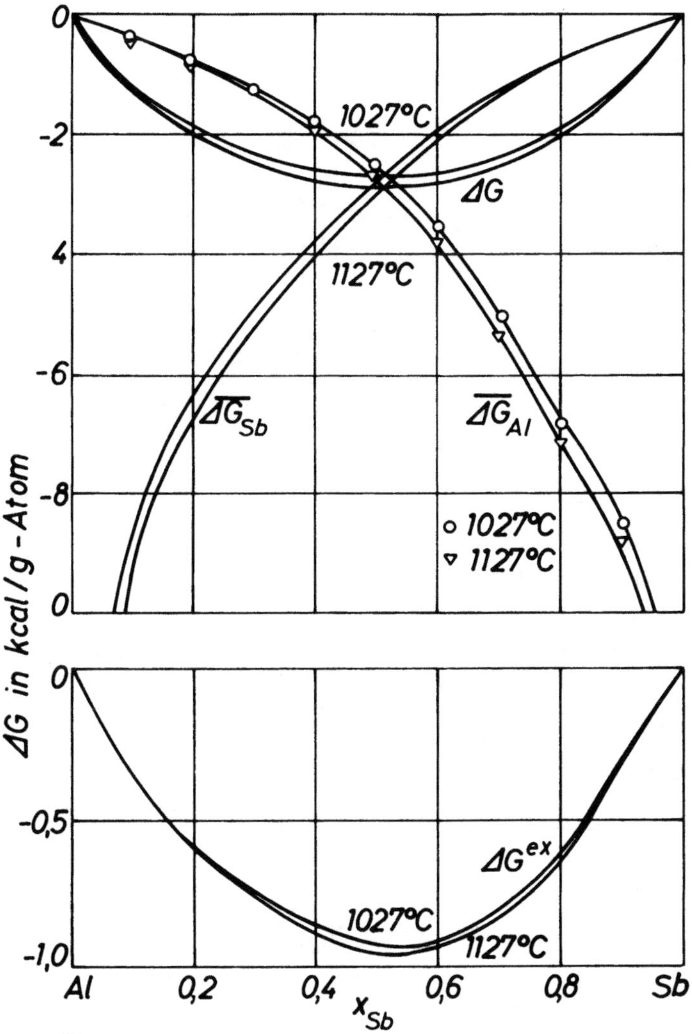

Bild 59
Partielle und integrale freie Mischungsenthalpien sowie integrale freie Überschußenthalpien flüssiger Al-Sb-Legierungen

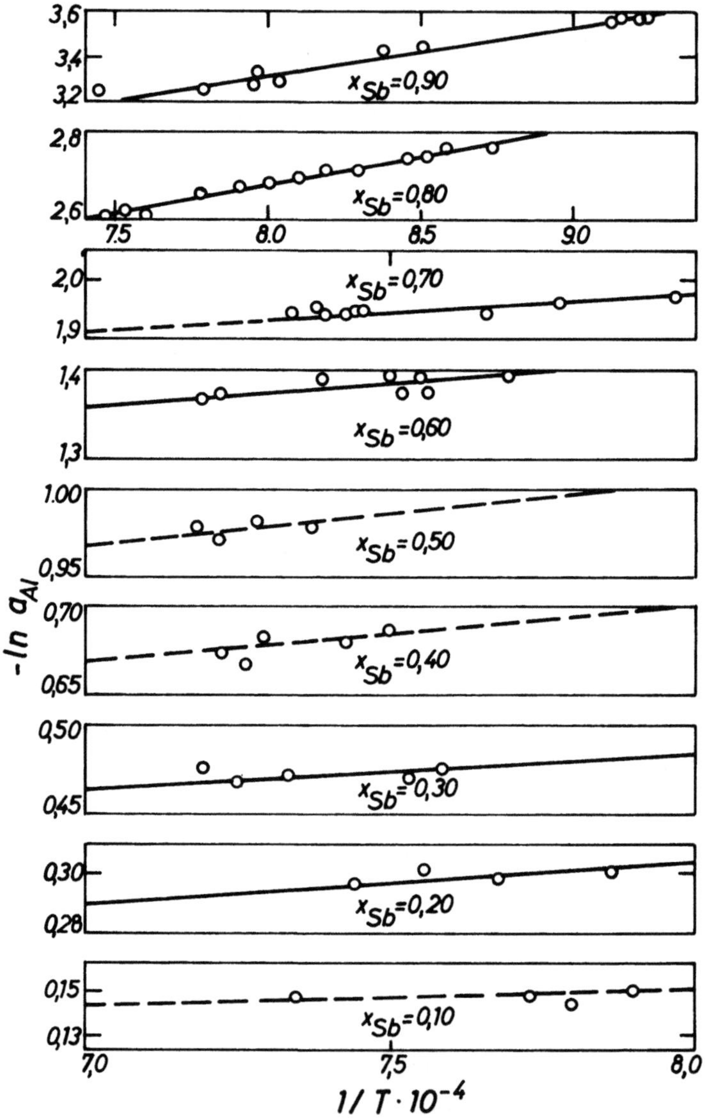

Bild 60
Zur Ermittlung von $\overline{\Delta H_{Al}}$ in flüssigen Al - Sb - Legierungen

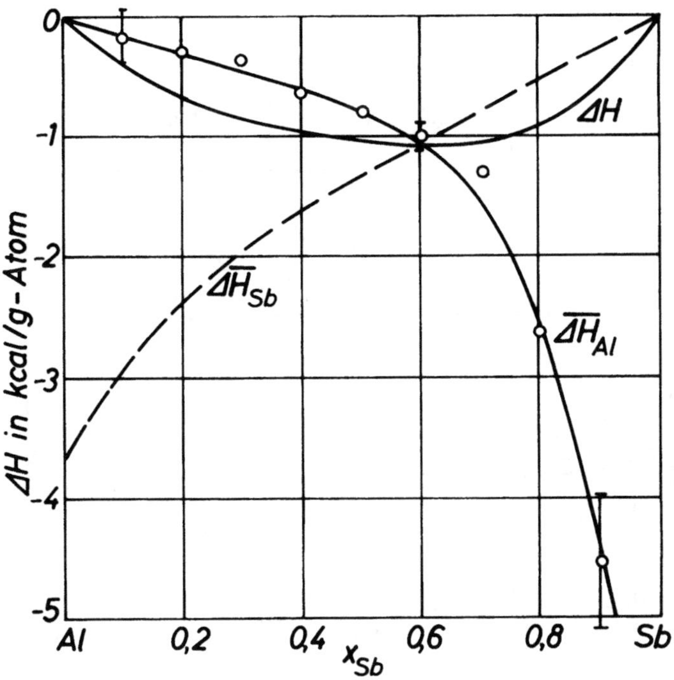

Bild 61
Partielle und integrale Mischungsenthalpien flüssiger Al-Sb-Legierungen

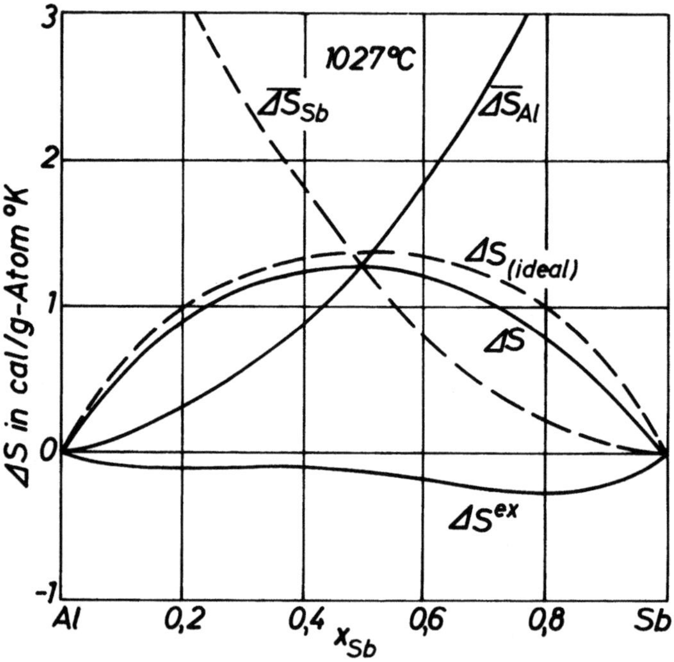

Bild 62
Partielle und integrale Mischungsentropien flüssiger Al-Sb-Legierungen

auf unterkühlte einphasige Schmelzen. Die relativen Fehler der Aktivitätswerte liegen im mittleren Konzentrationsbereich zwischen ± 2% und ± 3%. Mit zunehmendem Antimongehalt steigen sie bis ± 15% (bei $x_{Sb} = 0,9$) an. Bei geringen Antimonkonzentrationen ($x_{Sb} \leqq 0,3$) liegen sie in der Größenordnung von ± 1%. Die in Bild 58 ebenfalls eingezeichnete Aktivitätsisotherme des Antimons wurde aus den a_{Al}-Werten mit Hilfe der Duhem-Margules-Gleichung (vgl. Gl. (57)) gewonnen. Entsprechend der Verbindungstendenz des Systems weisen die Aktivitätsisothermen negative Abweichungen von der Raoultschen Geraden auf.

Die aus den thermodynamischen Aktivitäten unmittelbar erhältlichen partiellen freien Mischungsenthalpien sowie die integralen freien Mischungsenthalpien und die integralen freien Überschußenthalpien sind in Bild 59 gegen den Atombruch aufgetragen. Die negativen ΔG^{ex}-Werte haben im mittleren Konzentrationsbereich erhebliche Beträge.

Anhand von Bild 60, in dem die Logarithmen der thermodynamischen Aktivitäten des Aluminiums für einphasige Aluminium-Antimon-Legierungen gegen 1/T aufgetragen sind, können gemäß Gl. (9) die partiellen Mischungsenthalpien, $\overline{\Delta H}_{Al}$, bestimmt werden. Die $\overline{\Delta H}_{Al}$-Werte sind in Bild 61 als Funktion des Atombruchs graphisch wiedergegeben. Eingezeichnet sind auch die aus der Streuung der Einzelpunkte um die mittelnden Geraden in Bild 60 resultierenden Fehlergrenzen bei kleinen, mittleren und großen Antimonkonzentrationen. Die integralen Mischungsenthalpien sind aus den $\overline{\Delta H}_{Al}$-Werten gemäß Gl. (58) und ferner die $\overline{\Delta H}_{Sb}$-Werte in üblicher Weise aus ΔH und $\overline{\Delta H}_{Al}$ berechnet worden. Die Mischungsenthalpien haben negatives Vorzeichen. Die integralen Größen erreichen im mittleren Konzentrationsbereich Beträge bis zu - 1060 cal/g-Atom.

Die über die Helmholtz-Gibbssche Gleichung aus den freien Mischungsenthalpien und den Mischungsenthalpien berechneten Mischungsentropien sind in Bild 62 dargestellt. Es resultieren ΔS-Werte, die wenig kleiner sind als die idealen Mischungsentropien.

4.2.6 Das System Aluminium-Gold

Die starke Tendenz zur Verbindungsbildung im System Aluminium-Gold manifestiert sich unmittelbar in der Existenz der fünf intermetallischen Verbindungen $AlAu_4$, Al_2Au_5, $AlAu_2$, AlAu und Al_2Au. Von diesen hat die kongruent schmelzende Phase $AuAl_2$, wie aus Bild 63 ersichtlich, einen Schmelzpunkt, der weit oberhalb desjenigen von Aluminium liegt. Auch in den flüssigen Legierungen sind Auswirkungen dieser starken Tendenz zur Verbindungsbildung zu erwarten. Um erste klärende Informationen zu gewinnen, wurden zur Ermittlung thermodynamischer Aktivitäten EMK-Messungen an einer galvanischen Kette

$$\ominus \,|\, Al_{(flüss)} \,|\, Al^{3+}_{(flüss)} \,|\, (Al\text{-}Au)_{flüss} \,|\, \oplus \qquad (61)$$

durchgeführt[84], und zwar in analoger Weise wie bei der Ermittlung der a_{Al}-Werte im System Aluminium-Antimon. Um den gesamten Konzentrationsbereich zu erfassen, wurden die Untersuchungen bis über den Schmelzpunkt von $AuAl_2$ ausgedehnt. Die höchste Versuchstemperatur war 1150°C. Die gemessenen EMK-Werte der Kette Gl. (61) sind in Bild 64 als Funktion der Temperatur dargestellt. Die Knickpunkte in den Kurvenzügen stellen den Übergang vom einphasigen zum zweiphasigen Zustand dar. Die so gewonnenen Liquiduspunkte ordnen sich in den bekannten Verlauf der Liquiduskurve ein (vgl. Bild 63).

Für 1027°C sind die aus den EMK-Daten folgenden thermodynamischen Aktivitäten des Aluminiums (teils für unterkühlte Schmelzen) in Bild 65 als Funktion des Atombruchs wiedergegeben. Die Zuverlässigkeit der Resultate ist auf der Aluminiumseite des Systems am größten, wo der relative Fehler der a_{Al}-Werte bei ± 2% liegt. Dieser Fehler steigt auf der Goldseite des Systems bis ± 20% an. Die mit Hilfe der Duhem-

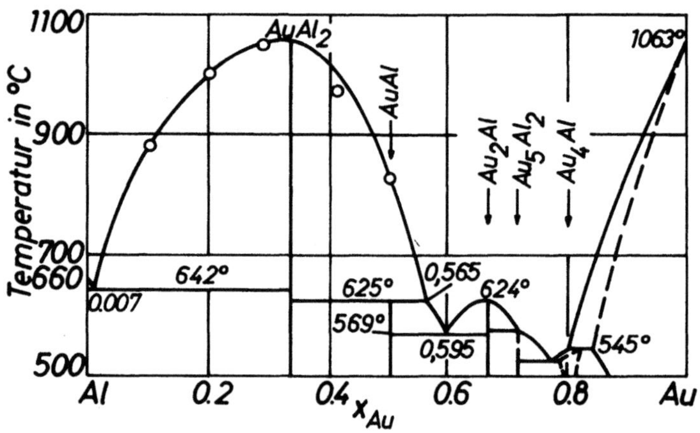

Bild 63
Zustandsdiagramm Al - Au
—— *nach M.Hansen und K.Anderko*[27]
○ *diese Arbeit*

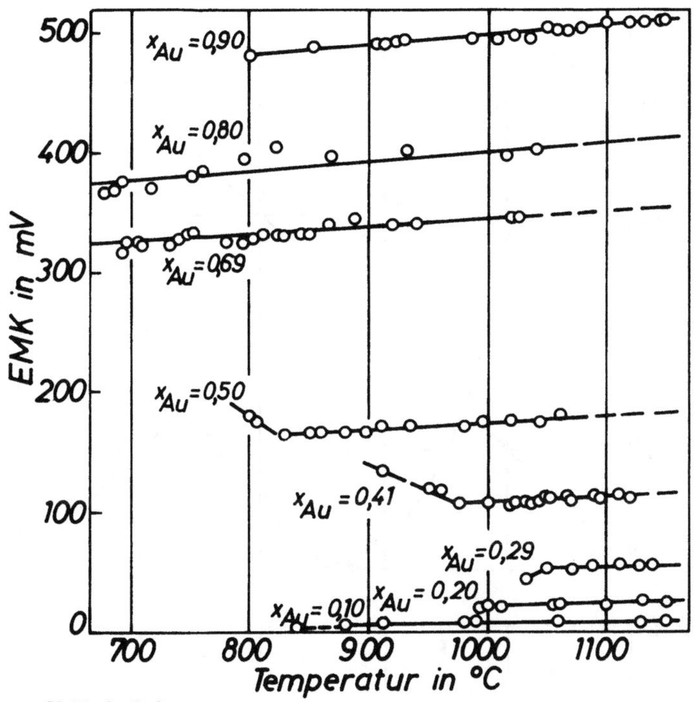

Bild 64
EMK-Werte der galvanischen Kette Gl.(61) zur Bestimmung thermodynamischer Aktivitäten des Aluminiums in flüssigen Al-Au-Legierungen

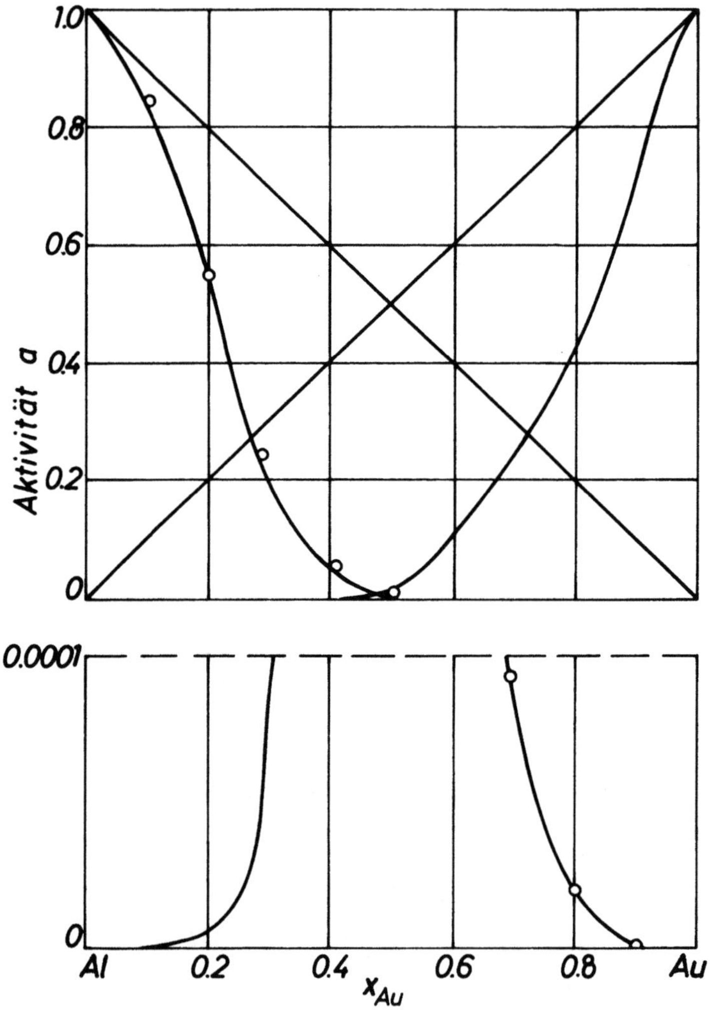

Bild 65
Thermodynamische Aktivitäten flüssiger Al-Au-Legierungen bei 1027°C

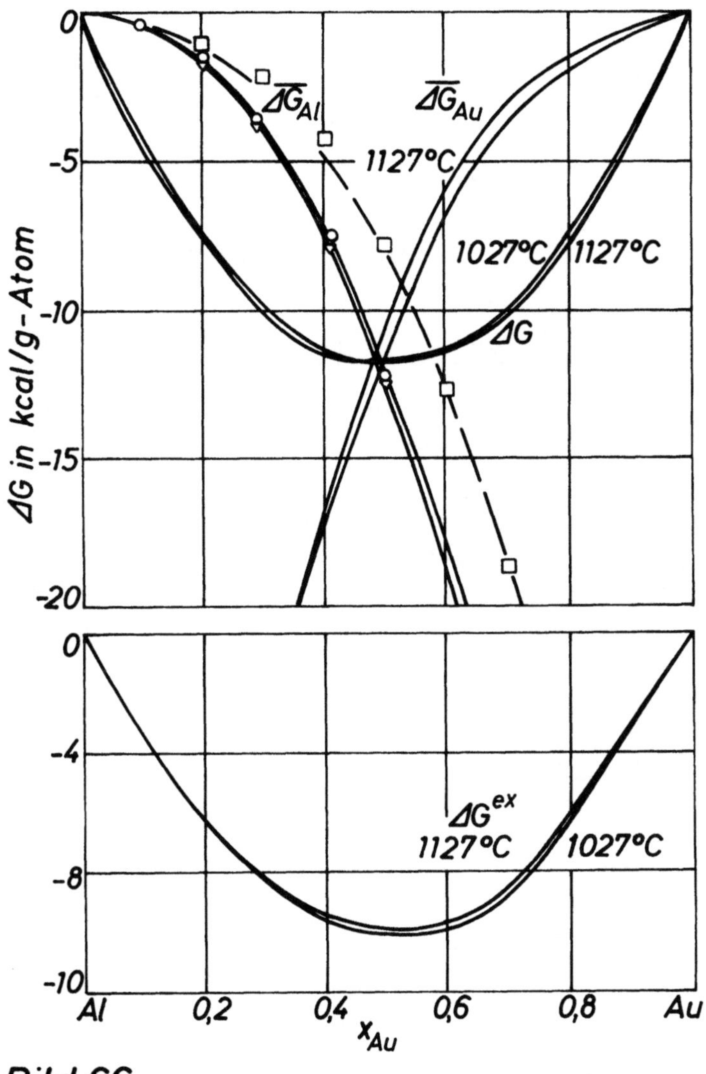

Bild 66
Partielle und integrale freie Mischungsenthalpien sowie integrale freie Überschußenthalpien flüssiger Al-Au-Legierungen

□ nach[87], 1027°C

○ 1027°C } diese Arbeit
▽ 1127°C }

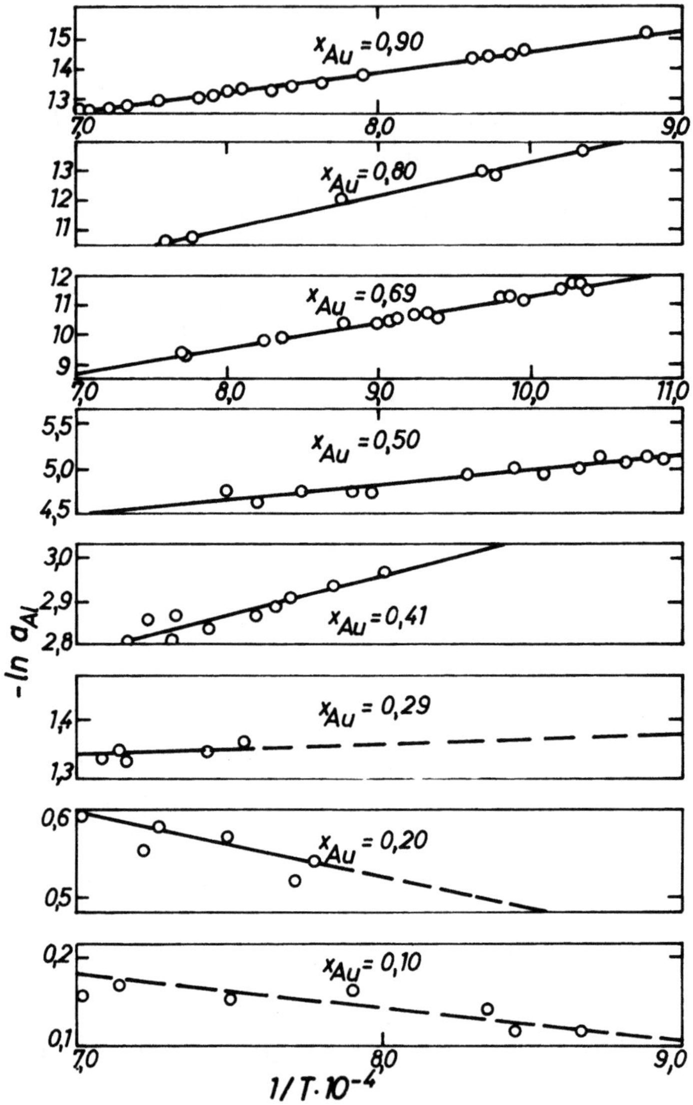

Bild 67
Zur Ermittlung der $\overline{\Delta H}_{Al}$-Werte in flüssigen Al-Au-Legierungen

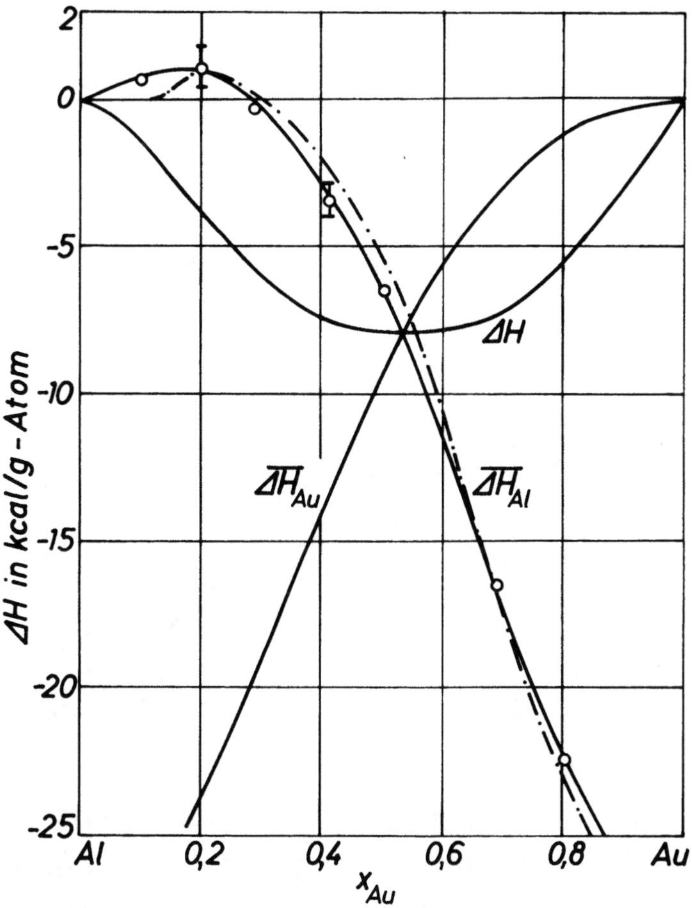

Bild 68
Partielle und integrale Mischungsenthalpien flüssiger Al-Au-Legierungen

—·— nach [87]

o diese Arbeit

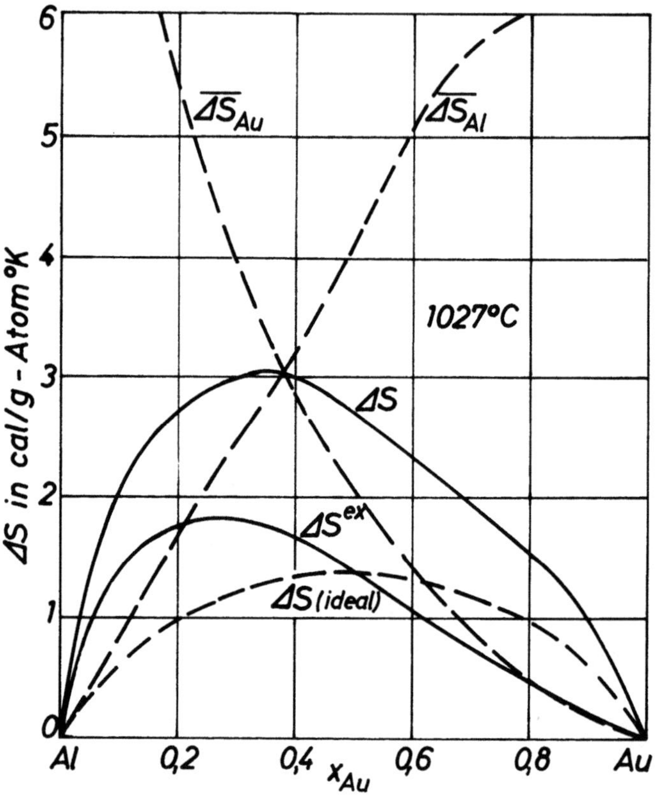

Bild 69
Partielle und integrale Mischungs-entropien sowie integrale Überschuß-entropien flüssiger Al-Au-Legierungen

Margules-Gleichung berechnete Aktivitätsisotherme des Goldes ist in Bild 65 ebenfalls eingezeichnet. Entsprechend der starken Verbindungstendenz weisen die Aktivitätsisothermen sehr beträchtliche negative Abweichungen von den Raoultschen Geraden auf.

Die aus den Aktivitätswerten zugänglichen freien Mischungsenthalpien und freien Überschußentropien sind in Bild 66 dargestellt. Die anhand der aus Bild 67 ersichtlichen Temperaturabhängigkeiten der a_{Al}-Werte erhältlichen partiellen Mischungsenthalpien des Aluminiums sowie die ferner zugänglichen integralen Mischungsenthalpien und die partiellen Mischungsenthalpien des Goldes gibt Bild 68 wieder. Die Fehlergrenzen für den mittleren Konzentrationsbereich und für die Randbereiche des Systems sind ebenfalls eingezeichnet. Die aus den Mischungsenthalpien und den freien Mischungsenthalpien berechneten Mischungsentropien sind in Bild 69 zusammengefaßt.

Nach Abschluß unserer Untersuchungen haben D.Charquet und Mitarb.[87] an einigen flüssigen Aluminium-Gold-Legierungen ebenfalls EMK-Messungen vorgenommen. Die von diesen Autoren angegebenen $\overline{\Delta G}_{Al}$- und $\overline{\Delta H}_{Al}$-Werte sind in den Bildern 66 bzw. 68 mit eingezeichnet. Insbesondere die $\overline{\Delta H}_{Al}$-Werte stimmen gut mit den von uns ermittelten Daten überein. Erwähnt sei die bemerkenswerte Gegebenheit, daß $\overline{\Delta H}_{Al}$ bei kleinen x_{Au}-Werten ein positives Vorzeichen besitzt, was durch die Messungen von D. Charquet und Mitarb.[87] ebenfalls bestätigt wird. Die integralen Mischungsenthalpien sind im gesamten Konzentrationsbereich negativ und haben erhebliche Beträge (ΔH_{max} = - 7,7 kcal/g-Atom). Die Überschußentropien haben positives Vorzeichen. Die ΔS^{ex}-x-Kurve zeigt einen auffälligen unsymmetrischen Verlauf (vgl. Bild 69). Dies dürfte mit speziellen Bindungs- und Strukturverhältnissen in flüssigen Aluminium-Gold-Legierungen zusammenhängen. Es sei bemerkt, daß auch die binären Legierungen des Aluminiums mit Kupfer[88][89] und mit Silber[90] positive Überschußentropien aufweisen.

4.3 Binäre Systeme des Galliums

Niedrigschmelzende Legierungen mit B-Metallen als Komponenten sind zwar schon verschiedentlich in thermodynamischer Hinsicht untersucht worden, eine vollständige Übersicht über die Energetik der Legierungsbildung ist jedoch noch nicht möglich. Vor allem binäre Legierungen des Galliums waren, nicht zuletzt des hohen Preises dieses Metalls wegen, relativ selten Gegenstand von thermodynamischen Untersuchungen. Eine Erforschung der Energetik binärer Mischphasen des Galliums dürfte nicht nur bezüglich der systematischen Komplettierung der Kenntnisse über die Thermodynamik der Legierungsbildung von Nutzen sein, sondern auch im Rahmen der aktuellen Bemühungen zur Erschließung technischer Anwendungsgebiete für dieses Metall eine erhebliche Bedeutung haben.

4.3.1 Das System Gallium-Zink

Das System Gallium-Zink weist unkomplizierte Schmelzgleichgewichte auf[91] (vgl. Bild 70).

Von den thermodynamischen Mischungsfunktionen flüssiger Gallium-Zink-Legierungen waren zunächst die Mischungsenthalpien bekannt, die von O.J. Kleppa[92] kalorimetrisch ermittelt worden sind. Von V. Genta und Mitarb.[93] sind ferner nach der EMK-Methode die thermodynamischen Aktivitäten bestimmt worden. Die Temperaturabhängigkeit der so gewonnenen Aktivitäten stimmt indessen nicht mit den kalorimetrisch[92] erhaltenen integralen Mischungsenthalpien überein. Um diese Diskrepanz zu klären, war eine Revision der Aktivitätsmessungen unerläßlich. Sie wurde über Partialdampfdruckmessungen nach der isopiestischen Methode vorgenommen[94]. Als Vergleichssystem wurde Sn-Zn eingesetzt, für das die thermodynamischen Aktivitäten des Zinks für die flüssigen Legierungen aufgrund verschiedener Untersuchungen mit übereinstimmenden Ergeb-

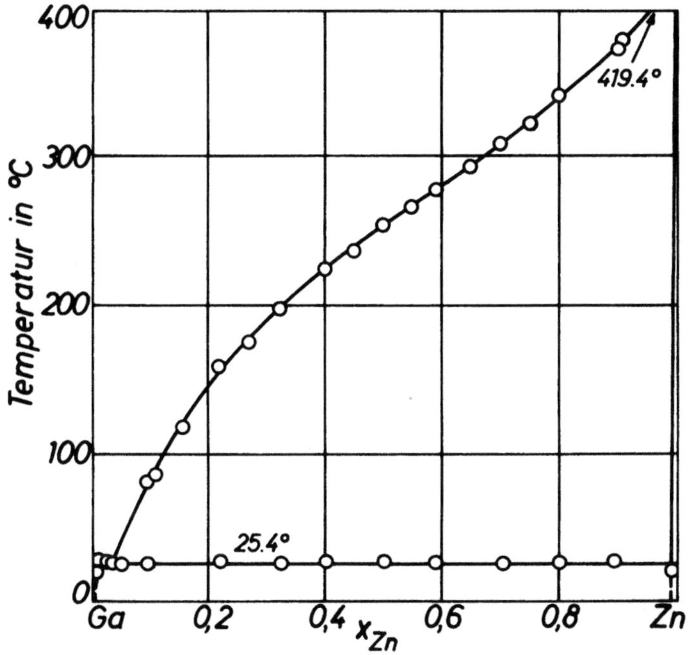

Bild 70

Zustandsdiagramm Ga - Zn [91)

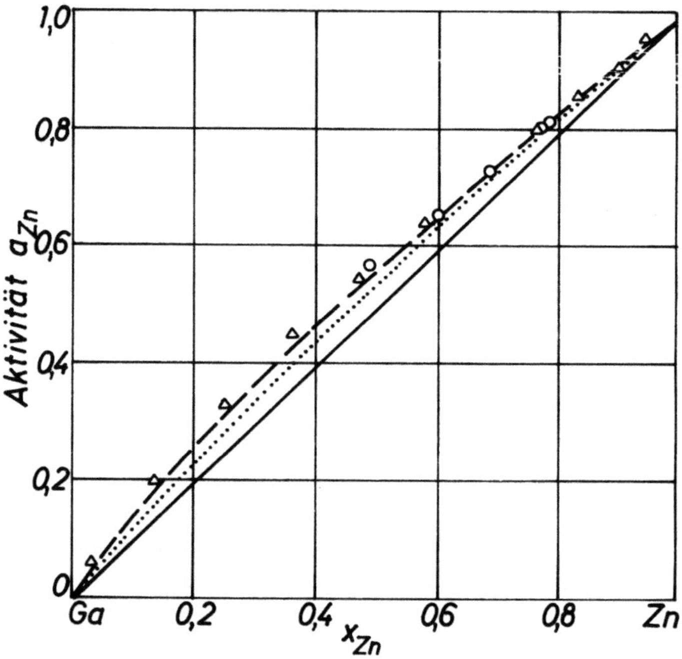

Bild 71
Thermodynamische Aktivitäten des Zinks in flüssigen Ga - Zn - Legierungen

△ nach V.Genta und Mitarb.[93], 488°C
○ diese Arbeit, isopiestische Methode, 705°C
--- diese Arbeit, berechnet mit ΔH^f_{Zn} = 1607 cal/g-Atom
······ diese Arbeit, berechnet mit ΔH^f_{Zn} = 1765 cal/g-Atom

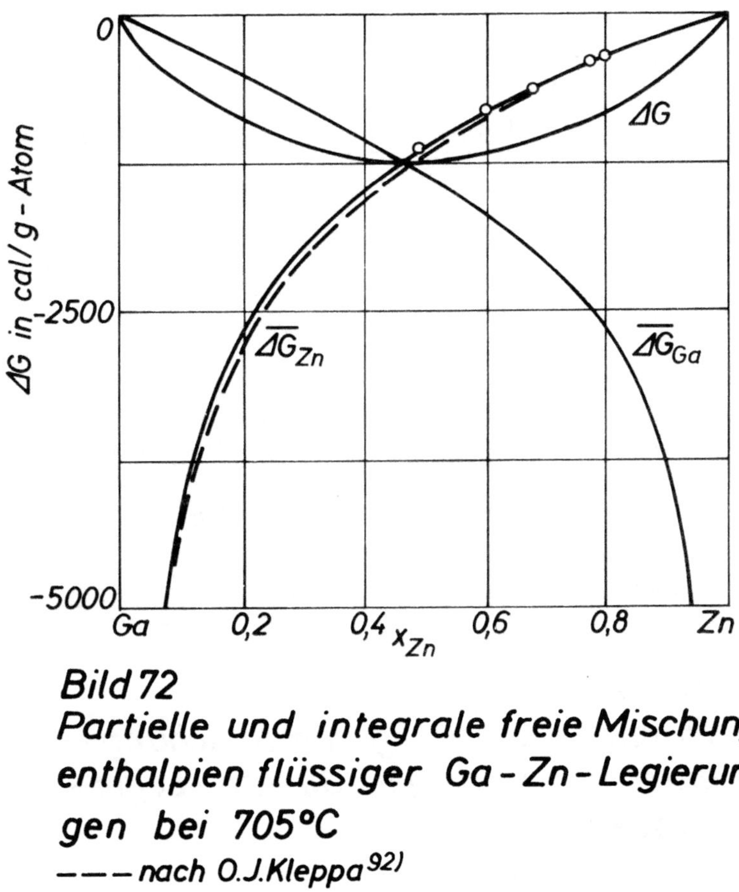

Bild 72
Partielle und integrale freie Mischungsenthalpien flüssiger Ga-Zn-Legierungen bei 705°C
--- nach O.J.Kleppa[92)]
o—— diese Arbeit

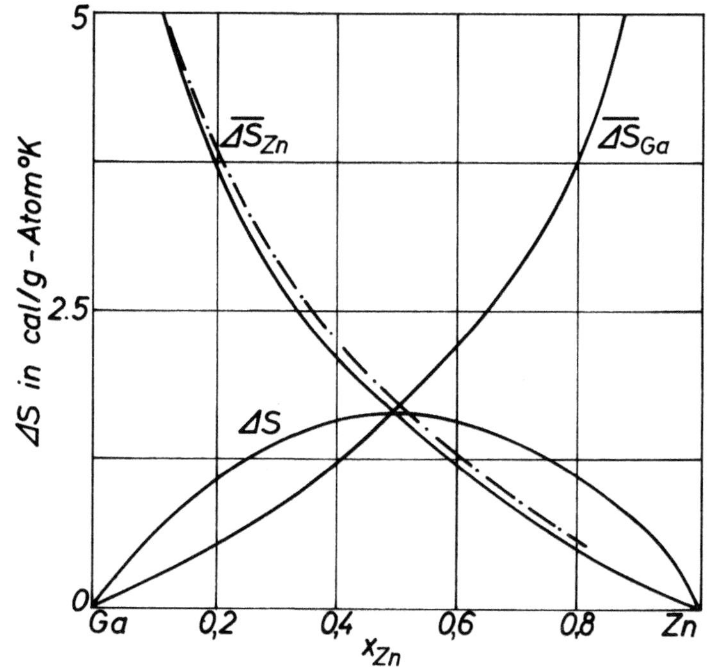

Bild 73
Partielle und integrale Mischungs-entropien flüssiger Ga-Zn-Legie-rungen
—·— nach O.J. Kleppa[92]
—— diese Arbeit

nissen gut bekannt sind[95)-98)]. Die Versuchstemperatur war 705°C. Die erzielten Resultate sind in Bild 71 wiedergegeben. Die von V. Genta und Mitarb.[93)] mitgeteilten a_{Zn}-Werte für 488°C stimmen, auch wenn die Temperaturdifferenz gegenüber der von uns erhaltenen Aktivitätsisotherme berücksichtigt wird, weitgehend mit unseren Ergebnissen überein.

Durch Auswertung der Schmelzgleichgewichte des Systems Gallium-Zink kann die Konsistenz der nun vorliegenden thermodynamischen Größen überprüft werden. Diese Auswertung ist dadurch besonders einfach durchführbar, weil die Löslichkeit von Gallium in festem Zink vernachlässigbar gering ist (x_{Ga} = 0,06[91)]). Für die Gleichgewichte längs der Liquiduskurve auf der Zinkseite des Systems gilt in Analogie zu Gl. (23):

$$\overline{\Delta G}^{L}_{Zn} = RT \ln a_{Zn} = - \frac{\Delta H^{f}_{Zn}}{T_{Zn}} (T_{Zn} - T) \qquad (62)$$

Der Wert für die Schmelzenthalpie des Zinks wird von R. Hultgren und Mitarb.[9)] zu ΔH^{f}_{Zn} = 1756 ± 80 cal/g-Atom angegeben. Aufgrund der breiten Fehlergrenze schien eine Revision erforderlich zu sein. Sie wurde mit Hilfe der quantitativen Differential-Thermoanalyse in der Weise durchgeführt, wie wir dies bei der Bestimmung einiger anderer Schmelzenthalpien von Metallen bereits früher mit Erfolg angewandt hatten[99)]. Es resultierte dabei ein Wert von

$$\Delta H^{f}_{Zn} = 1607 \pm 12 \text{ cal/g-Atom.}$$

Die mit Hilfe von Gl. (62) gewonnenen a_{Zn}-Werte für die Liquidustemperaturen wurden anhand von Gl. (9) auf eine Temperatur von 705°C umgerechnet, wobei für $\overline{\Delta H}^{L}_{Zn}$ Werte eingesetzt worden sind, die aus den von O.J. Kleppa[92)] kalorimetrisch gewonnenen integralen Mischungsenthalpien berechnet werden können. Wie aus Bild 71 ersichtlich, unterscheiden sich die a_{Zn}-Werte, die anhand des Zustandsdiagramms mit der von R. Hultgren und Mitarb.[9] angegebenen Schmelzenthalpie des Zinks berechnet worden sind, nur unwesentlich von denen, die sich mit Gl. (62) bei Verwendung des neuen ΔH^{f}_{Zn}-Wertes ergeben. Die Auswertungsergebnisse bestätigen die experimentell gewonnenen thermodynamischen Aktivitäten des Zinks.

Die aus den thermodynamischen Aktivitäten berechneten partiellen und integralen freien Mischungsenthalpien sind in Bild 72 wiedergegeben. Mit den von O.J. Kleppa[92] bestimmten Mischungsenthalpien und den freien Mischungsenthalpien resultieren partielle und integrale Mischungsentropien, die in Bild 73 dargestellt sind. Von O.J. Kleppa[92] angegebene $\overline{\Delta S}^{L}_{Zn}$-Werte sind mit unseren Mischungsentropien in Übereinstimmung.

Nach Abschluß unserer Aktivitätsmessungen sind von mehreren Arbeitsgruppen abermals Messungen der thermodynamischen Aktivitäten des Zinks durchgeführt worden. Es sind dies EMK-Messungen von O.J. Kleppa und C.E. Thalmayer[100], W.J. Svirbley und S.M. Read[101], L.N. Gerasimenko und Mitarb.[102] sowie V.G. Ryabov und I.T. Sryvalin[103]. Nach einer von R. Hultgren und Mitarb.[30] durchgeführten kritischen Durchsicht stimmen die Ergebnisse dieser Untersuchungen sehr weitgehend mit den von uns auf der Basis von Partialdampfdruckmessungen gewonnenen Daten überein.

4.3.2 Das System Gallium-Quecksilber

Das Zustandsdiagramm Gallium-Quecksilber ist von uns unter Anwendung der Differential-Thermoanalyse aufgestellt worden[104]. Wie aus Bild 74 ersichtlich, ist es durch eine breite Mischungslücke im flüssigen Zustand gekennzeichnet. Die kritische Entmischungstemperatur liegt bei $204^{o}C$. Bei der monotektischen Temperatur von $27{,}7^{o}C$ haben die beiden koexistierenden flüssigen Phasen Atombrüche von $x_{Hg} = 0{,}0151$ bzw. $x_{Hg} = 0{,}96$.

Die integralen Mischungsenthalpien einphasiger Legierungen sind bei Temperaturen zwischen 230° und $240^{o}C$ mit Hilfe eines Hochtemperatur-Kalorimeters bestimmt worden[94]. Die Ergebnisse sind in Bild 75 graphisch dargestellt. Entsprechend der ausgeprägten Entmischungstendenz haben die ΔH-Werte positives Vorzeichen. Die ΔH-x-Kurve ist fast symmetrisch zu $x = 0{,}5$.

Zur Ermittlung der thermodynamischen Aktivitäten des Quecksilbers wurde die isopiestische Methode mit Hg-In als Referenzsystem eingesetzt. Die für die Temperaturen von 423°, 284° und $187^{o}C$ gewonnenen a_{Hg}-Werte sind in Bild 76 als Funktion des Atombruchs wiedergegeben. Auch die für $423^{o}C$ über die Duhem-Margules-Gleichung gewonnene Gallium-Aktivitätsisotherme ist dort eingezeichnet. Die Aktivitätsisothermen weisen - der Entmischungstendenz des Systems entsprechend - positive Abweichungen von den Raoultschen Geraden auf. Die Versuchstemperatur von $187^{o}C$ liegt deutlich unterhalb der kritischen Entmischungstemperatur. Die Aktivitätsisotherme für $187^{o}C$ weist daher bei mittleren Atombrüchen einen Bereich mit konzentrationsunabhängigen Aktivitäten auf.

Mit Hilfe von Gl. (9) ergeben sich aus der Temperaturabhängigkeit der Aktivitäten partielle Mischungsenthalpien und aus diesen in bekannter Weise integrale Mischungsenthalpien. Die erzielten Resultate sind in Bild 75 eingezeichnet. Sie stimmen mit den aus kalorimetrischen Untersuchungen stammenden Mischungsenthalpien völlig überein.

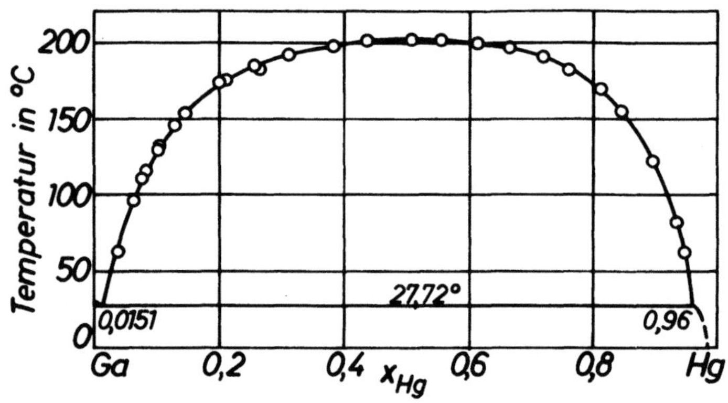

Bild 74
Zustandsdiagramm Ga - Hg [104]

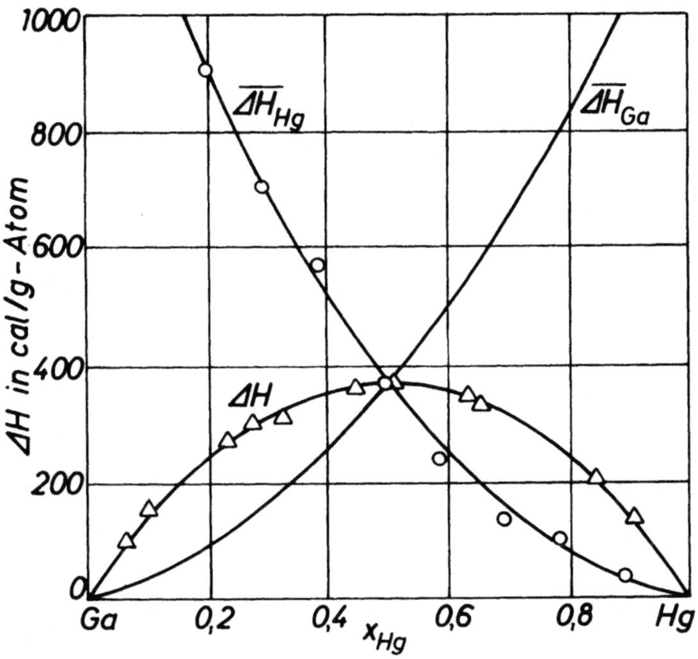

Bild 75
Partielle und integrale Mischungsenthalpien flüssiger Ga - Hg - Legierungen

△ kalorimetrisch

○ aus a_{Hg} gemäß Gl.(9)

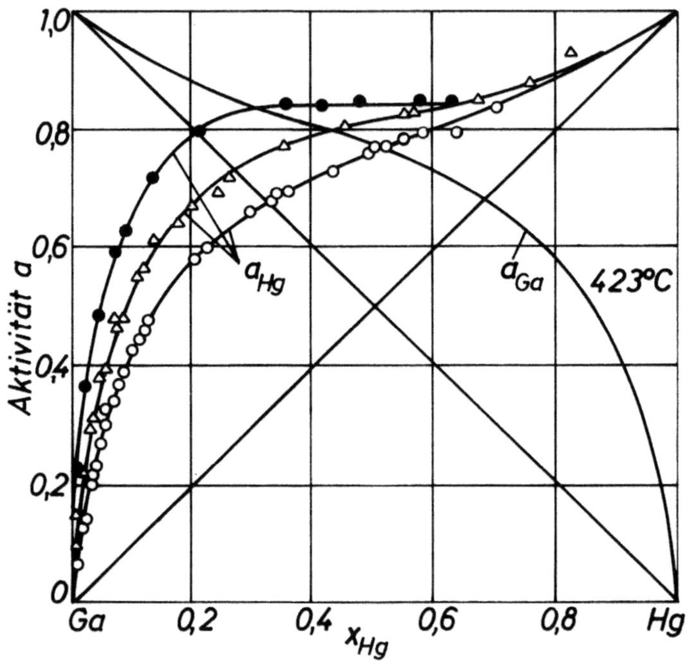

Bild 76
Thermodynamische Aktivitäten flüssiger Ga-Hg-Legierungen
○ bei 423°C , △ bei 282°C , ● bei 187°C

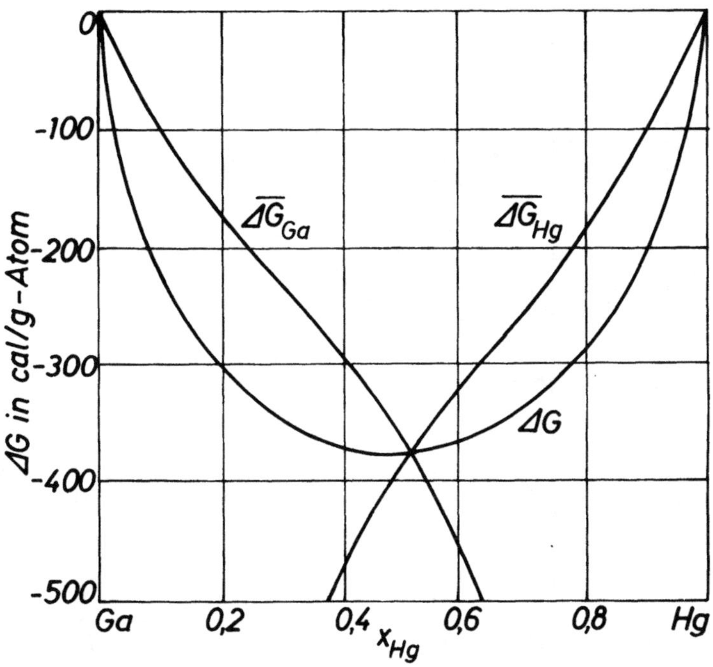

Bild 77
Partielle und integrale freie Mischungs-enthalpien flüssiger Ga-Hg-Legierungen bei 423°C

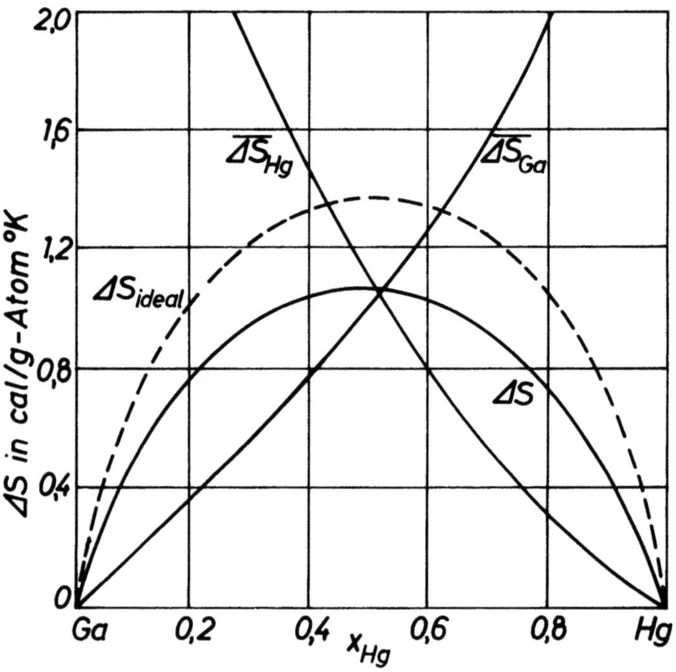

Bild 78
Partielle und integrale Mischungsentropien flüssiger Ga - Hg-Legierungen

Aus den thermodynamischen Aktivitäten gewonnene partielle und integrale freie Mischungsenthalpien sowie die aus diesen Größen und den Mischungsenthalpien berechnete Mischungsentropie sind in Bild 77 bzw. in Bild 78 als Funktion des Atombruchs graphisch dargestellt. Es sei bemerkt, daß die Überschußentropien flüssiger Gallium-Quecksilber-Legierungen - trotz der ausgeprägten Entmischungstendenz - negatives Vorzeichen aufweisen. Dies dürfte mit strukturellen Änderungen bei der Bildung der flüssigen Legierungen aus den reinen Komponenten zusammenhängen.

4.3.3 Das System Gallium-Aluminium

Ähnlich wie für das System Gallium-Quecksilber lagen auch für dieses System bis zur Durchführung unserer Untersuchungen keine Informationen über thermodynamische Eigenschaften vor. Aufgrund der Gegebenheit, daß beide Komponenten dieses Systems der gleichen Gruppe des Periodensystems angehören und ähnliche Atomradien besitzen, sind für flüssige Gallium-Aluminium-Mischphasen nur geringe Abweichungen von den Verhältnissen einer idealen Lösung zu erwarten. Es lag nahe, zur Schaffung einer Basis für eine zuverlässige Ermittlung der energetischen Gegebenheiten einerseits integrale Mischungsenthalpien, andererseits thermodynamische Aktivitäten zu bestimmen. Zur Prüfung der Konsistenz der Ergebnisse sind ferner die im Zustandsdiagramm zusammengefaßten Schmelzgleichgewichte im vorliegenden Fall wegen ihrer leichten Überschaubarkeit besonders geeignet. Um dabei quantitative Aussagen mit hinreichender Genauigkeit erzielen zu können, müssen die Löslichkeitsgleichgewichte allerdings entsprechend präzise bestimmt sein. Dazu schien eine Revision des Zustandsdiagramms notwendig.

Nach der Methode der Differential-Thermoanalyse sind an 24 Legierungen des gesamten Konzentrationsbereichs die Liquidustemperaturen ermittelt worden. Die Resultate sind in Bild 79 graphisch dargestellt. Eingezeichnet sind auch die in der Literatur vorliegenden Untersuchungsergebnisse zu diesem System[106)-109)]. Bezüglich der Liquidustemperaturen ist eine gute Übereinstimmung gegeben.

Die Mischungsenthalpien sind mit einem Hochtemperatur-Kalorimeter bei 750 °C ermittelt worden. Sie sind in Bild 80 als Funktion des Atombruchs dargestellt. Wie aufgrund der chemischen Ähnlichkeit der Komponenten und der Ähnlichkeit

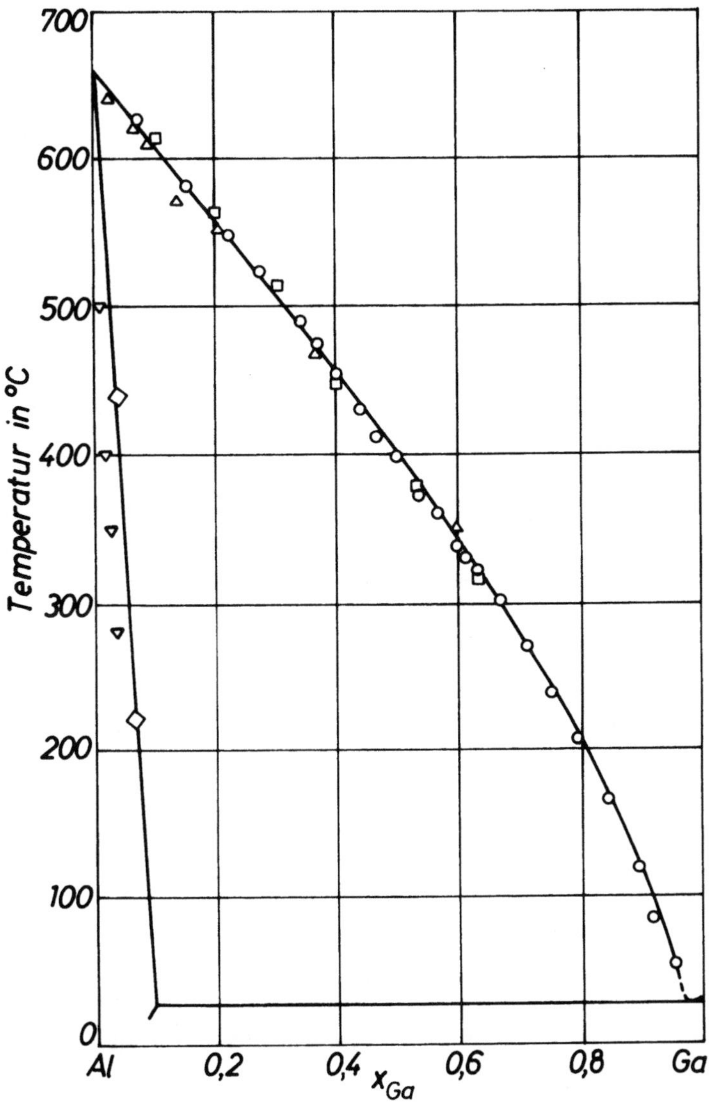

Bild 79
Zustandsbild Ga - Al

▽ nach J.W. Clare[109], metallographisch
◇ nach H. Zoller[108], DTA (Aufheizung)
□ nach N.A. Puschin und O.P. Micic[107]
△ nach E. Jenckel[106]
○ diese Arbeit

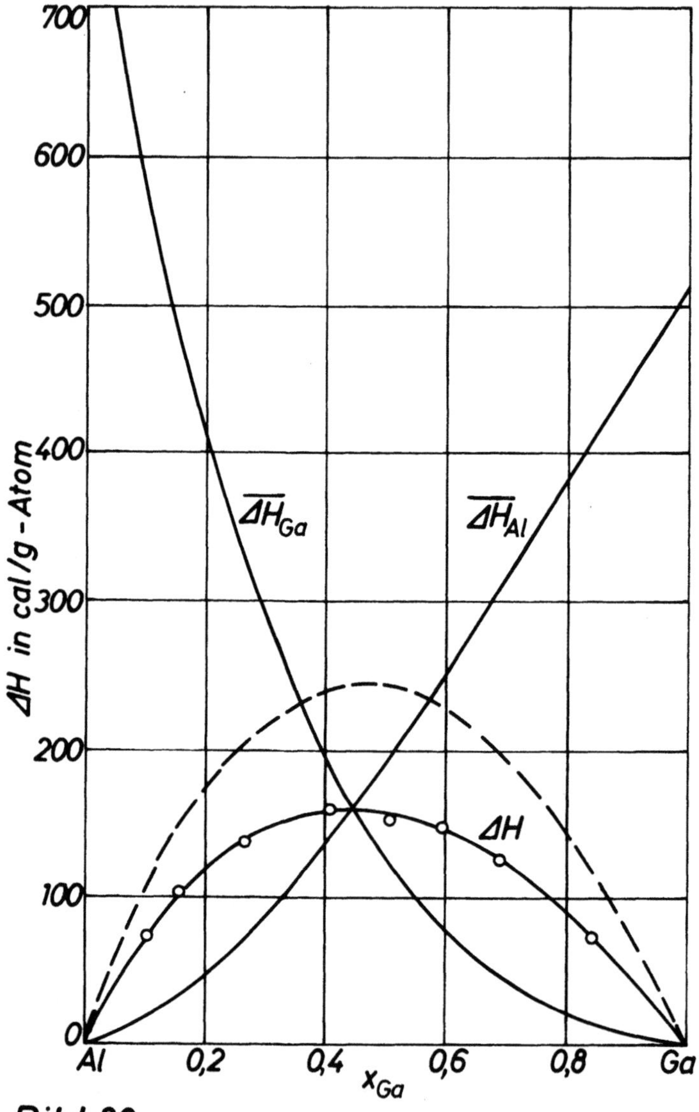

Bild 80
Partielle und integrale Mischungsenthalpien flüssiger Ga-Al-Legierungen
o——— kalorimetrisch
– – – gemäß Gl. (9) berechnet

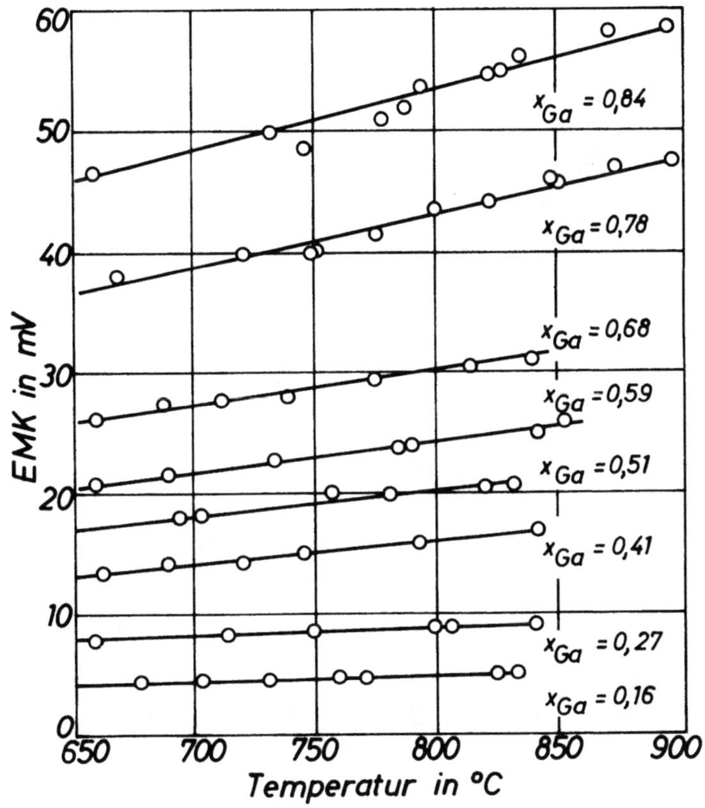

Bild 81

EMK-Werte der galvanischen Kette Gl. (63) zur Bestimmung thermodynamischer Aktivitäten des Aluminiums in flüssigen Ga-Al-Legierungen

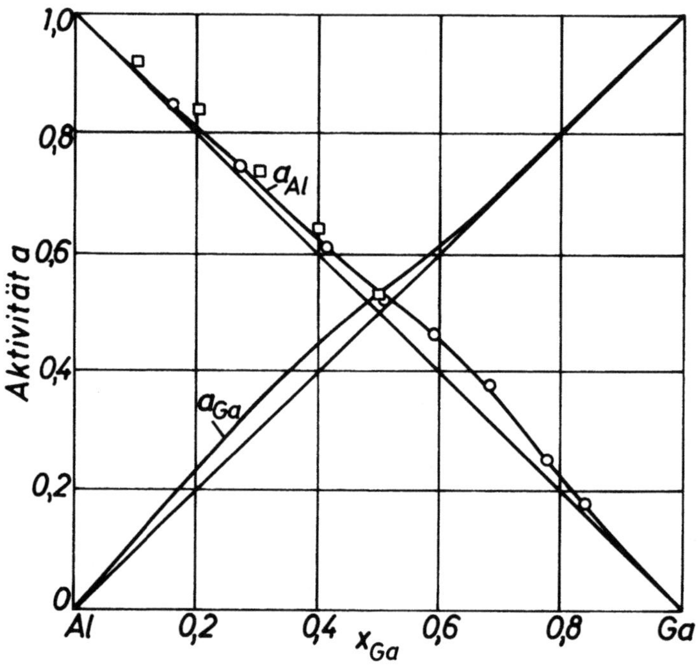

Bild 82
Thermodynamische Aktivitäten flüssiger Ga - Al - Legierungen bei 727 °C
o experimentell, EMK-Methode
□ berechnet gemäß Gl.(65)

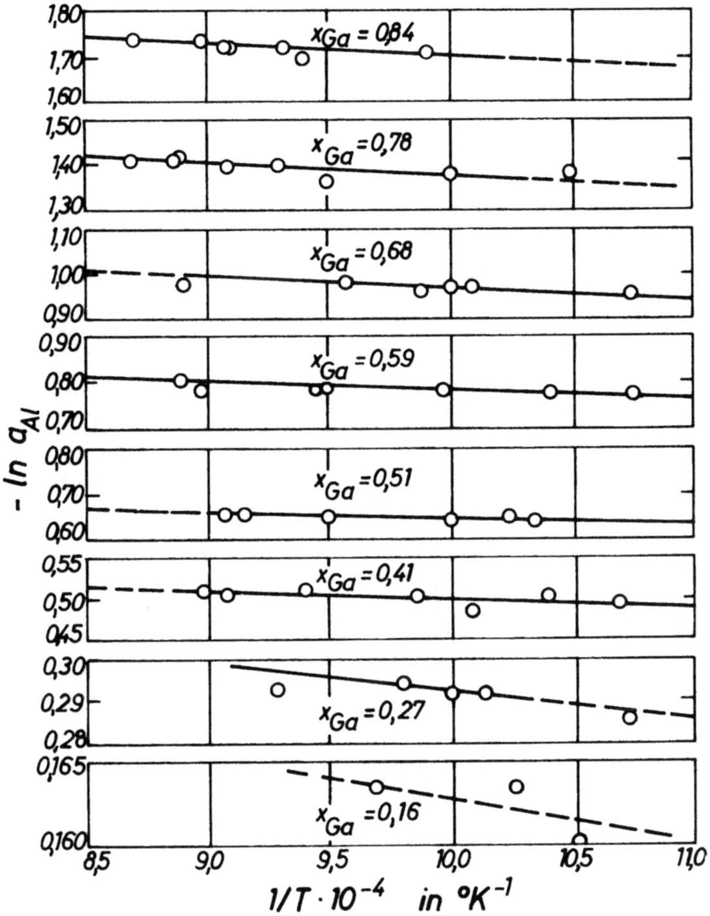

Bild 83

Zur Ermittlung der $\overline{\Delta H}$-Werte in flüssigen Ga-Al-Legierungen

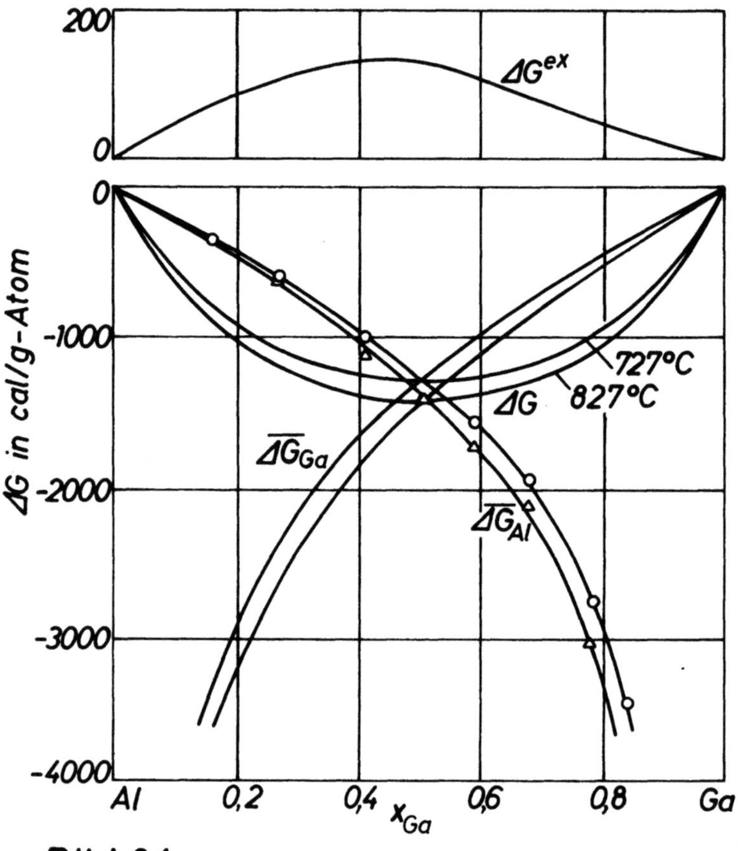

Bild 84
Partielle und integrale freie Mischungsenthalpien sowie integrale freie Überschußenthalpien flüssiger Ga-Al-Legierungen
∘ 727°C, △ 827°C

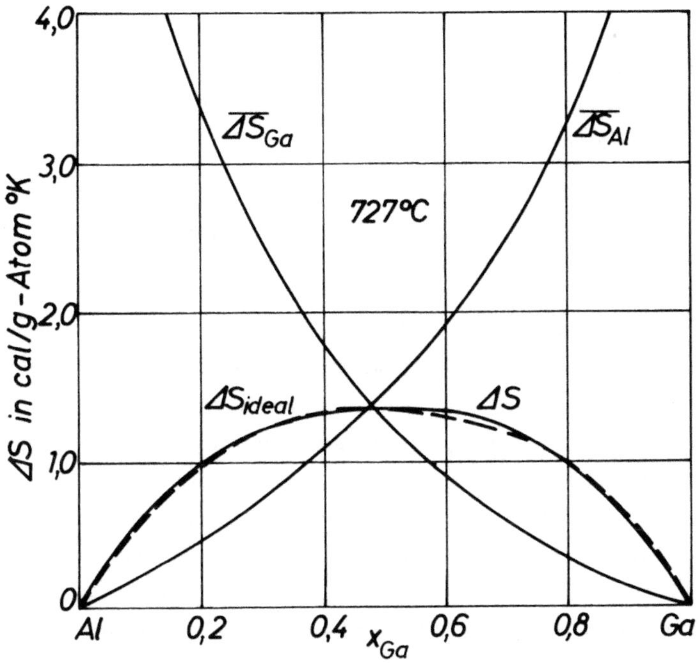

Bild 85
Partielle und integrale Mischungsentropien flüssiger Ga-Al-Legierungen

der Atomradien zu erwarten, sind die Beträge der ΔH-Werte sehr gering. Der Maximalwert bei $x_{Ga} = 0,45$ beträgt $\Delta H_{max} = 160$ cal/g-Atom. Die in Bild 80 ebenfalls eingetragenen partiellen Mischungsenthalpien sind durch graphische Differentiation der ΔH-x-Kurve gewonnen worden.

Zur Bestimmung der thermodynamischen Aktivitäten des Aluminiums wurde die elektromotorische Kraft einer galvanischen Kette des Typs

$$\ominus \,|\, Al_{(flüss)} \,|\, Al^{3+}_{(flüss)} \,|\, (Al\text{-}Ga)_{(flüss)} \,|\, \oplus \qquad (63)$$

gemessen. Als Elektrolyt diente ein äquimolares Gemisch aus $AlCl_3$ und NaCl. Die Untersuchungen umfaßten den Temperaturbereich von 600° bis 900°C. Die gemessenen EMK-Werte sind in Bild 81 als Funktion der Temperatur aufgetragen. Die Streuung der Einzelpunkte um die ausgleichenden Geraden beträgt ± 2%. Die über Gl. (14) aus diesen Ergebnissen zugänglichen thermodynamischen Aktivitäten des Aluminiums sind in Bild 82 für 727°C graphisch dargestellt. Die aus den a_{Al}-Aktivitäten nach der Integrationsmethode gemäß Gl. (57) berechnete Aktivitätsisotherme des Galliums ist in Bild 82 ebenfalls eingetragen. Es treten nur geringfügige positive Abweichungen von den Raoultschen Geraden auf.

In Bild 83 sind die Logarithmen der a_{Al}-Werte als Funktion von 1/T aufgetragen. Die aus den Anstiegswinkeln der resultierenden Geraden nach Gl. (9) zugänglichen partiellen Mischungsenthalpien des Aluminiums liefern über die Integration gemäß Gl. (58) integrale Mischungsenthalpien. Die so gewonnenen ΔH-Werte sind in Bild 80 wiedergegeben. Sie haben um bis zu 70 cal/g-Atom höhere Beträge als die unmittelbar kalorimetrisch gewonnenen Mischungsenthalpien. Zweifellos kommt den direkt gemessenen ΔH-Werten eine größere Zuverlässigkeit zu als den über die Temperaturabhängigkeit der Aktivitäten ermittelten.

Die thermodynamischen Aktivitäten liefern unmittelbar die partiellen freien Mischungsenthalpien, aus denen die integralen Größen in bekannter Weise zugänglich sind. Die Resultate sind in Bild 84 wiedergegeben. Auch in den ebenfalls eingezeichneten, sehr kleinen positiven integralen freien Überschußenthalpien kommt die außerordentlich geringe Entmischungstendenz der flüssigen Gallium-Aluminium-Legierungen zum Ausdruck.

Aus den kalorimetrisch bestimmten Mischungsenthalpien und den über EMK-Messungen gewonnenen freien Mischungsenthalpien ergeben sich die in Bild 85 dargestellten Mischungsentropien. Sie weichen von den idealen Mischungsentropien praktisch nicht ab.

Zur Prüfung der Konsistenz der erzielten Ergebnisse mit den im Zustandsdiagramm zusammengefaßten fest-flüssig-Gleichgewichten sind auf der Basis der in Bild 79 dargestellten Löslichkeitslinien die thermodynamischen Aktivitäten des Aluminiums in flüssigen Gallium-Aluminium-Legierungen berechnet worden. Im Hinblick auf die hohe Genauigkeit, mit der die Schmelzgleichgewichte in diesem Falle bekannt sind, scheint es zweckmäßig zu sein, einige Vereinfachungen, die in der Gl. (23) enthalten sind, aufzugeben. Es ist dies einerseits die Vernachlässigung der freien Mischungsenthalpie des mit der Schmelze koexistierenden Mischkristalls und ferner die Vernachlässigung der Temperaturabhängigkeit der Schmelzentropie der betrachteten reinen Komponente. Für die relativ geringen Abweichungen der Atombrüche x^S_{Al} der Aluminium-Gallium-Mischkristalle von $x_{Al} = 1$ kann in Anlehnung an das Raoultsche Gesetz für die partielle freie Mischungsenthalpie des Aluminiums gesetzt werden:

$$\overline{\Delta G}^S_{Al} = RT \ln x^S_{Al} \qquad (64)$$

Da die spezifischen Wärmen des Aluminiums im festen und im flüssigen Zustand nur wenig voneinander verschieden sind, ist die Temperaturabhängigkeit der Schmelzentropie des Aluminiums nur gering. Wird sie berücksichtigt, so folgt - unter Beachtung von Gl. (64) - für die partielle freie Mischungsenthalpie des Aluminiums der mit dem Mischkristall koexistierenden flüssigen Lösung:

$$\overline{\Delta G}^{L}_{Al} = RT \ln x^{S}_{Al} - \frac{\Delta H^{f}_{Al}}{T_{Al}} (T_{Al}-T) - T \int_{T}^{T_{Al}} \frac{\Delta C_p}{T} dT + \int_{T}^{T_{Al}} C_p dT \qquad (65)$$

Es ist ΔH^{f}_{Al} = 2570 cal/g-Atom[9], T die betrachtete Liquidustemperatur, T_{Al} die Schmelztemperatur des Aluminiums (beide in ^{o}K), $\Delta C_p = C^{S}_{p} - C^{L}_{p}$, wobei C^{S}_{p} und C^{L}_{p} die spezifischen Wärmen des festen bzw. flüssigen Aluminiums sind. Zahlenwerte für die spezifischen Wärmen des Aluminiums sind im Tabellenwerk von R. Hultgren und Mitarb.[9] mit hinreichender Genauigkeit zugänglich. Die anhand von Gl. (65) erzielten thermodynamischen Aktivitäten des Aluminiums sind in Bild 82 eingezeichnet. Sie stimmen mit den experimentellen a_{Al}-Werten überein.

Abschließend sei bemerkt, daß flüssige Gallium-Aluminium-Legierungen zu den wenigen binären metallischen Mischphasen gehören, die die Kennzeichen des von J.H. Hildebrandt und R.L. Scott[110] eingeführten Modells der "regulären Lösung" erfüllen. Es sind dies vor allem die Forderung $\Delta S^{ex} = 0$ sowie die Gegebenheit, daß die Mischungsenthalpien nur geringe Beträge aufweisen.

Nach Abschluß unserer experimentellen Untersuchungen sind von V.N. Danilin und S.P. Yatsenko[111] sowie von Y.K. Lee und A. Yazawa[112] Angaben über thermodynamische Aktivitäten flüssiger Gallium-Aluminium-Legierungen gemacht worden. Diese über EMK-Messungen gewonnenen Daten sind von R. Hultgren und Mitarb.[30] kritisch ausgewertet worden. Insbesondere die von Y.K. Lee und A. Yazawa[112] gewonnenen Resultate stimmen mit den von uns erzielten Ergebnissen gut überein.

4.3.4 Das System Gallium-Indium

Die Komponenten des Systems Gallium-Indium sind in chemischer Hinsicht außerordentlich ähnlich. Bei der Bildung flüssiger Legierungen aus den reinen geschmolzenen Elementen ist keine starke Änderung der Art und Stärke der zwischenatomaren Wechselwirkungen zu erwarten. Von Einfluß auf die thermodynamischen Überschußgrößen dürfte vielmehr allein die merkliche Atomradiendifferenz der Legierungspartner sein. Beispielsweise sind davon herrührend geringe positive Abweichungen der thermodynamischen Aktivitäten von den Raoultschen Geraden zu vermuten. In der Literatur vorliegende Untersuchungsergebnisse scheinen damit nicht in Einklang zu sein. G.J.Macur et al.[113)] haben über Partialdampfdruckmessungen nach der Knudsenschen Effusionsmethode im mittleren Konzentrationsbereich erstaunlich hohe Aktivitätskoeffizienten erhalten. W.J. Svirbley und S.M.Read[101)] ermittelten Aktivitäten nach der EMK-Methode im ternären System Ga-In-Zn. Eine Extrapolation auf das binäre Randsystem Ga-In lieferte Aktivitätsisothermen, die im mittleren Konzentrationsbereich die Raoultsche Gerade schneiden.

Zur Klärung der tatsächlichen Gegebenheiten liegt es nahe, die thermodynamischen Aktivitäten anhand der Schmelzgleichgewichte zu erschließen. Wie ein Blick auf Bild 86 lehrt, handelt es sich im Falle des Systems Ga-In um einfache eutektische fest-flüssig - Gleichgewichte, die einer Auswertung leicht zugänglich sind. Um eine möglichst genaue Basis für diese Auswertung zu schaffen, schien indessen eine Revision der in der Literatur vorliegenden Informationen[114)-118)] nützlich zu sein. Dies erfolgte durch Aufnahme der Liquiduskurven mit Hilfe der Differential-Thermoanalyse[119)].

Um bei der Auswertung der Schmelzgleichgewichte die für verschiedene Gleichgewichtstemperaturen sich ergebenden thermodynamischen Aktivitäten gemäß Gl.(9) auf eine konstante Temperatur umrechnen zu können, müssen, wie schon dargelegt,

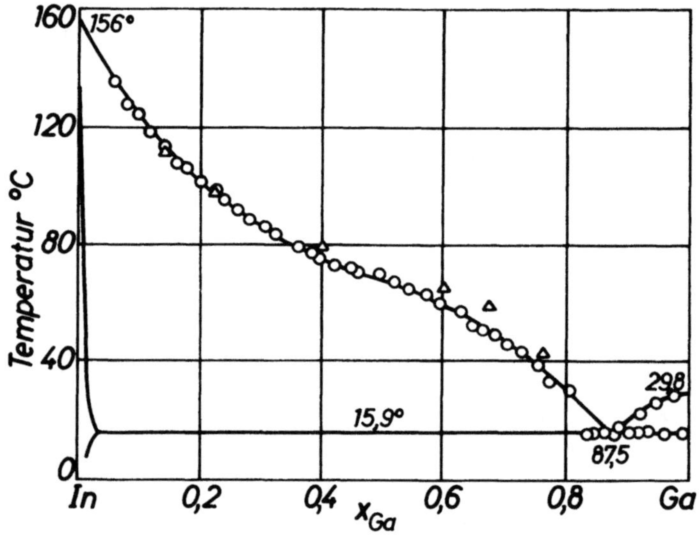

Bild 86

Zustandsdiagramm Ga - In

△ nach [118]

○ diese Arbeit

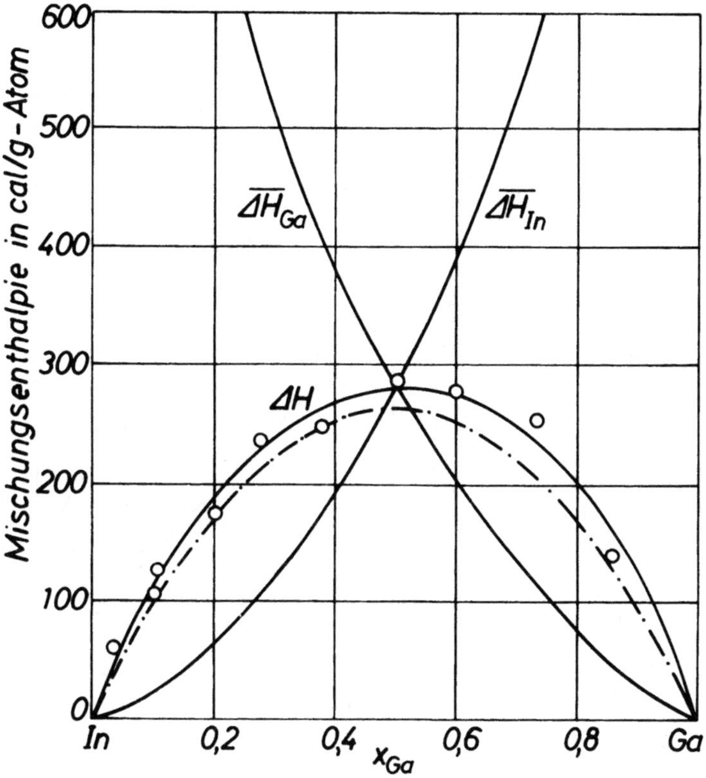

Bild 87

Partielle und integrale Mischungsenthalpien flüssiger Ga-In-Legierungen

—·—·— nach [120]

—o— diese Arbeit

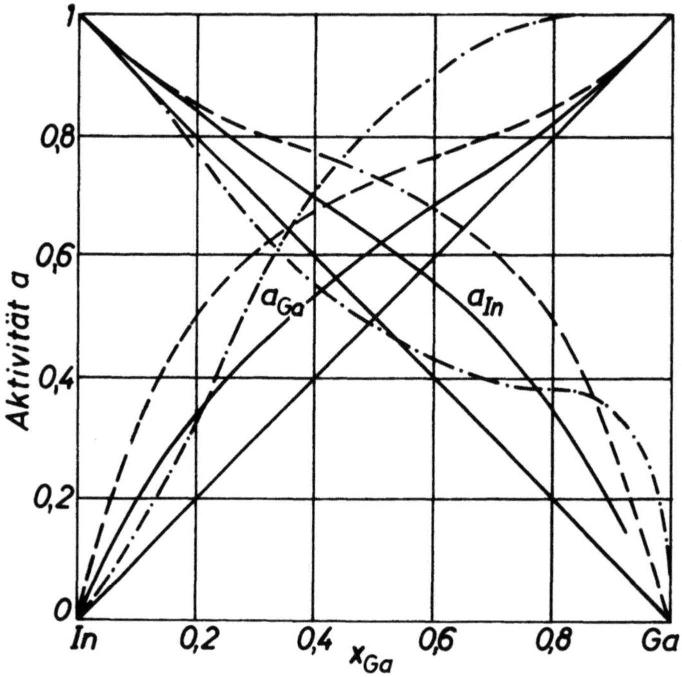

Bild 88

Thermodynamische Aktivitäten flüssiger Ga-In-Legierungen

——— nach[113]

—·—·— nach[101]

—— diese Arbeit (350°C)

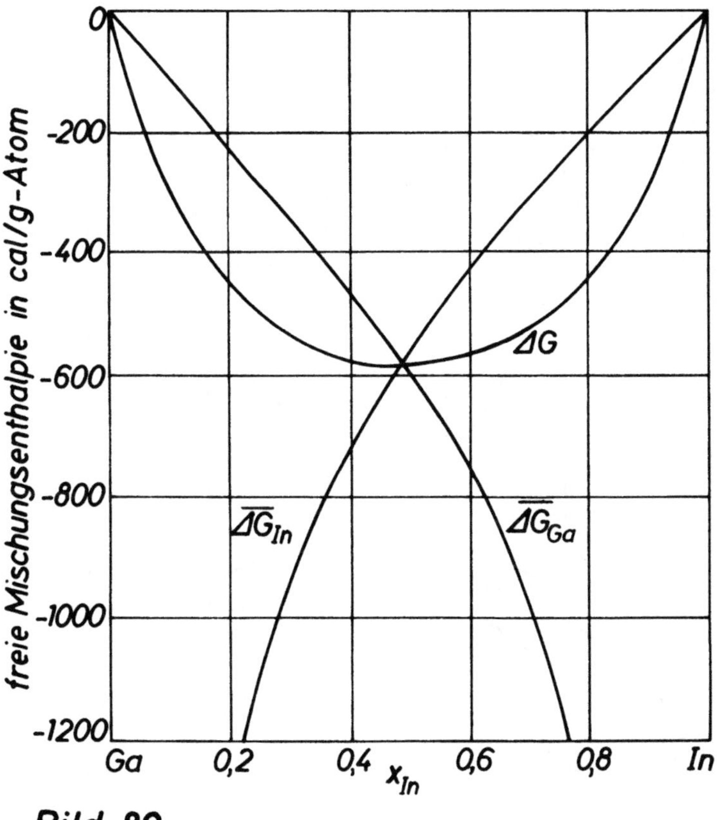

Bild 89
Partielle und integrale freie Mischungsenthalpien flüssiger Ga-In-Legierungen bei 350°C

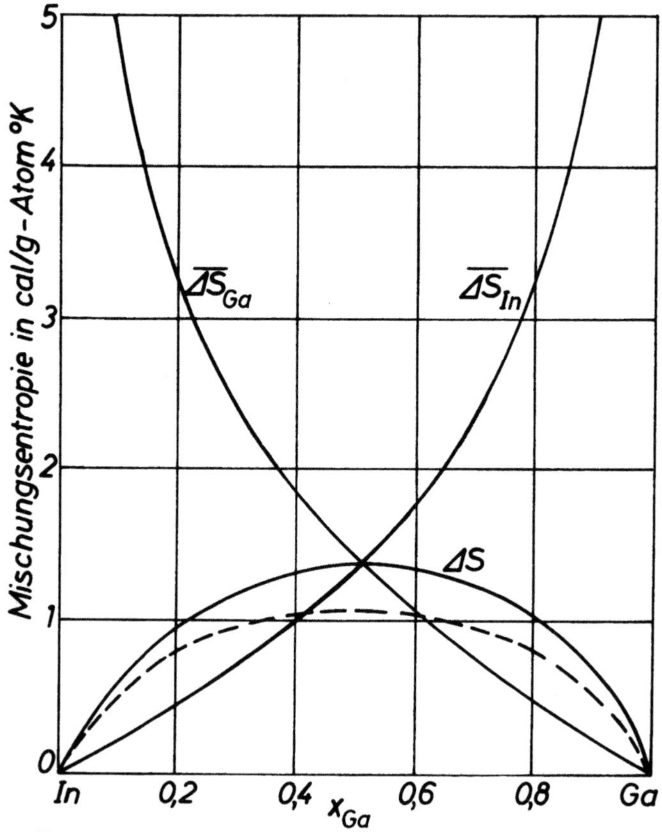

Bild 90

Partielle und integrale Mischungs-entropien flüssiger Ga-In-Legierungen

--- *nach* [113)]

—— *diese Arbeit*

die Mischungsenthalpien bekannt sein. Bei der Durchführung unserer Untersuchungen lagen noch keine Kenntnisse über diese Größen vor. Sie wurden mit Hilfe eines Hochtemperaturkalorimeters bei 350°C ermittelt[119].

Das aufgrund unserer Ergebnisse revidierte Zustandsdiagramm ist in Bild 86 wiedergegeben. Das Eutektikum wurde bei 87,5 At-% Ga und 15,9°C gefunden. In der Umgebung des eutektischen Punktes wurde die Temperatur auf 0,1° genau ermittelt, bei höheren Temperaturen mit etwas geringerer Genauigkeit. Bei hohen Indiumgehalten liegt eine gute Übereinstimmung mit Resultaten von U.Heubner und P.Wincierz[118] vor, bei mittleren x_{Ga}-Werten wurden von uns indessen etwas niedrigere Liquidustemperaturen gefunden.

Die kalorimetrisch gewonnenen Mischungsenthalpien sind in Bild 87 als Funktion der Legierungszusammensetzung dargestellt. Sie sind positiv und weisen bei x = 0,5 einen Maximalwert von ΔH_{max} = 288 cal/g-Atom auf. Die aus der ΔH-x-Kurve zugänglichen partiellen Mischungsenthalpien sind ebenfalls in Bild 87 eingezeichnet. Die nach Abschluß unserer Untersuchungen bekannt gewordenen Resultate von ΔH-Messungen, die J.P.Bros et al.[120] durchgeführt haben, sind zum Vergleich in Bild 87 ebenfalls wiedergegeben. Sie stimmen weitgehend mit unseren Ergebnissen überein.

Bei der Auswertung der Schmelzgleichgewichte auf der Indiumseite des Systems wurde folgende Basis zugrunde gelegt, die den Gl.(23) und Gl.(67) analog ist:

$$\overline{\Delta G}^S_{In} - \overline{\Delta G}^L_{In} = \Delta S^F_{In}(T_{In} - T) \qquad (66)$$

$\overline{\Delta G}^S_{In}$ und $\overline{\Delta G}^L_{In}$ sind die partiellen freien Mischungsenthalpien der koexistierenden flüssigen (L) und festen (S) Lösungen bei der Gleichgewichtstemperatur T. Da der Galliumgehalt der auf der Indiumseite auftretenden Mischkristalle nur gering ist, (vgl.Bild 86), kann in guter Näherung gesetzt werden:

$$\overline{\Delta G}^{S}_{In} = RT \ln a^{S}_{In} \approx RT \ln x^{S}_{In} \qquad (67)$$

Die auf dieser Basis resultierenden thermodynamischen Aktivitäten des Indiums sind in Bild 88 dargestellt. Eingezeichnet sind ferner die über die Duhem-Margules-Gleichung erhältliche Aktivitätsisotherme des Galliums sowie Aktivitätsisothermen, die von G.J.Macur et al.[113] und W.J. Svirbley und S.M.Read[101] angegeben werden. Die durch Auswertung der Schmelzgleichgewichte erhaltenen Aktivitätswerte sind auch im mittleren Konzentrationsbereich nur relativ wenig größer als die zugehörigen Atombrüche und entsprechen damit den eingangs dargelegten Erwartungen einer geringen Entmischungstendenz, die sich auch in den kleinen positiven Beträgen der Mischungsenthalpien dokumentiert.

Die aus den thermodynamischen Aktivitäten zugänglichen partiellen und integralen freien Mischungsenthalpien sind in Bild 89 wiedergegeben. Die aus diesen Werten und den entsprechenden partiellen bzw. integralen Mischungsenthalpien ermittelten Mischungsentropien gibt Bild 90 wieder. Sie stimmen mit ΔS_{ideal}-Werten überein, die bei völlig regelloser Atomverteilung zu erwarten sind.

4.3.5 Das System Gallium-Thallium

Aufgrund der erheblichen Atomradiendifferenz der Legierungspartner sind im System Gallium-Thallium starke Einflüsse einer atomaren "Fehlpassung" zu erwarten. In der Tat zeigt schon das von uns in einer früheren Untersuchung[121] aufgestellte Zustandsdiagramm (vgl. Bild 91) eine starke Entmischungstendenz an. Es liegt eine ausgedehnte Mischungslücke im flüssigen Zustand vor. Die kritische Entmischungstemperatur beträgt 574°C. Eine Abschätzung der thermodynamischen Überschußfunktionen aufgrund der Löslichkeitsverhältnisse verdeutlicht noch das Faktum der starken Entmischungstendenz[35][121]. Aufgrund von EMK-Messungen erschlossene Mischungsenthalpien[122] stimmen mit diesen Schätzwerten indessen nicht überein. Eine Klärung wurde durch unmittelbare kalorimetrische Bestimmung der Mischungsenthalpien angestrebt[124]

Die bei einer Versuchstemperatur von 650°C erzielten Ergebnisse sind in Bild 92 wiedergegeben. Entsprechend der starken Entmischungstendenz des Systems sind die Mischungsenthalpien positiv. Sie haben bei $x \approx 0,5$ einen Maximalwert von $\Delta H_{max} = 880$ cal/g-Atom. Die von V.N.Danilin und S.P.Yatsenko[122] aus der Temperaturabhängigkeit von thermodynamischen Aktivitäten gewonnenen ΔH-Werte sind merklich höher. Es sei erwähnt, daß auch die durch Schätzung gewonnenen ΔH-Werte höhere Beträge aufweisen als die unmittelbar kalorimetrisch gewonnenen.

Die Auswertung der Phasengleichgewichte erfolgte gemäß Gl.(45a). In Bild 93 sind die Werte für Σ gegen $\frac{1}{T}$ aufgetragen, und zwar jeweils für die galliumreichen und für die thalliumreichen Legierungen. Es resultieren Geraden, die allerdings wegen der Streuung ihrer Bestimmungspunkte nur eine wenig zuverlässige Ermittlung von $\overline{\Delta H}^{O,L}$ und $\overline{\Delta S}^{ex,O,L}$ ermöglichen.

Da nach dem Vorliegen der ΔH-Werte nun die Ermittlung der Überschußentropien als vordringlich erschien, wurde bei der

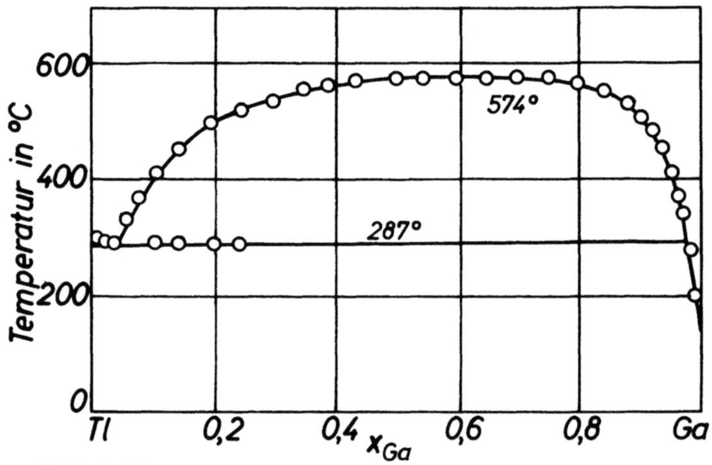

Bild 91

Zustandsdiagramm Ga - Tl [121)]

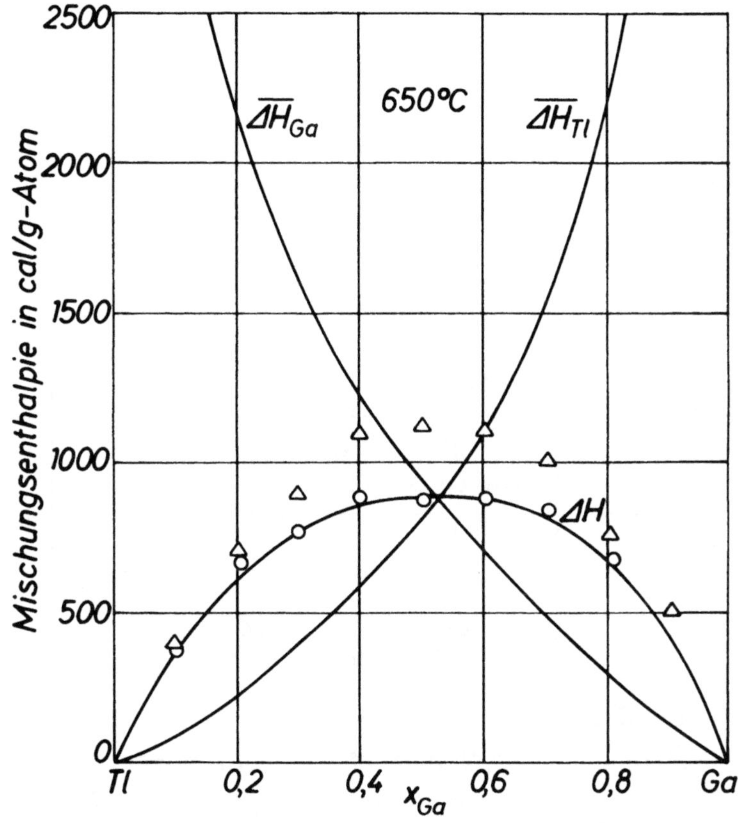

Bild 92
Partielle und integrale Mischungsenthalpien flüssiger Ga-Tl-Legierungen
△ *nach* [122)]
○ *diese Arbeit*

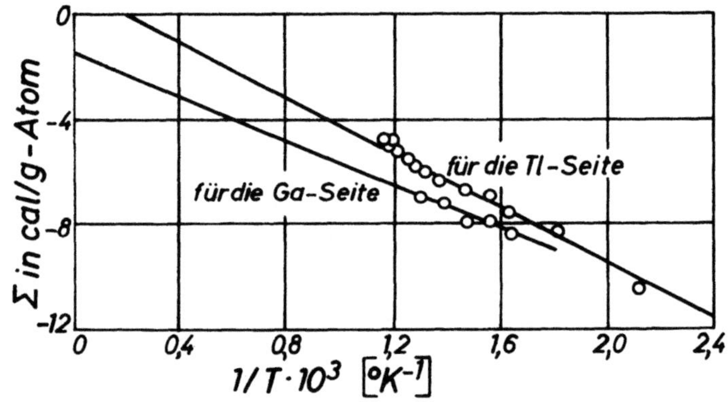

Bild 93
Zur Auswertung der Löslichkeits - gleichgewichte im System Ga -Tl

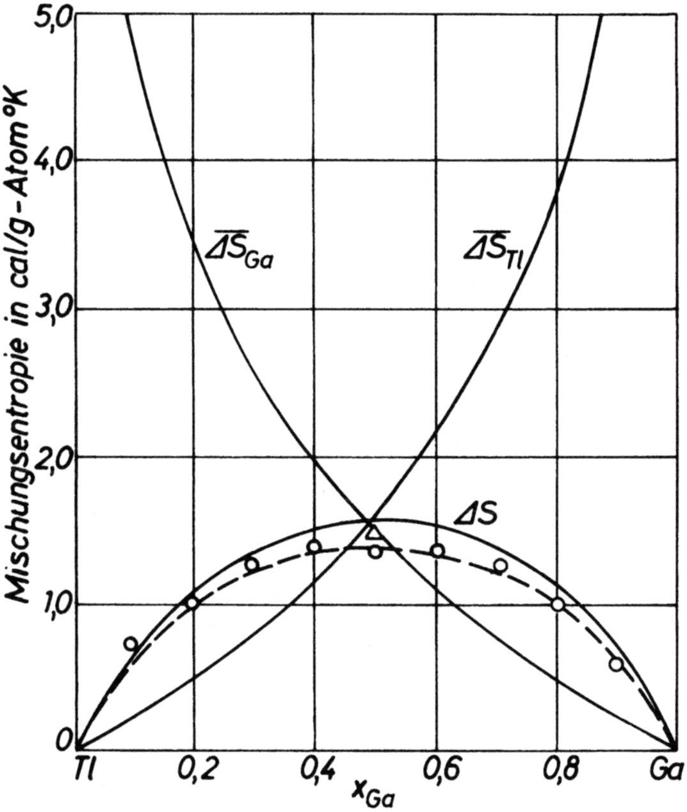

Bild 94

Partielle und integrale Mischungsentropien flüssiger Ga-Tl-Legierungen

○ aus kalorimetrischen ΔH-Werten und ΔG-Werten nach [122]

—— gemäß Gl. (45a)

△ gemäß Gl. (24)

--- ideale Mischungsentropie

Konstruktion der Geraden im $\Sigma-\frac{1}{T}$ -Diagramm (Bild 93) der Anstiegswinkel durch den $\overline{\Delta H}^{O,L}$-Wert festgelegt, der sich aufgrund der ΔH-x-Kurve leicht ermitteln läßt. Die resultierenden $\overline{\Delta S}^{ex,O,L}$-Werte liefern partielle und integrale Mischungsentropien, die in Bild 94 als Funktion des Atombruchs dargestellt sind.

Ferner kann die maximale Überschußentropie des Systems anhand der maximalen Mischungsenthalpie und der absoluten kritischen Entmischungstemperatur gemäß Gl.(24) abgeschätzt werden. Die so erhaltene maximale Mischungsentropie ist in Bild 94 ebenfalls eingetragen.

Schließlich wurden aus den unmittelbar experimentell ermittelten ΔH-Werten und den von V.N.Danilin und S.P.Yatsenko[122) mitgeteilten ΔG-Werten die Mischungsentropien anhand der Helmholtz-Gibbsschen Gleichung errechnet. Wie ein Blick auf Bild 94 zeigt, stimmen die nach den verschiedenen Verfahren ermittelten Mischungsentropien untereinander weitgehend überein. Es liegen zudem offensichtlich nur geringe positive Abweichungen von der idealen Mischungsentropie vor.

V.N.Danilin et al.[123) haben versucht, aus den atomaren Eigenschaften der Komponenten die Mischungsenthalpien der flüssigen Ga-Tl-Legierungen zu ermitteln. Ausgehend von den Verdampfungsenthalpien und von der Differenz der Elektronegativitäten und der Atomvolumina fanden sie auf der Basis ihrer Modellvorstellungen einen Wert von ΔH_{max} = 1600 cal/g-Atom, der etwa doppelt so groß ist, wie der experimentell bestimmte. Diese Differenz zeigt, daß es selbst in einem so unkomplizierten System, wie es Ga-Tl darstellt, problematisch ist, die thermodynamischen Eigenschaften einer metallischen Lösung allein aus den Eigenschaften der Komponenten quantitativ vorauszusagen.

4.3.6 Das System Gallium-Germanium

Die thermodynamischen Eigenschaften flüssiger Ga-Ge-Legierungen waren bisher nicht bekannt. Sie dürften kaum von der Atomradiendifferenz der Legierungspartner geprägt sein. Vielmehr kann ein dominierender Einfluß der Änderung der chemischen Bindungsverhältnisse bei der Legierungsbildung vermutet werden. Zwar tritt nach dem in der Literatur bekannten Zustandsdiagramm im festen Zustand keine intermetallische Verbindung auf (vgl.Bild 95), es ist aber dennoch eine geringe Tendenz zur Verbindungsbildung zu vermuten, und zwar ähnlich wie in Systemen mit Zintlphasen, wenn auch wesentlich schwächer ausgeprägt. Um dieser Vermutung nachzugehen, wurden die Mischungsenthalpien mit Hilfe eines Hochtemperatur-Kalorimeters bei 1000°C bestimmt. Durch Auswertung der bekannten Schmelzgleichgewichte wurden die freien Mischungsenthalpien ermittelt[126). Damit waren auch die Mischungsentropien zugänglich.

Bild 96 gibt die kalorimetrisch ermittelten Mischungsenthalpien als Funktion des Atombruchs wieder. Die Vermischungsreaktion der beiden flüssigen Komponenten ist in der Tat mit einer exothermen Wärmetönung verbunden. Die Beträge der Mischungsenthalpien sind allerdings relativ klein. Der Maximalwert bei x = 0,5 beträgt ΔH_{max} = - 158 cal/g-Atom.

Die Auswertung der Schmelzgleichgewichte kann anhand einer der Gl.(66) analogen Beziehung durchgeführt werden. Die für die Liquiduspunkte erhaltenen Ge-Aktivitätswerte wurden mit Hilfe der Gl.(9) unter Benutzung der aus der ΔH-x-Kurve ermittelten partiellen Mischungsenthalpien des Germaniums auf eine Temperatur von 1000°C umgerechnet. Aus dieser Aktivitätsisotherme sind mit Hilfe der Duhem-Margules-Gleichung die thermodynamischen Aktivitäten des Galliums berechnet worden. Die Ergebnisse gibt Bild 97 wieder. Die Aktivitätsisothermen weisen geringe negative Abweichungen von den Raoult-

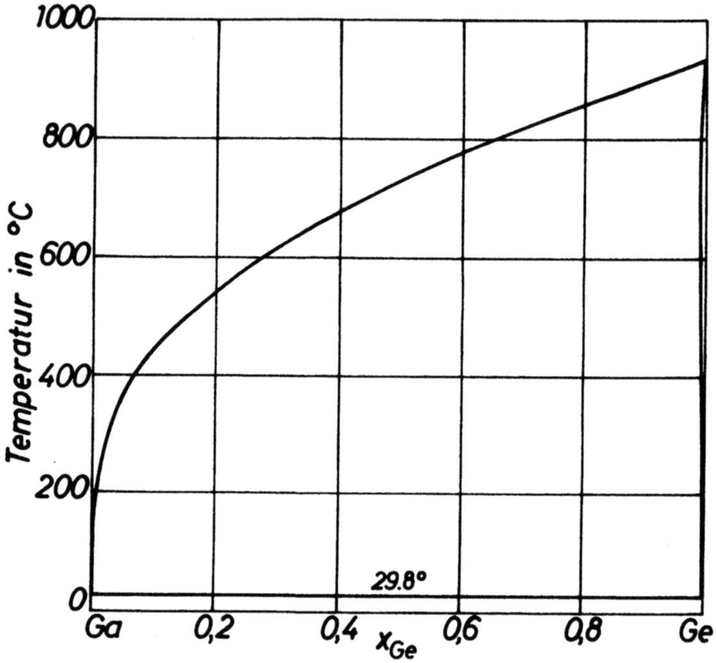

Bild 95
Zustandsdiagramm Ga - Ge [125)]

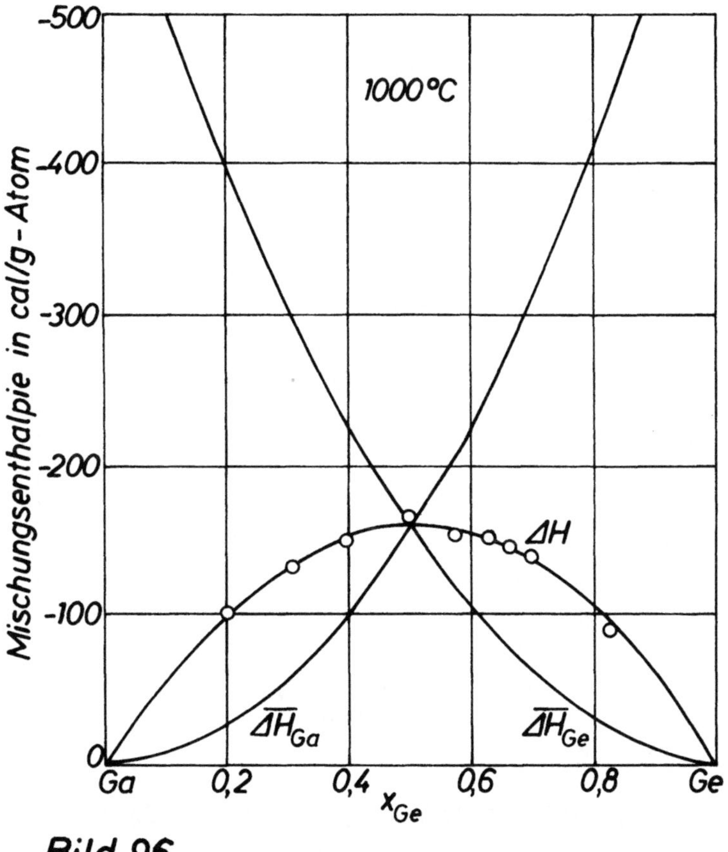

Bild 96
Partielle und integrale Mischungsenthalpien flüssiger Ga-Ge-Legierungen

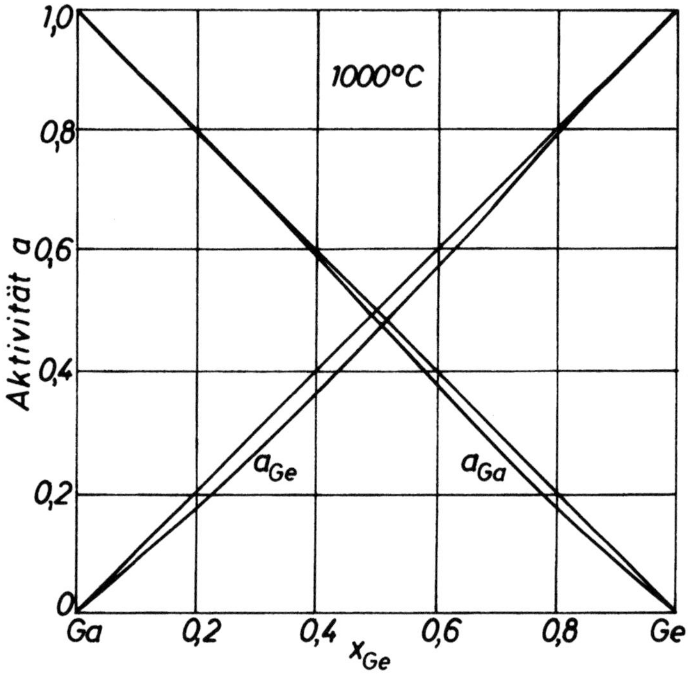

Bild 97
Thermodynamische Aktivitäten flüssiger Ga-Ge-Legierungen bei 1000°C

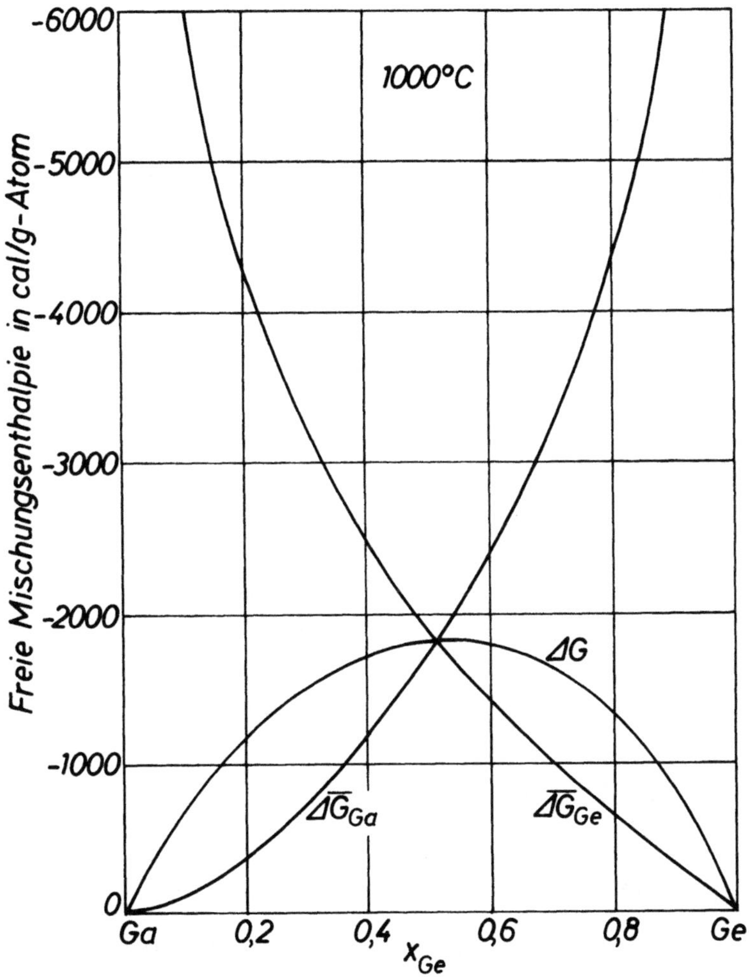

Bild 98

Partielle und integrale freie Mischungsenthalpien flüssiger Ga-Ge-Legierungen bei 1000°C

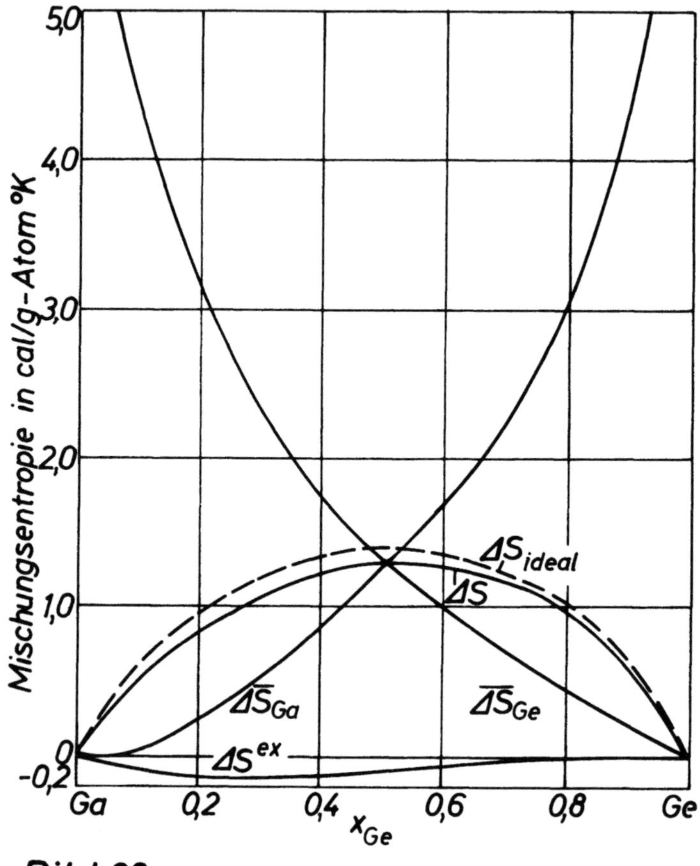

Bild 99

Partielle und integrale Mischungsentropien flüssiger Ga-Ge-Legierungen

schen Geraden auf.

In üblicher Weise sind aus den thermodynamischen Aktivitäten die partiellen und integralen freien Mischungsenthalpien (Bild 98) und aus diesen und den entsprechenden Mischungsenthalpien die Mischungsentropien berechnet worden (Bild 99). Es liegen negative Abweichungen von den idealen Mischungsentropien vor. Der Extremwert der Überschußentropie beträgt ΔS^{ex}_{max} = - 0,12 cal/g-Atom^{o}K. Er liegt bei x_{Ge}= 0,3.

Wie aufgrund der geringen Atomradiendifferenzen der Komponenten (Δr = 3 %) und der merklichen Elektronegativitätsdifferenz ($\Delta\varepsilon$ = 0,2) vermutet werden kann, tritt in flüssigen Ga-Ge-Legierungen eine schwache Tendenz zur Verbindungsbildung auf. Offensichtlich ist sie nicht hinreichend stark, um eine intermetallische Verbindung im festen Zustand zu erzwingen. Wie weiter unten dargelegt werden soll, ordnen sich die gefundenen thermodynamischen Eigenschaften flüssiger Ga-Ge-Mischphasen in die Reihe analoger Systeme mit heteropolaren Bindungsanteilen ein (vgl.Kapitel 4.5.2).

4.3.7 Das System Gallium-Zinn

In einer früheren Untersuchung haben wir die Schmelzgleichgewichte des Systems Ga-Sn genau festgelegt (vgl.Bild 100) und zur Erschließung der thermodynamischen Eigenschaften der flüssigen Legierungen eingesetzt[127]. Experimentell ermittelte freie Mischungsenthalpien oder Mischungsenthalpien lagen nicht vor, so daß diese Auswertung des Zustandsdiagramms auf der Basis des Modells der regulären Lösung erfolgen mußte, das nur in einfachen Fällen eine hinreichende Näherung darstellt. Um eventuell noch vorhandene Unsicherheiten auszuräumen, wurden die Mischungsenthalpien flüssiger Ga-Sn-Legierungen mit Hilfe eines Hochtemperatur-Kalorimeters bestimmt. Die Resultate gibt Bild 101 wieder.

Die Mischungsenthalpien flüssiger Ga-Sn-Legierungen haben ein positives Vorzeichen und relativ niedrige Beträge. Der Maximalwert liegt bei $x_{Sn} = 0{,}48$. Er beträgt $\Delta H_{max} = 234$ cal/g-Atom. Nach Abschluß unserer Messungen wurden Untersuchungen an flüssigen Ga-Sn-Legierungen bekannt, die von J.P.Bros, R.Castanet und M.Laffitte[120] mit Hilfe eines Mikrokalorimeters durchgeführt worden sind. Die von diesen Autoren angegebenen Mischungsenthalpien sind, wie ein Blick auf Bild 101 zeigt, etwas kleiner als die von uns ermittelten.

Die nach Vorliegen von Mischungsenthalpiewerten gegebene Möglichkeit zu einer genaueren Auswertung der Schmelzgleichgewichte erfolgte auf der Basis einer der Gl.(66) analogen Beziehung. Die resultierenden thermodynamischen Aktivitäten sind in Bild 102 in Form von Isothermen dargestellt. Sie weisen nur geringe positive Abweichungen von den Raoultschen Geraden auf. Wie am Beispiel der a_{Sn}-Isotherme ersichtlich (vgl.Bild 102), sind die nun ermittelten Aktivitäten etwas niedriger als die früher auf der Basis des regulären Modells aus dem Zustandsdiagramm gewonnenen.

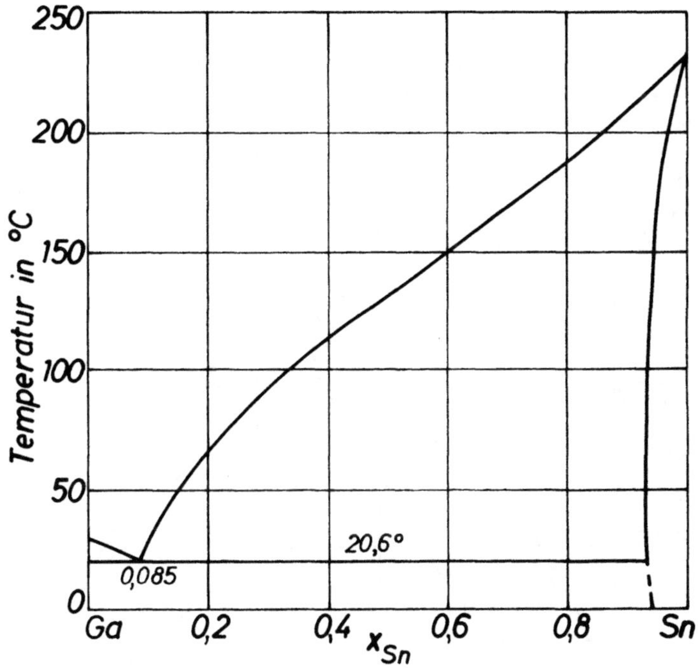

Bild 100

Zustandsdiagramm Ga - Sn[127]

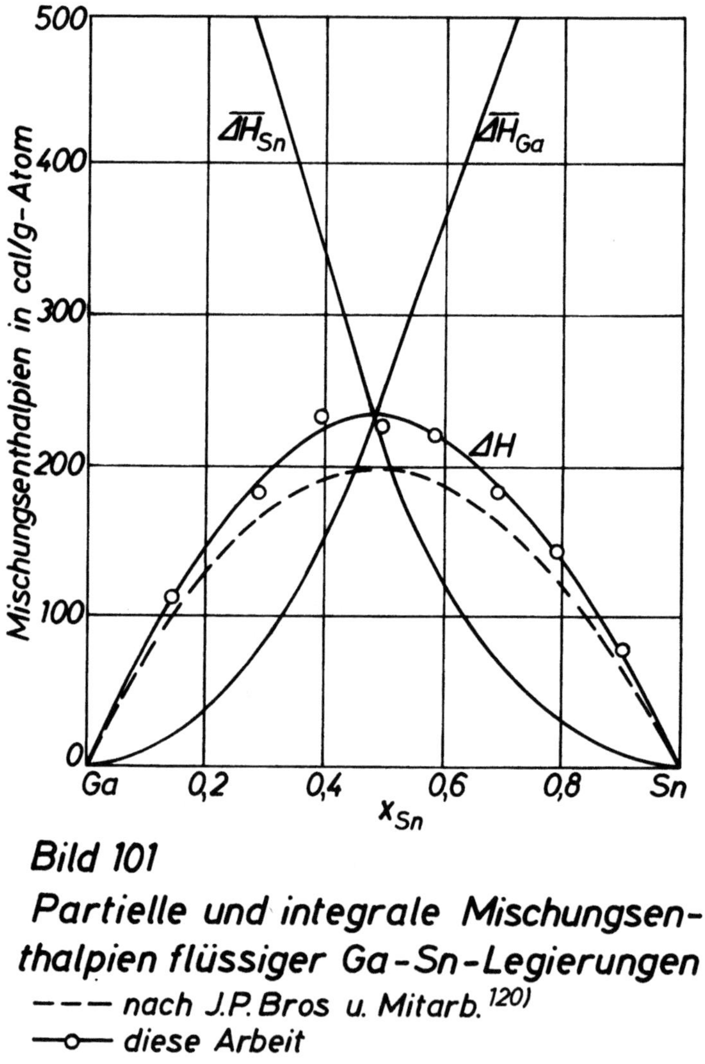

Bild 101

Partielle und integrale Mischungsenthalpien flüssiger Ga-Sn-Legierungen

--- nach J.P. Bros u. Mitarb.[120]

—o— diese Arbeit

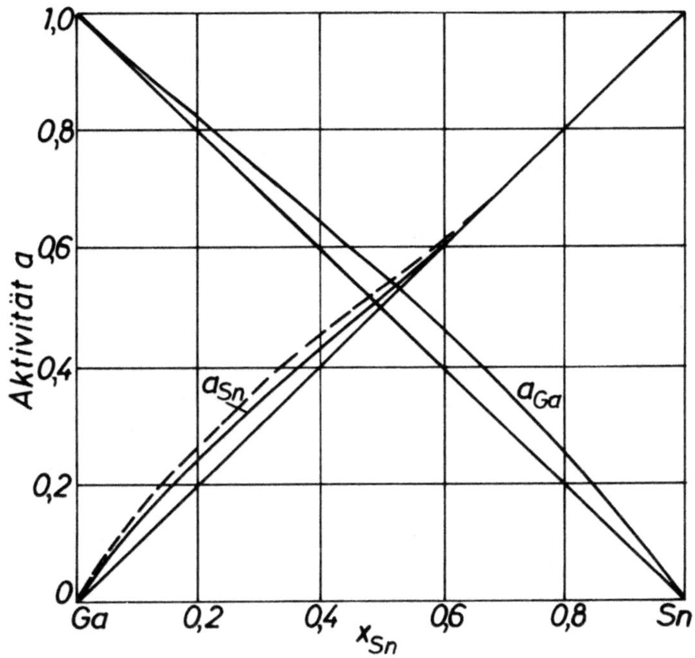

Bild 102
Thermodynamische Aktivitäten flüssiger Ga-Sn-Legierungen bei 350°C
--- nach [127]
—— diese Arbeit

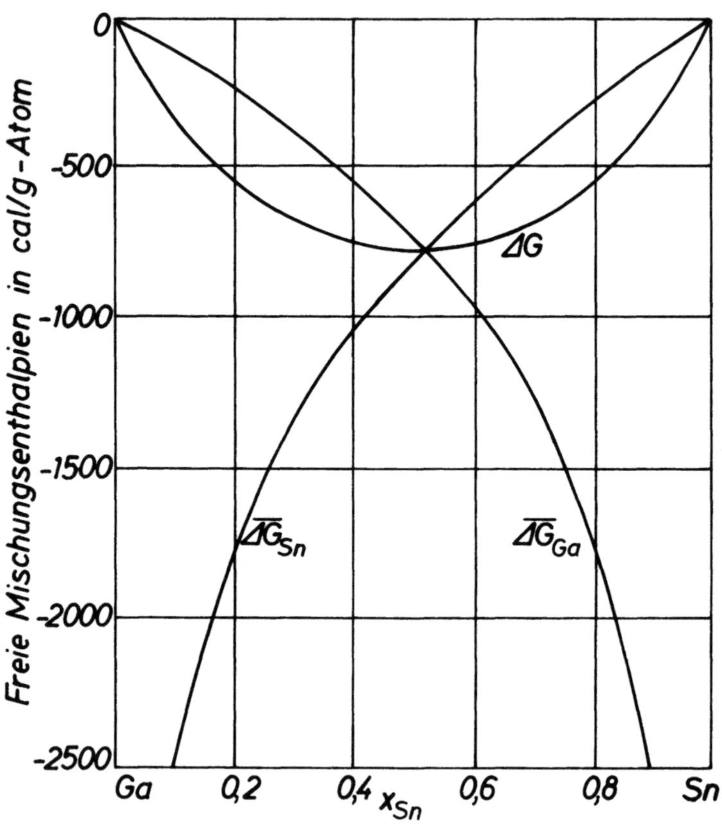

Bild 103
Partielle und integrale freie Mischungsenthalpien flüssiger Ga-Sn-Legierungen bei 350°C

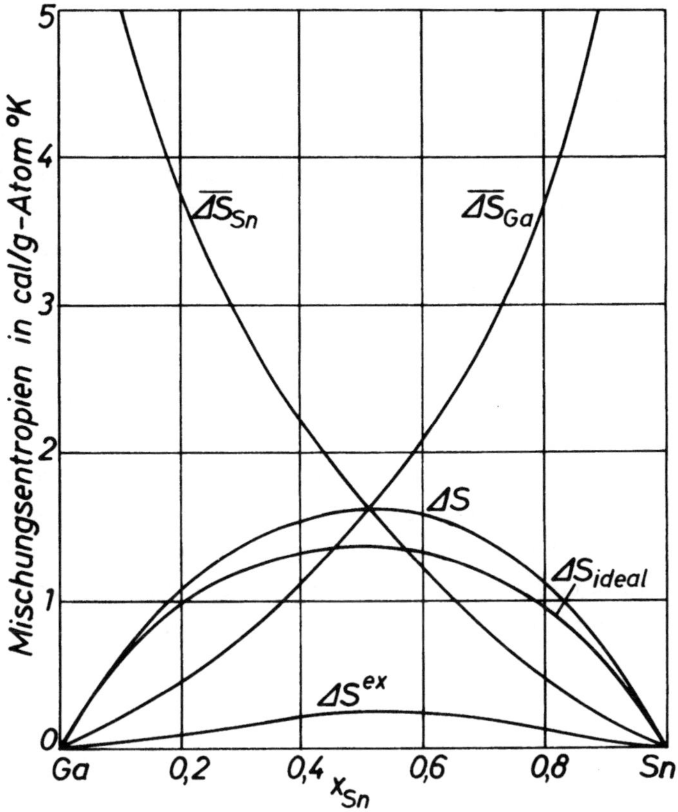

Bild 104
Partielle und integrale Mischungsentropien flüssiger Ga-Sn-Legierungen

Die aus den Aktivitäten berechneten partiellen und integralen freien Mischungsenthalpien sind in Bild 103 als Funktion des Atombruchs dargestellt. Gemeinsam mit den kalorimetrisch ermittelten Mischungsenthalpien liefern sie gemäß der Helmholtz-Gibbsschen-Gleichung Mischungsentropien, die in Bild 104 wiedergegeben sind. Die ΔS-Werte sind im gesamten Konzentrationsbereich größer als die idealen Mischungsentropien. Die maximale Überschußentropie beträgt ΔS^{ex}_{max} = 0,25 cal/g-Atom ^{o}K.

Die thermodynamischen Eigenschaften der flüssigen Ga-Sn-Legierungen dürften dominierend von der Auswirkung einer atomaren Fehlpassung geprägt sein, die durch die erhebliche Differenz der Atomvolumina der Legierungspartner bedingt ist. Diese Differenz beträgt 20%. Die Annahme eines ausschlaggebenden Einflusses des Größenunterschiedes der beiden Atomsorten wird durch eine weiter unten durchgeführte systematische Betrachtung erhärtet.

4.3.8 Das System Gallium-Blei

Das Zustandsdiagramm des Systems Gallium-Blei wurde von uns in einer früheren Untersuchung aufgestellt[121]. Es ist gekennzeichnet durch eine ausgedehnte Mischungslücke im flüssigen Zustand, die sich erst bei 606°C schließt (vgl.Bild 105). Zweifellos ist die darin zum Ausdruck kommende starke Entmischungstendenz eine Folge der großen Atomradiendifferenz der Legierungspartner. Messungen der thermodynamischen Überschußfunktionen sind unseres Wissens bisher an Ga-Pb-Legierungen nicht durchgeführt worden. Lediglich eine Abschätzung dieser Größen ist erfolgt[35][123]. Um die thermodynamischen Überschußfunktionen aus mehr unmittelbaren experimentellen Daten zu gewinnen, wurden die Mischungsenthalpien mit Hilfe eines Hochtemperatur-Kalorimeters bestimmt[124]. Die Auswertung der Phasengleichgewichte gibt dann die Möglichkeit zur Ermittlung der Überschußentropien.

Die experimentell ermittelten integralen Mischungsenthalpien sind in Bild 106 als Funktion des Atombruchs dargestellt. Sie sind erwartungsgemäß positiv und haben bei mittleren Konzentrationen Beträge bis $\Delta H_{max} = 920$ cal/g-Atom.

Die Mischungsentropien wurden durch Auswertung der im Zustandsdiagramm (vgl.Bild 105) dargestellten Löslichkeitsgleichgewichte gemäß Gl.(45a) ermittelt. Die Σ-Werte sind in Bild 107 gegen $\frac{1}{T}$ aufgetragen. Um möglichst zuverlässige Werte für die Überschußentropien zu gewinnen, wurde aus der ΔH^L-x-Kurve der jeweilige Wert für $\overline{\Delta H}^{O,L}$ ermittelt und dieser bei der Konstruktion der Geraden im Σ-$\frac{1}{T}$ - Diagramm zur Festlegung des Anstiegswinkels genutzt. Es resultieren $\overline{\Delta S}^{ex,O,L}$-Werte, die zu den in Bild 108 wiedergegebenen Mischungsentropien führen.

Eine weitere Möglichkeit zur Ermittlung der Mischungsentropien ist durch die Verknüpfung der maximalen Mischungsenthalpie, der maximalen Überschußentropie und der kritischen Entmischungstemperatur gegeben. Unter vereinfachenden Annahmen ist dieser

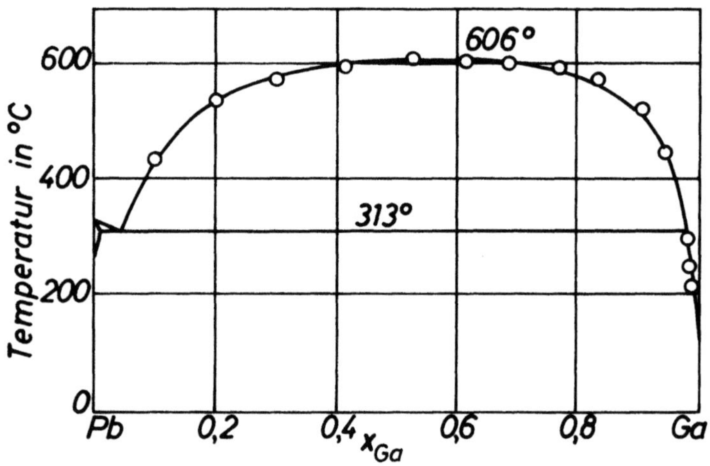

Bild 105
Zustandsdiagramm Ga - Pb [121)]

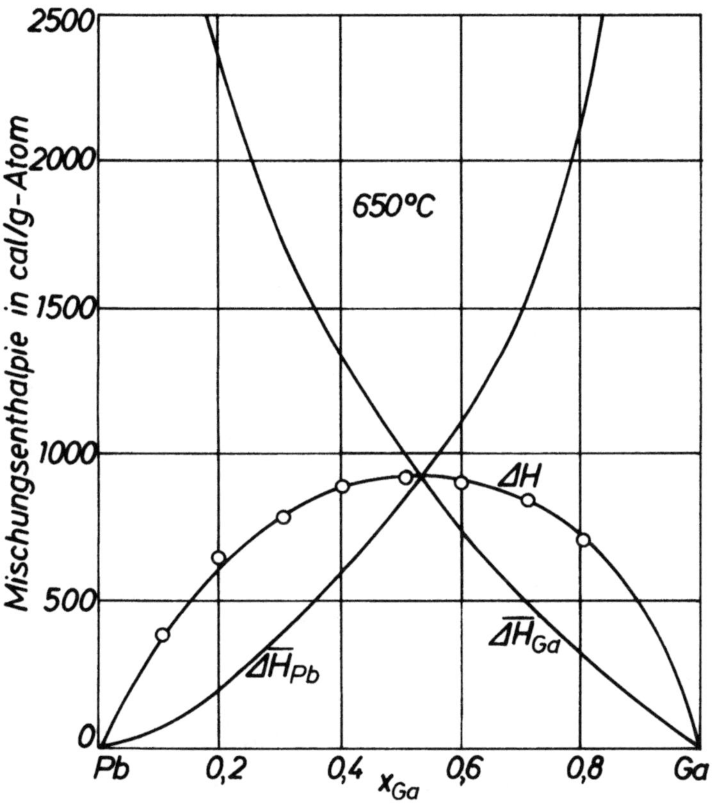

Bild 106

Partielle und integrale Mischungsenthalpien flüssiger Ga-Pb-Legierungen

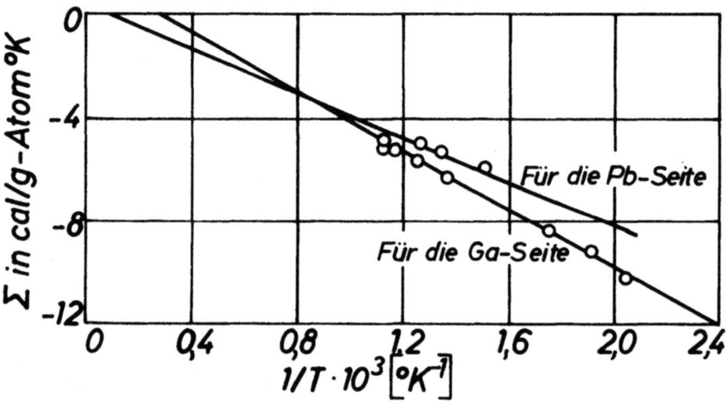

Bild 107
Zur Auswertung der Löslichkeitsgleichgewichte im System Ga - Pb

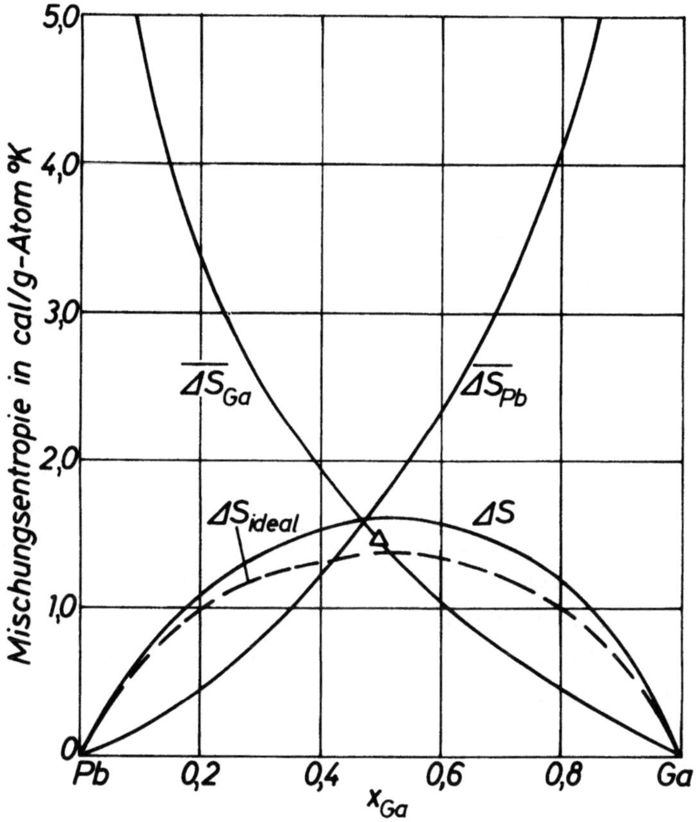

Bild 108

Partielle und integrale Mischungsentropien flüssiger Ga-Pb-Legierungen

——— *gemäß Gl. (45a)*

△ *gemäß Gl. (24)*

Zusammenhang durch Gl.(24) dargestellt. Die auf diesem Wege zugängliche maximale Mischungsentropie stimmt, wie Bild 108 zeigt, annähernd mit den Resultaten überein, die durch die oben dargelegte, weitergehende Auswertung der Löslichkeitsgleichgewichte gewonnen wurden. Die Überschußentropien sind im System Ga-Pb offensichtlich von relativ geringem Betrag, aber zweifellos positiv, was aufgrund der erheblichen Atomradiendifferenz der Komponenten und der damit zusammenhängenden atomaren Fehlpassung der Legierungsschmelzen zu erwarten ist.

Aus der Verdampfungsenthalpie, der Elektronegativitätsdifferenz und dem Unterschied der Atomvolumina der Komponenten haven V.N.Danilin und Mitarb.[123] eine Abschätzung der Mischungsenthalpien flüssiger Ga-Pb-Legierungen vorgenommen. Als Maximalwert resultiert dabei ΔH_{max} = 1300 cal/g-Atom. Die Diskrepanz gegenüber dem experimentell bestimmten Wert von ΔH_{max} = 920 cal/g-Atom ist beträchtlich und dürfte auf die erheblichen Schwierigkeiten zurückzuführen sein, aus "first principles" thermodynamische Überschußfunktionen flüssiger metallischer Mischphasen zu berechnen.

4.3.9 Das System Gallium-Antimon

Elemente der III.Gruppe des Periodensystems bilden mit Elementen der V. Gruppe bekanntlich halbleitende intermetallische Phasen der Stöchiometrie AB. Sie kristallisieren im Zinkblendetyp und weisen dementsprechend eine tetraedrische Atomverknüpfung auf. Es ist anzunehmen, daß diese sperrige Atomanordnung auch in der Schmelze in gewissem Umfang erhalten ist, wenn auch nur in kleinen Bereichen in Form einer Nahordnung. Es schien lohnend zu sein, der Frage nach den Struktur- und Bindungsverhältnissen in flüssigen III-V-Legierungen durch Untersuchung der energetischen Verhältnisse nachzugehen. Dies wurde am Beispiel der Gallium-Antimon-Legierungen durch Ermittlung der Mischungsenthalpien bei 750°C mit Hilfe eines Hochtemperatur-Kalorimeters unternommen[128].

Das Zustandsdiagramm des Systems Gallium-Antimon ist in Bild 109 wiedergegeben. Die Schmelzgleichgewichte werden durch die bei 709°C kongruent schmelzende Verbindung GaSb dominierend festgelegt.

Die Ergebnisse der kalorimetrischen Untersuchungen sind in Bild 110 dargestellt. Entsprechend der ausgeprägten Verbindungstendenz des Systems weisen die Mischungsenthalpien ein negatives Vorzeichen auf. Der Maximalwert liegt bei x = 0,5 und beträgt ΔH_{max}= -258 cal/g-Atom. Die nach Abschluß unserer Untersuchungen bekannt gewordenen Ergebnisse kalorimetrischer Untersuchungen an flüssigen Gallium-Antimon-Legierungen, die von A.Yazawa und Mitarb.[130] durchgeführt worden waren, sind in Bild 110 ebenfalls wiedergegeben. Sie stimmen im antimonreichen und im mittleren Bereich des Systems mit unseren Resultaten völlig überein. Bei hohen Galliumgehalten finden wir etwas niedrigere ΔH^L-Beträge.

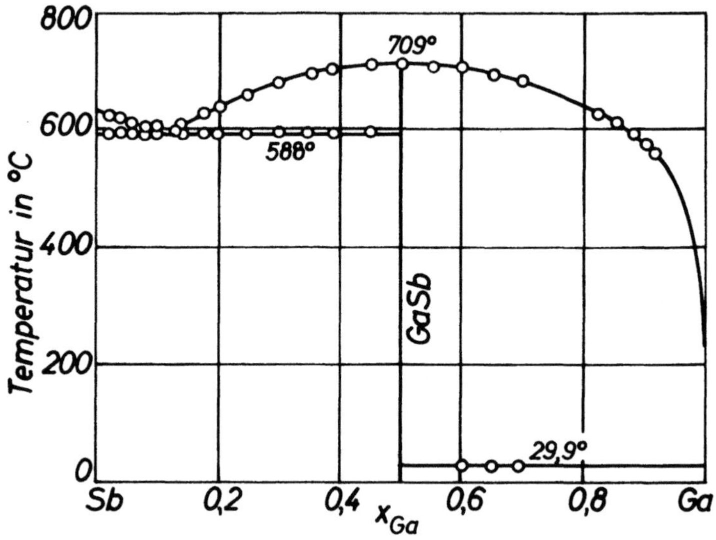

Bild 109
Zustandsdiagramm Gallium-Antimon[129)]

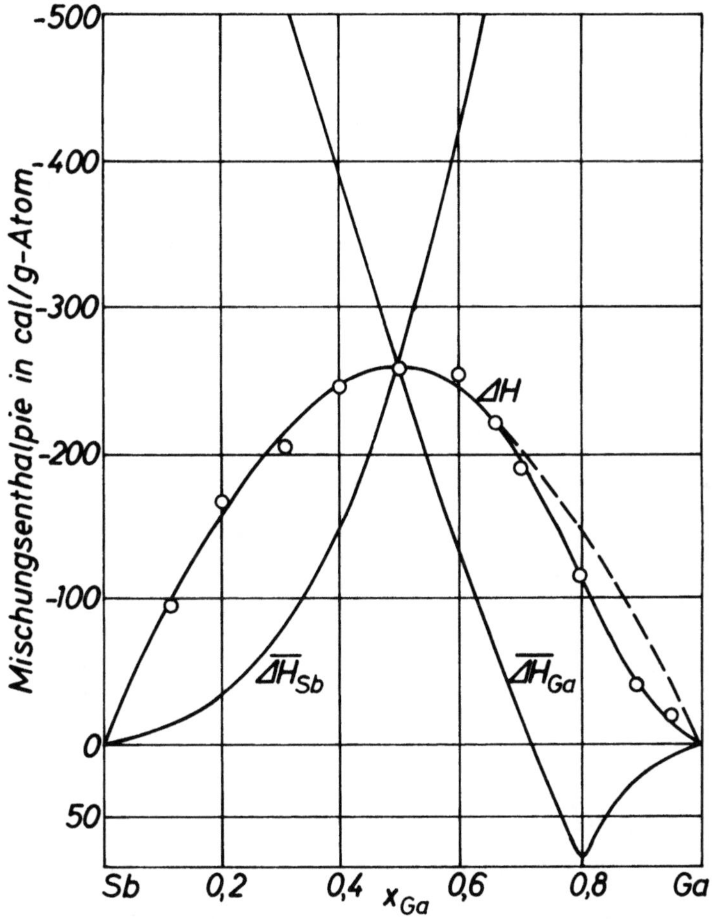

Bild 110

Partielle und integrale Mischungsenthalpien flüssiger Ga-Sb-Legierungen bei 750°C

--- A. Yazawa und Mitarb.[130)]

—o— diese Arbeit

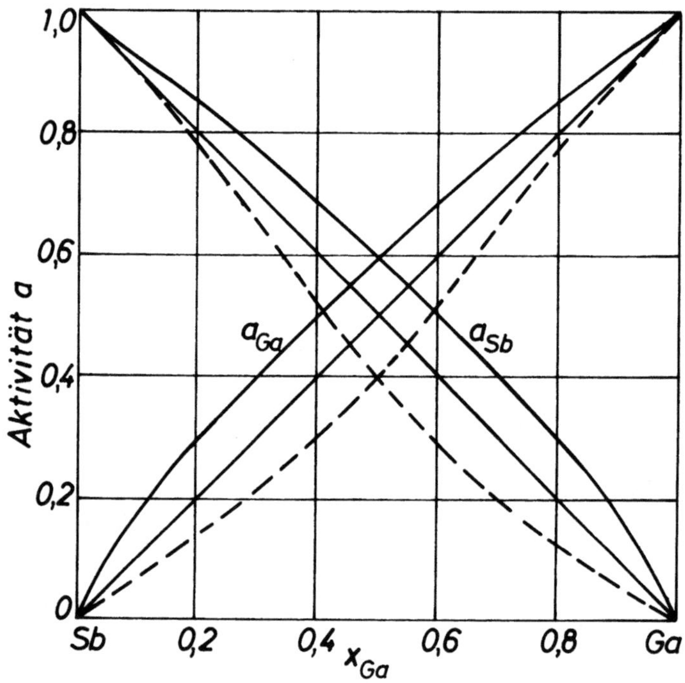

Bild 111
Thermodynamische Aktivitäten flüssiger Ga-Sb-Legierungen bei 709°C
---- nach [133]
—— aus Schmelzgleichgewichten berechnet

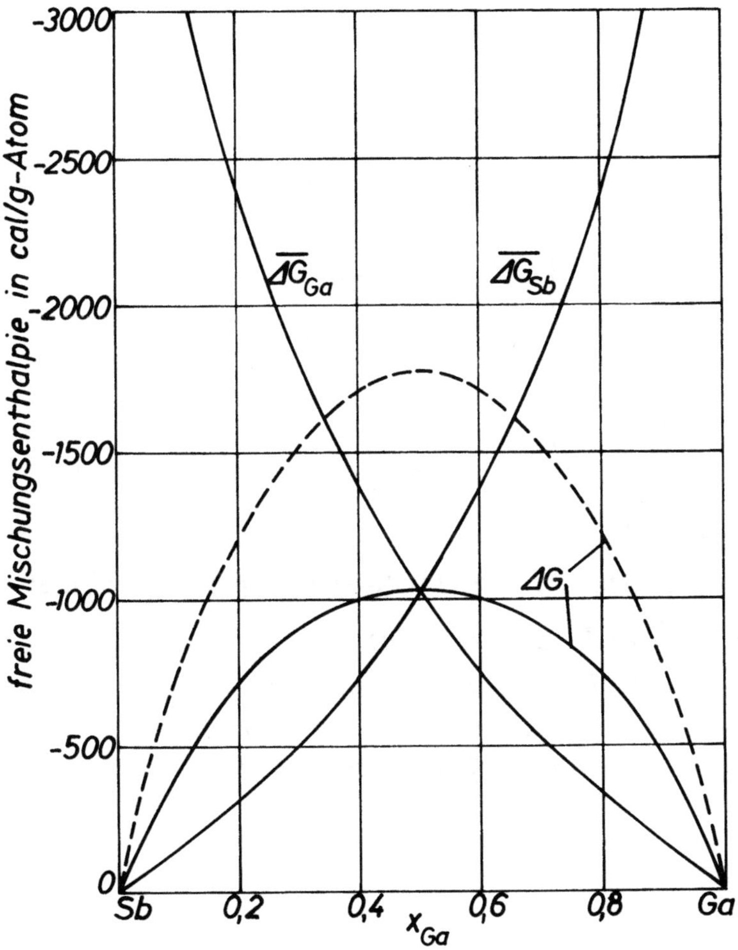

Bild 112

Partielle und integrale freie Mischungsenthalpien flüssiger Ga-Sb-Legierungen bei 709°C

– – – nach [133)]

——— diese Arbeit

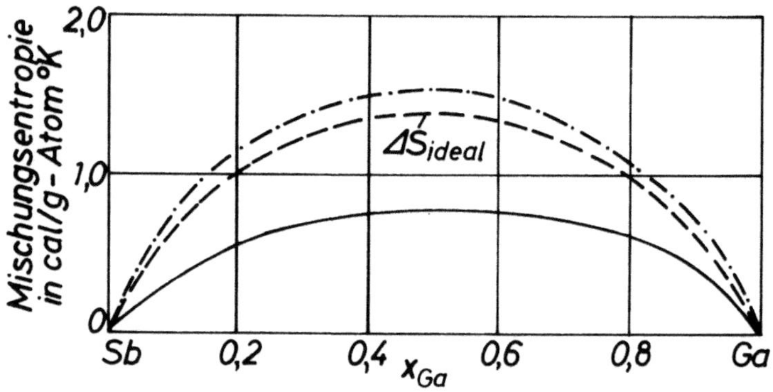

Bild 113
Integrale Mischungsentropien flüssiger Ga - Sb - Legierungen
–·–· aus ΔH (kalorimetr.) und ΔG nach[133]
—— aus ΔH (kalorimetr.) und ΔG aus Schmelzgleichgewichten

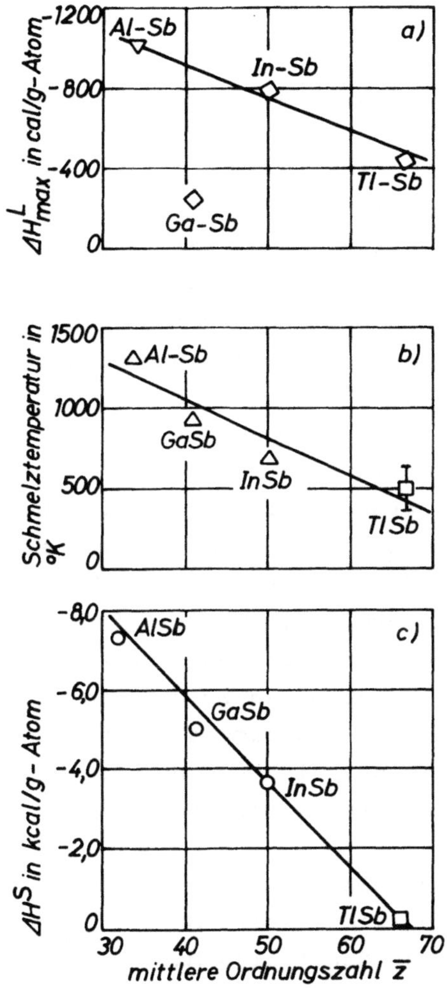

Bild 114

ΔH^L_{max}, T^F und ΔH^S in III-V-Systemen des Antimons als Funktion der mittleren Ordnungszahl

○ nach[131], □ nach[134], ▽ nach[84]
△ nach[27], ◇ diese Arbeit

Weitere Informationen über thermodynamische Überschußgrößen können durch Auswertung der Schmelzgleichgewichte gewonnen werden. Wie ein Blick auf Bild 109 lehrt, tritt im mittleren Konzentrationsbereich nicht eine der reinen Komponenten oder deren Mischkristall als feste Phase des fest-flüssig-Gleichgewichts auf, sondern die intermetallische Verbindung GaSb. Die Schmelzenthalpie des GaSb ist bekannt (ΔH^F_{GaSb}= 7780 cal/g-Atom[131]). Damit ist die Möglichkeit gegeben, auch die Schmelzgleichgewichte, an denen diese Verbindung beteiligt ist, auszuwerten. Dies erfolgte - unter Mitverwendung der experimentell gewonnenen ΔH-Werte - nach einem von A.Steiner, E.Miller und K.L.Komarek[132] angegebenen Verfahren. Die für 709°C gewonnenen thermodynamischen Aktivitäten der flüssigen Legierungen sind in Bild 111 gegen den Atombruch aufgetragen. Die Aktivitäten weisen geringe positive Abweichungen von den Raoultschen Geraden auf. Die von Chu Hsi-Hsiung und Mitarb.[133] auf der Basis von Partialdampfdruckmessungen ermittelten Aktivitätswerte sind indessen etwas kleiner als die zugehörigen Atombrüche. Beides scheint zunächst nicht den Erfahrungen zu entsprechen, die für ein System, das eine stabile intermetallische Verbindung im festen Zustand aufweist, eine ausgeprägte negative Abweichung von den Raoultschen Geraden vermuten läßt.

Die aus den thermodynamischen Aktivitäten erhältlichen partiellen und integralen freien Mischungsenthalpien und die aus den ΔH-Werten und den freien Mischungsenthalpien ermittelten Mischungsentropien sind in den Bildern 112 und 113 graphisch dargestellt.

Ferner ermöglichen es die vorliegenden thermodynamischen Daten, die Bildungsentropie der Verbindung GaSb zu berechnen. Für die Schmelztemperatur T dieser kongruent schmelzenden Verbindung gilt

$$G^S = G^L \qquad (68)$$

Analog den Gl.(26) und Gl.(27) kann für die freien Mischungsenthalpien G^S bzw. G^L geschrieben werden:

$$G^S = x_{Ga}G^S_{Ga} + x_{Sb}G^S_{Sb} + \Delta H^S - T\Delta S^S \quad (69)$$

$$G^L = x_{Ga}G^L_{Ga} + x_{Sb}G^L_{Sb} + \Delta H^L - T\Delta S^L \quad (70)$$

Ferner gilt mit der Annahme, daß die Schmelzentropien ΔS^F_{Ga} und ΔS^F_{Sb} temperaturunabhängig sind:

$$G^S_{Ga} - G^L_{Ga} = -\Delta S^F_{Ga}(T_{Ga}-T) \quad (71)$$

$$G^S_{Sb} - G^L_{Sb} = -\Delta S^F_{Sb}(T_{Sb}-T) \quad (72)$$

Aus den Gleichungen Gl.(68) bis Gl.(72) folgt:

$$T(\Delta S^S - \Delta S^L) = -x_{Ga}\Delta S^F_{Ga}(T_{Ga}-T) - x_{Sb}\Delta S^F_{Sb}(T_{Sb}-T) + \Delta H^S - \Delta H^L. \quad (73)$$

Mit den Werten

$\Delta S^F_{Ga} = 4{,}41$ cal/g-Atom°K [9)]

$\Delta S^F_{Sb} = 5{,}39$ cal/g-Atom°K [134)]

$\Delta H^S = -8040$ cal/g-Atom

$T = 982$°K [129)]

und mit den in dieser Arbeit ermittelten Werten für die Mischungsenthalpie und die Mischungsentropie folgt für die Bildungsentropie des GaSb:

$\Delta S^S_{GaSb} = -5{,}89$ cal/g-Atom°K

Der Wert zeigt die Existenz einer völlig geordneten Atomverteilung und das Vorhandensein starker Wechselwirkungen zwischen den ungleichartigen Atomsorten an.

Die Mischungsenthalpien und Überschußentropien der flüssigen Legierungen haben zwar ebenfalls ein negatives Vorzeichen, aber erstaunlich niedrige Beträge. Wie Bild 114 zeigt, ordnet sich der ΔH^L_{max}-Wert nicht in den Gang der analogen Werte homologer Antimonlegierungen ein. Bei Betrachtung der Schmelztemperaturen und der Bildungsenthalpien ist indessen keine so stark auffallende Sonderstellung des Systems Ga-Sb zu erkennen. Es ist lediglich im wesentlichen der zu erwartende Effekt festzustellen, daß mit steigender Ordnungszahl des Legierungspartners des Antimons die Wechselwirkungskräfte zwischen den ungleichartigen Atomsorten geringer werden. Dieser Gang könnte analog auch in den flüssigen Mischphasen erwartet werden.

Ein Blick auf Bild 114c zeigt indessen, daß auch der ΔH^S-Wert für GaSb einen geringeren Betrag aufweist, als dem dort dargestellten linearen Zusammenhang entsprechen würde. Diese Abweichung um 0,5kcal/g-Atom liegt außerhalb der experimentellen Unsicherheiten. Sie kann folgendermaßen gedeutet werden. In den in Bild 114 betrachteten Legierungssystemen treten als Partner des Antimons Metalle auf (Al, In, Tl), deren Kristallstruktur einer dichtesten Kugelpackung oder einer dieser nahe kommenden relativ dicht gepackten Struktur entspricht. Lediglich das Gallium weist ein orthorhombisches Gitter mit relativ niedriger Koordinationszahl auf. Bei der Bildung der III-V-Verbindungen der betrachteten Elementreihe sind die Ausgangszustände demzufolge nicht gleich. Um dies zu erreichen, ist der Bildungsreaktion aus den Elementen im Falle des GaSb eine hypothetische Umwandlungsreaktion vorzulagern, in deren Verlauf die orthorhombische Modifikation des Galliums in eine dichtest gepackte Struktur überführt wird. Der dazu erforderliche Enthalpieaufwand geht naturgemäß in die Gesamtbilanz der Bildungsreaktion ein und reduziert damit den Betrag der negativen Bildungsenthalpie. Aus dem Betrag der Abweichung des ΔH^S-Wertes von dem in Bild 114c dargestellten Gang ist zu schließen, daß diese Umwandlungsenthalpie des Galliums in der Größenordnung von $\Delta H^U_{Ga} \approx$ 1kcal/g-Atom liegt.

Bemerkenswert ist, daß auch die maximale Mischungsenthalpie des Systems Ga-Sb von dem linearen Verlauf in Bild 114a in der gleichen Größenordnung zu kleineren negativen Werten hin abweicht wie ΔH^S in Bild 114c. Ein "Umwandlungsterm" in der Enthalpiebilanz bei der Bildung flüssiger Legierungen dürfte in der Regel kaum ins Gewicht fallen. Im vorliegenden Falle scheint dies indessen doch in erstaunlich großem Ausmaß gegeben zu sein. Damit ist auch leicht verständlich, daß trotz der hohen negativen Bildungsenthalpie von GaSb die Legierungsschmelzen nicht die Anzeichen eines Systems mit starker Verbindungstendenz aufweisen. Die Abweichungen der thermodynamischen Aktivitäten von den Raoultschen Geraden haben sogar ein positives Vorzeichen. Die von ChuHsi-Hsiung und Mitarb.[133)] ermittelten thermodynamischen Aktivitäten weisen zwar geringe negative Abweichungen von den Geraden des Raoultschen Gesetzes auf, diese Abweichungen sind aber so gering, daß zu ihrer Deutung von den Autoren auf spezielle Nahordnungszustände hingewiesen wird, wie sie von V.M. Glazov und D.A.Petrov [86)] anhand verschiedener spezieller physikalischer Eigenschaften der Schmelzen vermutet werden. In die gleiche Richtung weisen Untersuchungen an flüssigem Germanium und flüssigem InSb, die von H.Krebs[136)] durchgeführt worden sind. Es konnte dabei gezeigt werden, daß wenig oberhalb des Schmelzpunktes eine relativ niedrige Koordinationszahl vorliegt, die bei Temperatursteigerung zunimmt.

4.3.10 Das System Gallium-Wismut

Wie bereits bei der Erörterung der thermodynamischen Eigenschaften flüssiger Ga-Sb-Legierungen erwähnt, nehmen in der Regel bei vorgegebenem einen Partner, z.B. Antimon, die Wechselwirkungskräfte zwischen den ungleichartigen Atomsorten mit steigender Periodennummer des zweiten Partners ab. Dies zeigt sich auch im Falle der Legierungen des Galliums mit Elementen der V.Gruppe des Periodensystems. Während Gallium mit Antimon eine thermodynamisch sehr stabile intermetallische Verbindung bildet, liegt im System Gallium-Wismut selbst in flüssigem Zustand nicht einmal eine unbegrenzte Löslichkeit der Komponenten vor. Wie Bild 115 zeigt, tritt nach unseren früheren Untersuchungen[104)] eine Mischungslücke mit einem kritischen Entmischungspunkt bei 262°C auf.

Experimentelle Untersuchungen der thermodynamischen Eigenschaften flüssiger Ga-Bi-Legierungen sind unseres Wissens bisher nicht durchgeführt worden. Lediglich eine Abschätzung der Zustandsfunktionen aus den Löslichkeitsgleichgewichten unter Zugrundelegung des Modells der regulären Lösung ist versucht worden[104)]. Bei Vorliegen von ΔH^L-Werten könnte diese Ermittlung der freien Mischungsenthalpien aus den Phasengleichgewichten mit größerer Zuverlässigkeit erfolgen. Um dies zu ermöglichen, wurden die Mischungsenthalpien kalorimetrisch bestimmt[137)]

Die gewonnenen ΔH^L-Werte sind in Bild 116 gemeinsam mit den daraus ermittelten partiellen Größen als Funktion des Atombruchs dargestellt. Entsprechend der beträchtlichen Entmischungstendenz erfolgt die Legierungsbildung unter Enthalpieaufnahme aus der Umgebung. Der Maximalwert der integralen Größen liegt bei x_{Bi}= 0,53 und beträgt ΔH^L_{max}= 504 cal/g-Atom.

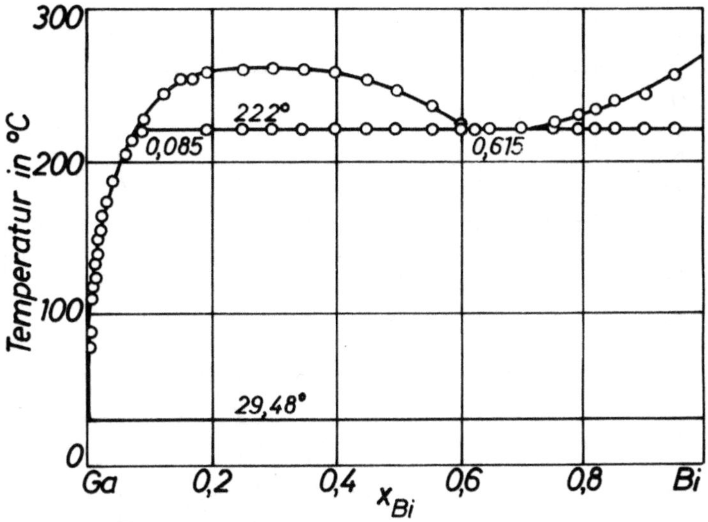

Bild 115
Zustandsdiagramm Ga - Bi [104)]

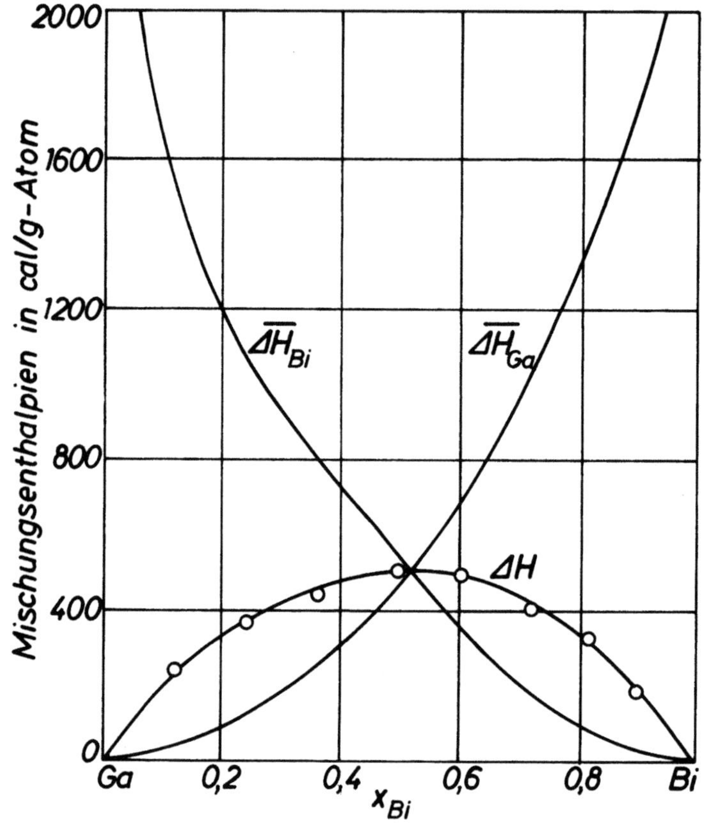

Bild 116
Partielle und integrale Mischungsenthalpien flüssiger Ga-Bi-Legierungen

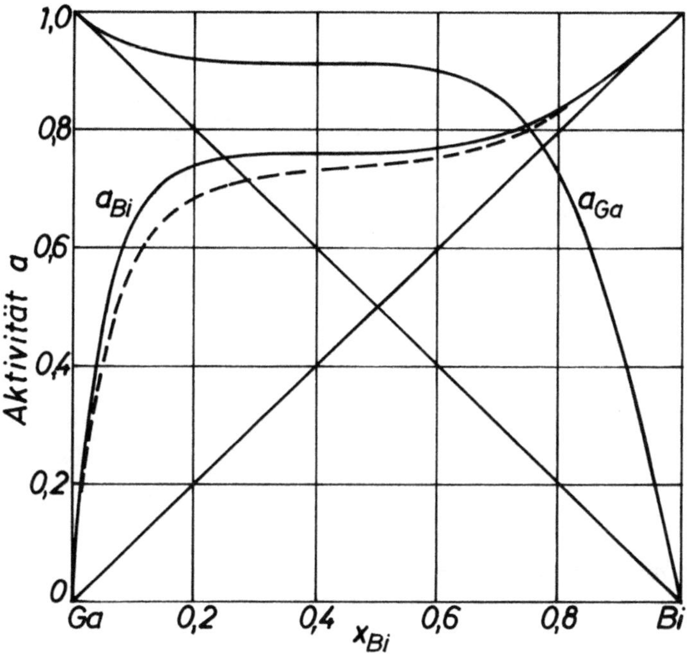

Bild 117

Thermodynamische Aktivitäten flüssiger Ga - Bi - Legierungen bei 310°C

- - - nach [104]

——— diese Arbeit

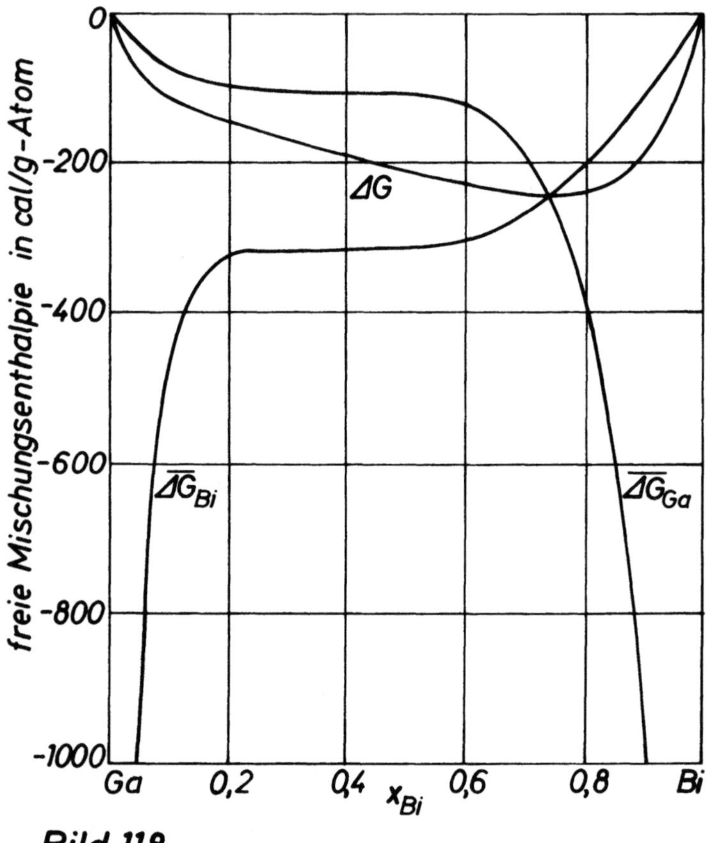

Bild 118

Partielle und integrale freie Mischungsenthalpien flüssiger Ga-Bi-Legierungen bei 310°C

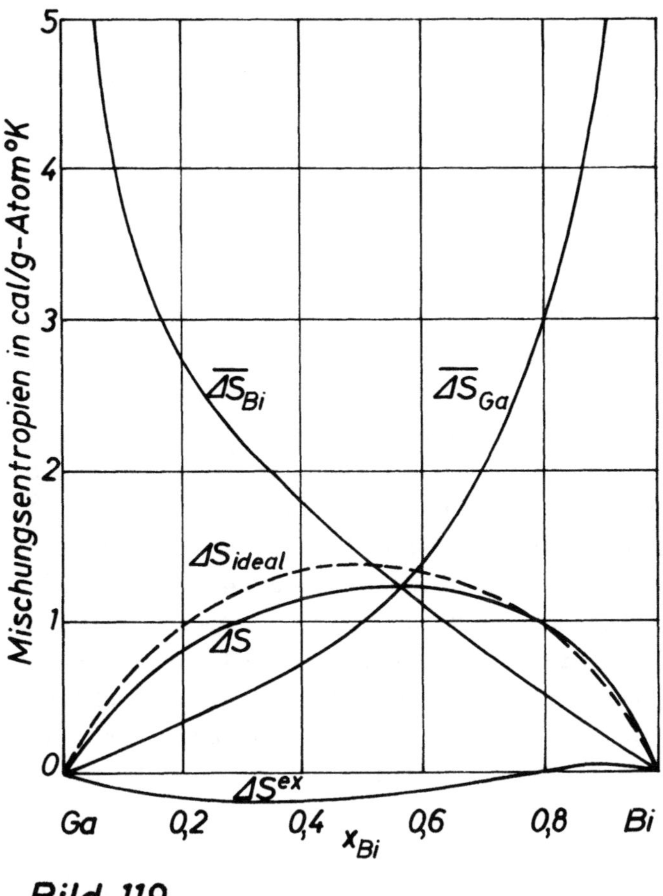

Bild 119
Partielle und integrale Mischungs-entropien flüssiger Ga-Bi-Legie-rungen

Unter Einsatz der nun vorliegenden partiellen Mischungsenthalpiewerte können anhand der Schmelzgleichgewichte die thermodynamischen Aktivitäten und die freien Mischungsenthalpien berechnet werden. Um dabei die Temperaturabhängigkeit der Schmelzenthalpie und der Schmelzentropie zu berücksichtigen, wurde folgende Basisbeziehung verwendet:

$$\Delta\bar{G}^L_{Bi} = - \Delta S^F_{Bi}(T_{Bi} - T) - T \int_T^{T_{Bi}} \frac{C^S_p - C^L_p}{T} dT + \int_T^{T_{Bi}} (C^S_p - C^L_p) dT \qquad (74)$$

Dabei bedeuten T die Gleichgewichtstemperatur, T_{Bi} die Schmelztemperatur des Wismuts in ^{o}K, ΔS^F_{Bi} die Schmelzentropie, C^L_p und C^S_p die Atomwärmen des flüssigen bzw. festen Wismuts. Die Daten für das reine Wismut wurden dem Tabellenwerk von R.Hultgren und Mitarb.[9] entnommen. Die resultierenden thermodynamischen Aktivitäten sind für 310°C in Bild 117 dargestellt. Sie sind im mittleren Konzentrationsbereich etwas höher, als sie aufgrund des Modells der regulären Lösung aus dem Zustandsdiagramm abgeschätzt worden sind[104]. Die für 310°C ermittelten partiellen und integralen freien Mischungsenthalpien gibt Bild 118 wieder. Die schließlich daraus und aus den Mischungsenthalpien gewonnenen Mischungsentropien sind in Bild 119 als Funktion des Atombruchs aufgetragen.

Wie aus Bild 119 ersichtlich, weisen die flüssigen Ga-Bi-Legierungen bei hohen und mittleren Galliumgehalten negative und bei niedrigen x_{Ga}-Werten positive Überschußentropien auf. Zweifellos sind die thermodynamischen Überschußfunktionen dieser flüssigen Mischphasen durch die infolge der erheblichen Atomvolumendifferenz der Partner (29%) bedingte atomare Fehlpassung mitbestimmt. Wäre dieser Einfluß allein maßgebend, dann sollten im gesamten Konzentrationsbereich positive Überschußentropien vorliegen. Offensichtlich sind die negativen Überschußentropien galliumreicher Ga-Bi-Legierungen auf einen besonderen atomaren Aufbau zurückzuführen, der sich von demjenigen des flüssigen Galliums erheblich unterscheidet. Auch im System Ga-Hg sind analoge energetische Verhältnisse gefunden worden.

4.3.11 Das System Gallium-Magnesium

Die Elemente Gallium und Magnesium weisen eine erhebliche Elektronegativitätsdifferenz auf, die zur Bildung einer Reihe intermetallischer Verbindungen führt. Untersuchungen zur Klärung der Strukturen und der Phasengleichgewichte wurden von K.Weckerle[138], N.A.Puschin und O.P.Micic[139], W.Hume-Rothery und G.V.Raynor[140], W.Haucke[141] und E.Hellner[142] durchgeführt. Insgesamt wurden vier intermetallische Verbindungen nachgewiesen, und zwar Mg_5Ga_2, Mg_2Ga, MgGa und $MgGa_2$. Um den Zusammenhang zwischen Kristallstruktur und energetischen Gegebenheiten verfolgen zu können, wurden Messungen der Schmelzenthalpien dieser Verbindungen durchgeführt, deren Ergebnisse bei Kenntnis der Mischungsenthalpien unmittelbar Auskunft über die Bildungsenthalpien geben. Es wurden daher in diesem Zusammenhang auch die Mischungsenthalpien mit Hilfe eines Hochtemperatur-Kalorimeters ermittelt[143]. Ferner lag es nahe, die Schmelzgleichgewichte zu revidieren, um eine genaue Basis zur Erschließung der Bildungsentropien zu schaffen.

Das mit Hilfe der Differential-Thermoanalyse und mittels ergänzender metallographischer Untersuchungen aufgestellte Zustandsdiagramm Ga-Mg ist in Bild 120 dargestellt. Es stimmt in vielen Punkten qualitativ mit dem von M.Hansen und K.Anderko[27] aufgrund der bisherigen Ergebnisse zusammengestellten Phasendiagramm überein, insbesondere bei hohen Magnesiumgehalten. Die genaue Lage der Liquiduslinien und die Temperatur der nonvarianten Reaktionen weichen jedoch zum Teil merklich von früheren Angaben ab. Beispielsweise konnten wir für die Phase Mg_5Ga_2 eine Schmelztemperatur von 470^oC finden, die 14° höher liegt als bisher angenommen. Ferner sei noch erwähnt, daß die intermetallische Kristallart MgGa kongruent schmilzt, und zwar bei 373^oC, während sie nach M.Hansen und K.Anderko[27] peritektisch aus Mg_2Ga und Schmelze entstehen soll. Bei 152^oC wurden im Konzentrationsbereich $0{,}62 < x_{Ga} < 0{,}84$ in den Abkühlungskurven schließlich

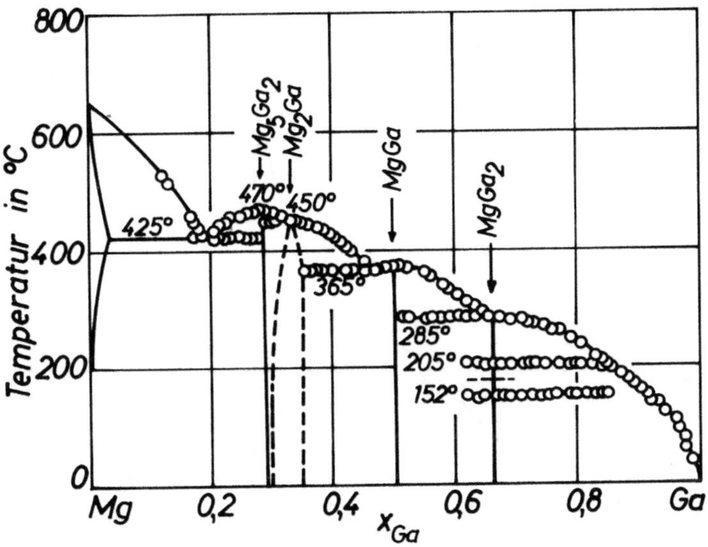

Bild 120
Zustandsdiagramm Ga - Mg

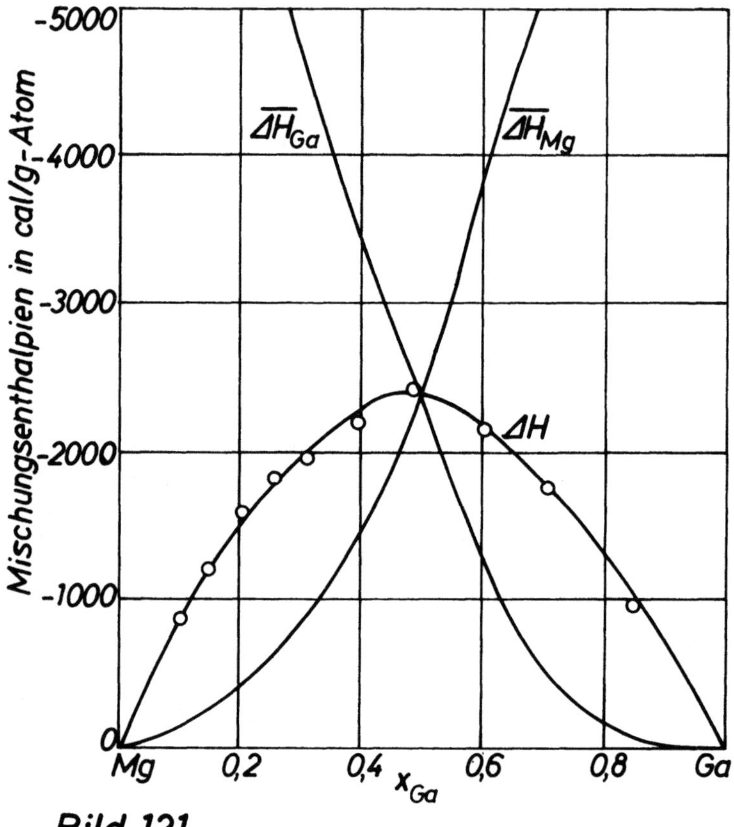

Bild 121
Partielle und integrale Mischungs-enthalpien flüssiger Ga-Mg-Legierungen

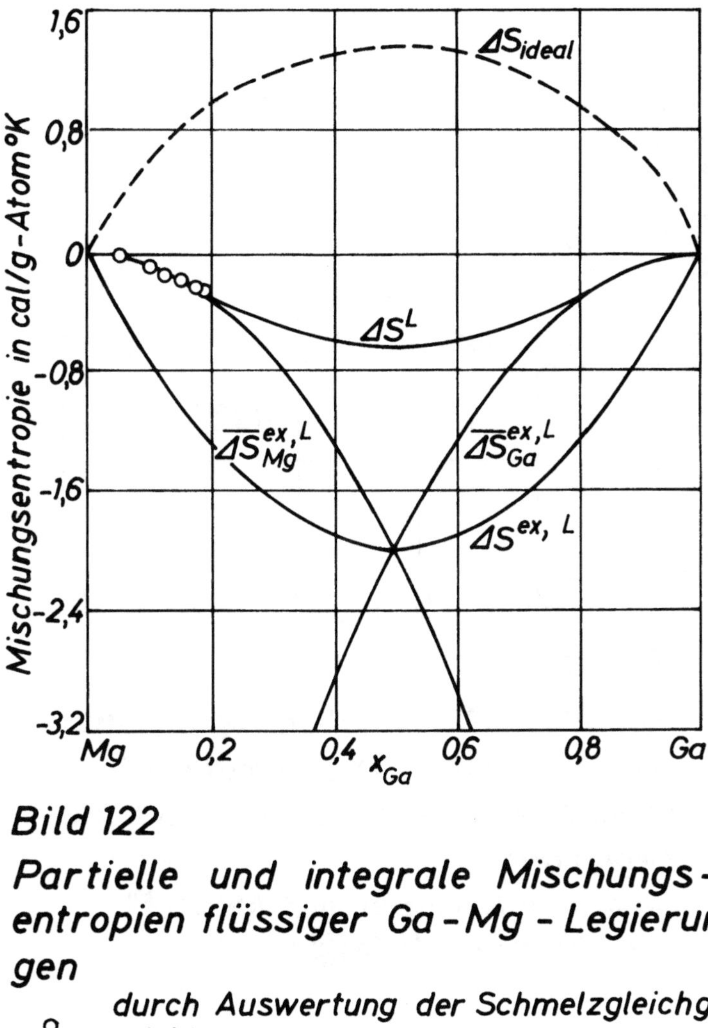

Bild 122

Partielle und integrale Mischungsentropien flüssiger Ga-Mg-Legierungen

o durch Auswertung der Schmelzgleichgewichte gewonnen

—— gemäß Gl. (75), (76) aus den durch o gekennzeichneten Werten gewonnen

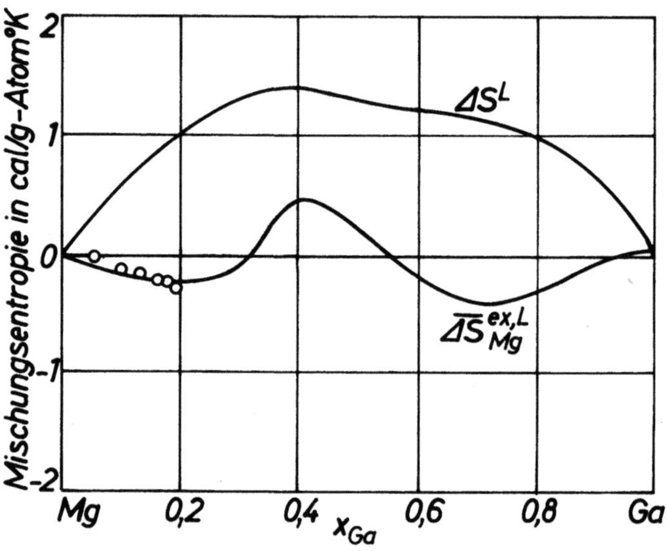

Bild 123

Partielle Überschußentropien des Magnesiums und integrale Mischungsentropien flüssiger Ga-Mg-Legierungen

—— nach R.Hultgren und Mitarb.[30]

o diese Arbeit ($\overline{\Delta S}^{ex,L}_{Mg}$)

thermische Effekte gefunden, die wahrscheinlich einer Strukturumwandlung der Phase $MgGa_2$ zuzuordnen sind. Beim Erhitzen treten die entsprechenden thermischen Effekte erst bei 205°C auf. Die beträchtliche Hysterese hängt offenbar mit Keimbildungshemmungen zusammen.

Mit Hilfe der quantitativen Differential-Thermoanalyse wurden die Schmelzenthalpien der intermetallischen Verbindungen dieses Systems ermittelt. Die Ergebnisse sind in Tabelle 2 zusammengestellt.

Tabelle 2
Schmelzenthalpien (ΔH^F), Bildungsenthalpien (ΔH^S) und Bildungsentropien (ΔS^S) der intermetallischen Phasen des Systems Ga-Mg in cal/g-Atom bzw. cal/g-Atom°K

Phase	ΔH^F	ΔH^S	$\Delta S^L-\Delta S^S$	ΔS^S
Mg_5Ga_2	1636	-1657	-0,71	0,25
Mg_2Ga	1941	-2170	-0,32	-0,20
MgGa	1856	-2519	-0,49	-0,13
$MgGa_2$	1881	-2208	-0,34	-0,18

Ferner sind die Mischungsenthalpien flüssiger Ga-Mg-Legierungen mit einem Hochtemperatur-Kalorimeter bei 750°C ermittelt worden. Die Resultate sind in Bild 121 als Funktion des Atombruchs wiedergegeben. Wie für ein System mit starker Tendenz zur Verbindungsbildung zu erwarten, haben die Mischungsenthalpien ein negatives Vorzeichen und erreichen beträchtliche Beträge. Der Maximalwert liegt bei x = 0,5 und beträgt ΔH^L_{max} = -2430 cal/g-Atom. Die in Bild 121 ebenfalls eingezeichneten $\overline{\Delta H}^L$-x-Kurven sind über eine graphische Differentiation der ΔH^L-x-Kurve gewonnen worden.

Weitere Informationen über die thermodynamischen Eigenschaften des Systems Ga-Mg können durch Auswertung der Schmelzgleichgewichte gewonnen werden. Im Bereich bis x_{Ga}= 0,19 können die partiellen freien Mischungsenthalpien der Schmelzen längs der Liquiduskurve auf der Basis von Beziehungen berechnet werden, die Gl.(66) und Gl.(67) analog sind. Mit den in Bild 121 dargestellten partiellen Mischungsenthalpien des Magnesiums können diese Werte über Gl.(9) auf eine konstante Temperatur umgerechnet werden. Die partiellen Überschußentropien des Magnesiums sind dann in bekannter Weise anhand der Helmholtz-Gibbsschen Beziehung erhältlich. Wie ein Blick auf Bild 122 zeigt, haben die $\overline{\Delta S}^{ex}$-Werte ein negatives Vorzeichen. R.Hultgren und Mitarb.[30)] haben aus unseren ΔH^{L}-Werten und aus den von H.Slaby und J.Terpilowski[144)] aus EMK-Messungen gewonnenen Werten für die freien Mischungsenthalpien partielle Überschußentropien des Magnesiums berechnet, die mit den von uns aus dem Zustandsdiagramm erschlossenen praktisch völlig übereinstimmen. Außerhalb des unserer Auswertung zugänglichen Bereichs x_{Ga}<0,19 geben diese Autoren indessen partielle und integrale Überschußentropien an, die für ein System mit ausgeprägter Verbindungstendenz kaum realistisch zu sein scheinen. Die Werte sind z.T. in Bild 123 graphisch dargestellt. Ihre Verwendung bei der weiter unten dargelegten Ermittlung der Bildungsentropien der intermetallischen Phasen würde zu erheblichen positiven Überschußentropien führen. Es schien daher nützlich zu sein, eine Abschätzung der Mischungsentropien auf der Basis der im Konzentrationsbereich bis 19 At-% Ga aus dem Zustandsdiagramm gewonnenen Informationen zu versuchen.

Da die ΔH^{L}-x-Kurve weitgehend symmetrisch zu x = 0,5 ist, kann dies in grober Näherung auch für die $\Delta S^{ex,L}$-x-Kurve erwartet werden. Mit dieser Annahme kann für die Konzentrationsabhängigkeit der partiellen Überschußentropien des Magnesiums folgender Ausdruck als weitgehend gültig vermutet werden:

$$\overline{\Delta S}^{ex,L}_{Mg} = \overline{\Delta S}^{ex,O,L} \cdot x^2_{Ga} \qquad (75)$$

Aus den $\overline{\Delta S}^{ex,L}_{Mg}$-Werten, die durch Auswertung des Zustandsdiagramms erhalten wurden, kann damit die Konstante $\overline{\Delta S}^{ex,O,L}$

bestimmt werden, die zur Ermittlung der integralen Überschuß-entropien gemäß

$$\Delta S^{ex,L} = \overline{\Delta S}^{ex,O,L} \cdot x_{Ga} \cdot x_{Mg} \quad (76)$$

einsetzbar ist. Die so abgeschätzten partiellen und integralen Überschußentropien sind in Bild 122 als Funktion des Atombruchs dargestellt. Der Maximalwert der integralen Mischungsentropie liegt bei $\Delta S_{max} \approx -0,6$ cal/g-Atom°K.

Die Bildungsenthalpien ΔH^S der intermetallischen Verbindungen sind über ihre Schmelzenthalpien ΔH^F durch eine einfache Enthalpiebilanz zugänglich:

$$\Delta H^S = x_{Ga} \cdot \Delta H^F_{Ga} + x_{Mg} \cdot \Delta H^F_{Mg} - \Delta H^F + \Delta H^L \quad (77)$$

Die Werte für die Schmelzenthalpien der reinen Komponenten wurden dem Tabellenwerk von R.Hultgren und Mitarb.[9] entnommen. Die Resultate sind in Tabelle 2 aufgeführt.

Die Differenz ($\Delta S^L - \Delta S^S$) der Mischungsentropien und der Bildungsentropien der intermetallischen Phasen kann anhand einer der Gl.(73) analogen Beziehung gewonnen werden. Bei dieser Auswertung wurde auch die Temperaturabhängigkeit der Schmelzentropien der reinen Komponenten berücksichtigt. Die Resultate sind in Tabelle 2 wiedergegeben. Diese Differenzen liefern mit den in Bild 122 wiedergegebenen, in grober Näherung gewonnenen Mischungsentropien die Bildungsentropien ΔS^S der intermetallischen Phasen (vgl.Tabelle 2).

Erwähnt sei noch, daß die eingesetzte, der Gl.(73) analoge Beziehung nur für den Fall kongruent schmelzender Verbindungen gilt und damit für die Ermittlung der Mischungsentropie der inkongruent schmelzenden Phase $MgGa_2$ nicht exakt zutrifft. Das verdeckte Schmelzmaximum dieser Verbindung kann, wie eine Extrapolation der Liquiduskurve zeigt, nicht weit oberhalb der peritektischen Temperatur liegen, so daß die Benutzung der Beziehungen wie bei einem nicht verdeckten Schmelzpunktmaximum keinen großen Fehler bedingt.

Bezüglich der thermodynamischen Eigenschaften der flüssigen Ga-Mg-Legierungen sei kurz erwähnt, daß die Atomradiendifferenz der Komponenten zwar etwa 13 % beträgt, aber nicht von entscheidender Bedeutung ist. Dominierend ist vielmehr die Elektronegativitätsdifferenz von Gallium und Magnesium ($\Delta\varepsilon$=0,4). Hinsichtlich der Eigenschaften der intermetallischen Verbindungen sei erwähnt, daß die Phase Mg_5Ga_2 eine positive Bildungsentropie aufweist. Die übrigen intermetallischen Verbindungen haben zwar negative Bildungsentropien, aber von jeweils kleinerem Betrage als sie die zugehörigen flüssigen Legierungen aufweisen. Das dürfte einerseits auf die stärkere Auswirkung der Atomradiendifferenz im festen Zustand zurückzuführen sein und andererseits auf die zum Teil sperrige Atomanordnung in den weniger hochsymmetrischen Gittern der einzelnen Phasen und die damit verbundene Umwandlungsentropie, die bei der Bildung der Verbindung aus den reinen festen Komponenten aufzuwenden ist. Diese Einflüsse sind offensichtlich auch dafür verantwortlich, daß die Bildungsenthalpien der intermetallischen Verbindungen kaum größere Beträge aufweisen als die Mischungsenthalpien der flüssigen Lösungen gleicher Konzentration.

4.4 Binäre Systeme des Thalliums

Aufgrund des relativ großen Atomradius neigt das Thallium in Kombination mit anderen niedrigschmelzenden Legierungspartnern verschiedentlich zur Bildung von Systemen mit einer Mischungslücke im flüssigen Zustand. Dies war im Zusammenhang mit der Absicht einer quantitativen und allgemeineren Beschreibung der Entmischungsverhältnisse in metallischen Systemen der Anlaß zur Untersuchung der thermodynamischen Eigenschaften einer Reihe solcher binärer Kombinationen. Im folgenden sind einige der erzielten Ergebnisse dargelegt.

4.4.1 Das System Thallium-Kupfer

Die Ausdehnung der Mischungslücke im flüssigen Zustand war im System Thallium-Kupfer nur in der Nähe der monotektischen Temperatur bekannt[27]. Der gesamte Gang der Löslichkeitslinien der flüssig-flüssig-Gleichgewichte wurde von uns mit Hilfe der Differential-Thermoanalyse bestimmt[67]. Das neu aufgestellte Zustandsdiagramm ist in Bild 124 wiedergegeben. Die kritische Entmischungstemperatur ist relativ hoch. Sie beträgt $t_K = 1200^{o}C$ (bei x=0,5). Auf der Thalliumseite des Systems stimmen unsere Ergebnisse mit den bisher für Temperaturen bis $1100^{o}C$ bekannten Löslichkeitsdaten überein. Auf der Kupferseite finden wir indessen eine deutlich größere Löslichkeit im flüssigen Zustand, als durch den hier bekannten, von W.Seith und Mitarb.[10] mitgeteilten Meßpunkt angedeutet wird.

Die mit Hilfe eines Hochtemperatur-Kalorimeters bestimmten Mischungsenthalpien flüssiger Thallium-Kupfer-Legierungen sind in Bild 125 gegen den Atombruch des Thalliums aufgetragen. Der Maximalwert liegt bei x = 0,5 und beträgt $\Delta H^{L}_{max} = 2000$ cal/g-Atom.

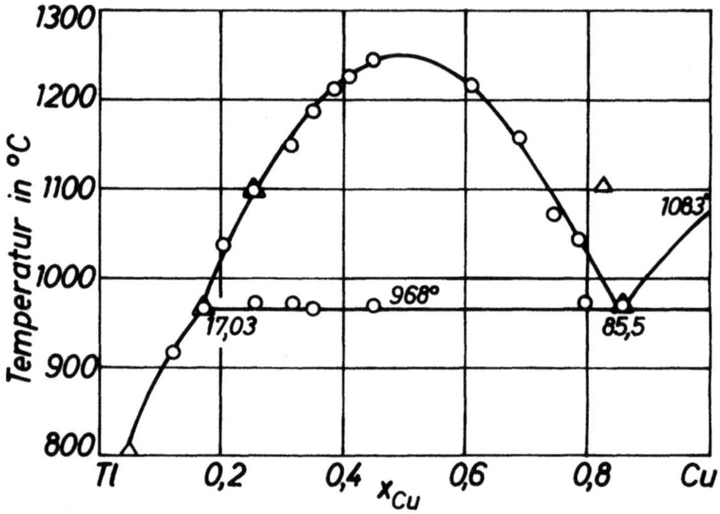

Bild 124

Zustandsdiagramm Tl - Cu

△ nach W. Seith und Mitarb.[10]

○ diese Arbeit

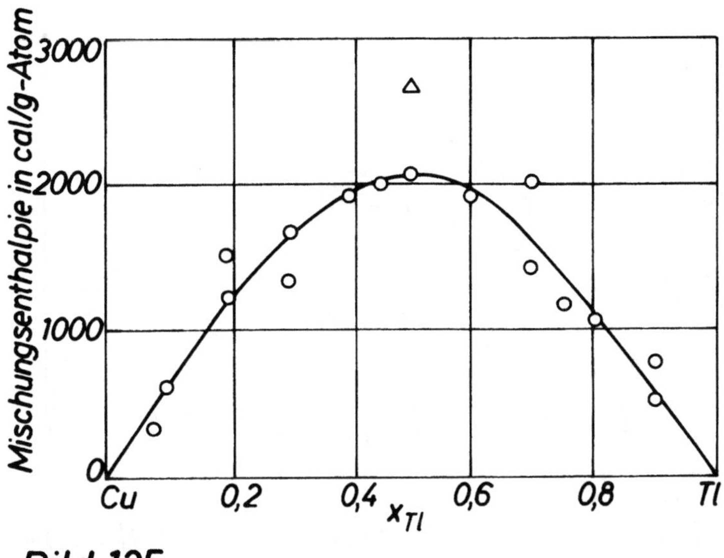

Bild 125

Integrale Mischungsenthalpien flüssiger Tl - Cu - Legierungen

○ *kalorimetrisch*

△ *gemäß Gl. (45a)*

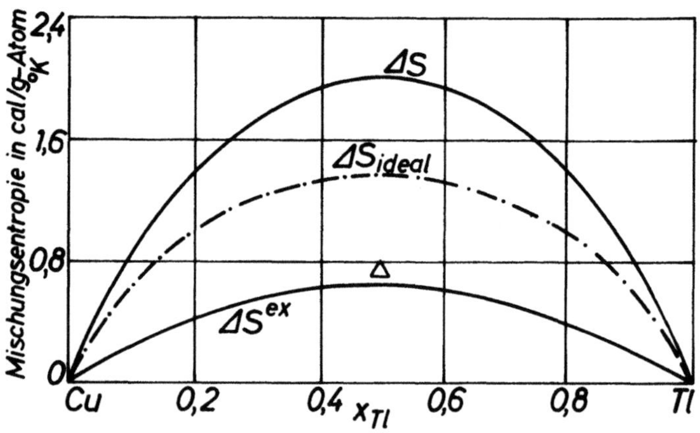

Bild 126
Integrale Mischungsentropien flüssiger Tl-Cu-Legierungen

—— gemäß Gl. (40)

△ gemäß Gl. (45a)

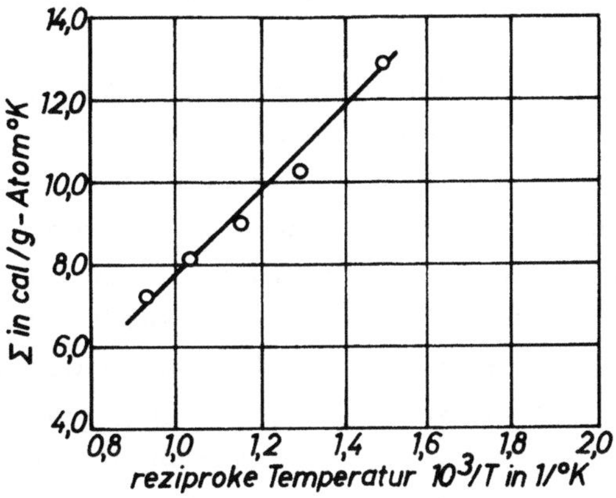

Bild 127
Zur Auswertung der Löslichkeitsgleichgewichte im System Tl - Cu

Die nun vorliegenden Löslichkeitsdaten und Mischungsenthalpien können zur Berechnung der Überschußentropien herangezogen werden. Anhand der Gl.(40) folgen Überschußentropien flüssiger Thallium-Kupfer-Legierungen, die in Bild 126 graphisch dargestellt sind. Sie haben ein positives Vorzeichen und dürften auf den Einfluß einer von der Atomradiendifferenz der Legierungskomponenten herrührenden atomaren Fehlpassung in den flüssigen Mischphasen zurückzuführen sein.

Gl.(45a) bietet ferner die Möglichkeit, die Mischungsenthalpien und die Überschußentropien allein aus den Löslichkeitsgleichgewichten zu berechnen. Bild 127 gibt die dazu durchgeführte Auftragung von Σ gegen $\frac{1}{T}$ wieder. Die in Gl.(45a) enthaltenen vereinfachenden Näherungen sind offenbar für das System Thallium-Kupfer weitgehend zutreffend, da im Σ- $\frac{1}{T}$ -Diagramm innerhalb der Streuung der Grunddaten eine Gerade resultiert. Die aus ihrem Ordinatenabschnitt ermittelte Überschußentropie für $x = 0{,}5$ ist im Bild 126 eingetragen. Sie stimmt mit den gemäß Gl.(40) berechneten Überschußentropien gut überein. Auch die aus dem Anstiegswinkel der Σ-$\frac{1}{T}$-Geraden erschlossene integrale Mischungsenthalpie liegt zwar höher, aber dennoch in der gleichen Größenordnung wie die unmittelbar experimentell bestimmten ΔH^L-Werte (vgl.Bild 125).

Es sei noch erwähnt, daß R.Hultgren und Mitarb.[30] aus den von uns ermittelten ΔH-Werten und den von A.Yazawa und Mitarb.[148] nach der EMK-Methode gewonnenen ΔG-Werte Überschußentropien berechnet haben, die etwas unterhalb der von uns gefundenen Werte liegen. Die aus den Temperaturkoeffizienten der EMK von A.Yazawa und Mitarb.[148] erschlossenen Mischungsenthalpien sind etwas größer, die von O.J.Kleppa[149] aus dem Zustandsdiagramm ermittelten ΔH^L-Werte sind sehr beträchtlich höher als die von uns experimentell gefundenen.

4.4.2 Das System Thallium-Aluminium

Bezüglich des Systems Thallium-Aluminium war bisher lediglich bekannt, daß eine Mischungslücke im flüssigen Zustand vorliegt, Angaben über ihre Ausdehnung waren indessen nicht vorhanden[27]. Die von uns unternommenen Untersuchungen zur Festlegung der Löslichkeitsbereiche nach der Methode der Differential-Thermoanalyse waren durch den hohen Dampfdruck des Thalliums auf Temperaturen unterhalb 1200°C beschränkt. Bei dieser Temperatur besitzt reines Thallium bereits einen Dampfdruck von 100 Torr[147]. Die erzielten Resultate sind in Bild 128 zusammengefaßt. Die Mischungslücke umfaßt bei der monotektischen Temperatur von 657°C einen ungewöhnlich großen Bereich, nämlich das Gebiet von $x_{Al} = 0{,}004$ bis $x_{Al} = 0{,}996$. Eine Abschätzung der kritischen Entmischungstemperatur anhand der aus den Löslichkeitsgleichgewichten erhältlichen thermodynamischen Überschußfunktionen führt zu dem hohen Wert 1780°C, der weit oberhalb des Siedepunktes des Thalliums ($t_{Tl} = 1487$°C) liegt.

Eine thermodynamische Auswertung der Löslichkeitsdaten gemäß Gl.(45a) läßt Mischungsenthalpien mit einem Maximalwert von $\Delta H^{L}_{max} = 3{,}1$ kcal/g-Atom und eine maximale Überschußentropie von $\Delta S^{ex,L}_{max} = 1{,}1$ cal/g-Atom°K erwarten. Diese Zahlenwerte sind ungewöhnlich hoch. Möglicherweise werden die thermodynamischen Eigenschaften flüssiger Thallium-Aluminium-Legierungen nicht durch die Atomradiendifferenz der Partner allein bestimmt.

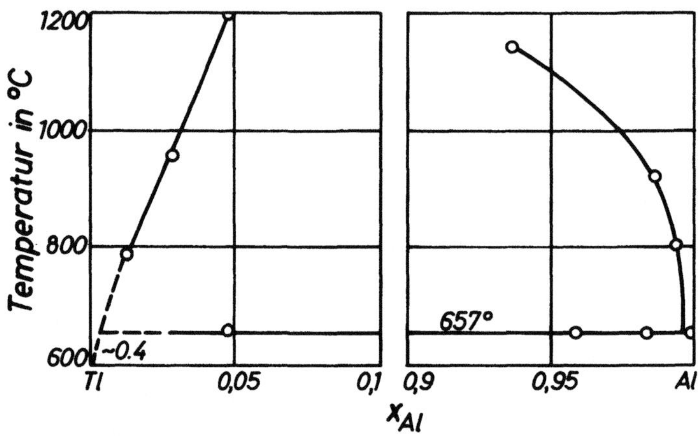

Bild 128
Zustandsdiagramm Al-Tl

4.5 Binäre Systeme des Germaniums

Eine große Anzahl binärer Systeme des Germaniums mit niedrigschmelzenden Elementen, wie z.B. Zinn, Blei und Indium, weisen einfache eutektische Schmelzgleichgewichte auf. Es liegt nahe anzunehmen, daß die geringe gegenseitige Löslichkeit im festen Zustand durch den Unterschied zwischen der Kristallstruktur des Germaniums einerseits und derjenigen der niedrigschmelzenden Legierungspartner andererseits bedingt ist. Diese erhebliche Strukturdifferenz entfällt im flüssigen Zustand weitgehend. Die thermodynamischen Eigenschaften der Legierungsschmelzen dürften daher die Einflüsse der Atomradiendifferenzen und der "chemischen Bindungsverhältnisse" deutlicher zum Ausdruck bringen. Um diesen Gegebenheiten nachzugehen, wurde eine Reihe binärer Germaniumsysteme in thermodynamischer Hinsicht untersucht.

4.5.1 Das System Germanium-Zink

Das Zustandsdiagramm Germanium-Zink ist gekennzeichnet durch einfache eutektische Schmelzgleichgewichte mit einer eutektischen Konzentration von $x_{Ge} = 0{,}055$[27] (vgl.Bild 129). Zur Ermittlung der partiellen freien Mischungsenthalpien flüssiger Germanium-Zink-Legierungen wurden EMK-Messungen an folgender Kette durchgeführt:

$$\ominus | Zn_{flüssig} | LiCl + KCl + ZnCl_2 \,|\, (Ge\text{-}Zn)_{flüssig} | \oplus \qquad (78)$$

Die partielle freie Überschußenthalpie des Zinks flüssiger Ge-Zn-Legierungen ist gegeben durch

$$\overline{\Delta G}^{ex}_{Zn} = \overline{\Delta G}_{Zn} - RT\ln x_{Zn} \qquad (79)$$

Bei Gültigkeit des Modells der regulären Lösung ist ferner

$$\overline{\Delta G}^{ex}_{Zn} = \overline{\Delta H}_{Zn} = \overline{\Delta H}^{0}_{Zn} \cdot (1-x_{Zn})^2, \qquad (80)$$

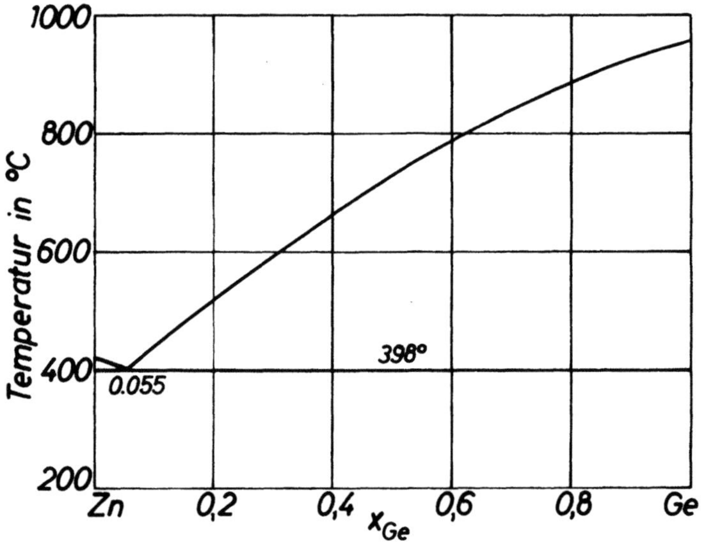

Bild 129

Zustandsdiagramm Ge-Zn [27]

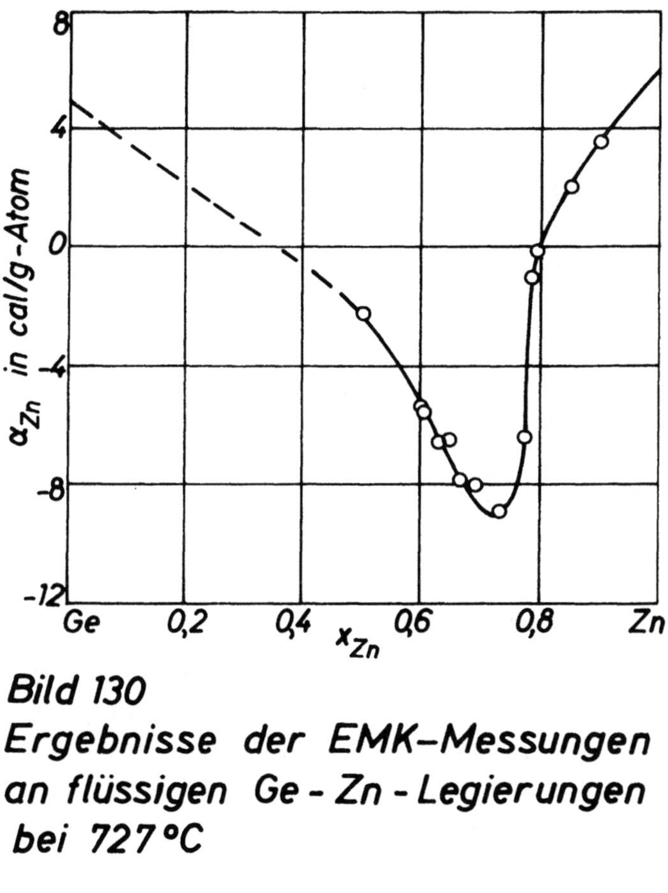

Bild 130
Ergebnisse der EMK–Messungen an flüssigen Ge - Zn - Legierungen bei 727 °C

wobei $\overline{\Delta H}^{O}_{Zn}$ eine Konstante ist. Mit Gl.(14) und unter Berücksichtigung, daß für den Ladungstransport in der Kette Gl.(78) zweiwertige Ionen zur Verfügung stehen, kann eine α_{Zn}-Funktion

$$\alpha_{Zn} = \frac{-2\ F\ E\ -\ RT\ \ln\ x_{Zn}}{(1-x_{Zn})^2} \qquad (81)$$

definiert werden, die bei Gültigkeit des Modells der regulären Lösung einen konzentrationsunabhängigen Wert hat. Dabei bedeuten F die Faraday-Konstante und E die EMK der Kette Gl.(78). Zur ersten Darstellung der thermodynamischen Gegebenheiten im System Germanium-Zink ist eine Auftragung von α_{Zn} gegen den Atombruch zweckmäßig.

An der galvanischen Kette Gl.(78) sind die EMK-Werte bei 727°C ermittelt worden[150]. Bei dieser Temperatur liegt lediglich im Bereich $0<x_{Ge}<0,5$ eine einphasige Schmelze vor. Die Auftragung von α_{Zn} gegen x_{Zn} ist in Bild 130 wiedergegeben. Es ist unmittelbar ersichtlich, daß keineswegs ein konzentrationsunabhängiger α_{Zn}-Wert vorliegt.

Im Bereich um $x_{Zn} = 0,7$ ist eine stark ausgeprägte Tendenz zur Verbindungsbildung erkennbar. Möglicherweise hängt dies mit der bekannten Tendenz der Elemente der IV.Hauptgruppe des Periodensystems zusammen, mit elektronegativen metallischen Elementen Verbindungen mit heteropolaren Bindungsanteilen zu bilden. Mit Magnesium bildet Germanium beispielsweise die bekannte Zintlphase Mg_2Ge. Die Tendenz zur Bildung einer Verbindung der gleichen Stöchiometrie deutet auch die α_{Zn}-x_{Zn}-Kurve in Bild 130 an. Da Zink weniger elektronegativ ist als das Magnesium, ist die Stabilität der hypothetischen Phase "Zn_2Ge" zweifellos geringer als die von Mg_2Ge. Die Erniedrigung der freien Enthalpie des Systems bei ihrer Bildung ist offenbar nicht so groß, daß sie als stabile Verbindung existieren kann. Zweifellos ist dabei auch die Tatsache von Bedeutung, daß Germanium in der Diamantstruktur kristallisiert. Für die Überführung des Germaniums in die Struktur der hypothetischen Verbindung "Zn_2Ge", die aus Analogiegründen starke heteropolare Bindungsanteile aufweisen dürfte, müßte sicherlich eine hohe "Umwandlungsenthalpie" aufgebracht werden. Für den flüssigen Zustand ist dies kaum anzunehmen, so daß hier die Ausbildung einer Fremdkoordination in gewissem Umfang stattfinden kann, was sich offensichtlich in der gefundenen α_{Zn}-x_{Zn}-Kurve dokumentiert.

4.5.2 Das System Germanium-Aluminium

Gallium und Aluminium sind bekanntlich in chemischer Hinsicht eng verwandt. Gallium kommt deshalb beispielsweise mit Aluminium in der Natur vergesellschaftet vor und wird daher als Nebenprodukt der technischen Aluminiumherstellung gewonnen. Auch die Atomradien unterscheiden sich nur um 3 %. Es ist daher zu erwarten, daß die thermodynamischen Eigenschaften flüssiger Ge-Al-Legierungen denen flüssiger Mischphasen des Systems Ge-Ga ähnlich sind. In der Tat sind die Zustandsdiagramme von gleichartigem eutektischen Typ (vgl.Bild 95 und Bild 131). Ferner deuten Ergebnisse von EMK-Messungen, die von T.C.Wilder[151)] sowie von G.F.Batalin und E.A.Beloborodova[152)] durchgeführt worden sind, auf eine Ähnlichkeit der Überschußfunktionen in den Systemen Ge-Ga und Ge-Al hin. Kalorimetrische Bestimmungen der Mischungsenthalpien flüssiger Ge-Al-Legierungen waren bisher nicht durchgeführt worden. Sie wurden von uns mit einem Hochtemperatur-Kalorimeter vorgenommen[126)], und zwar bei 1000°C. Die Ergebnisse sind in Bild 132 graphisch dargestellt.

Die Mischungsenthalpien haben ein negatives Vorzeichen und erreichen bei x = 0,5 einen Maximalwert von ΔH^L_{max} = -948cal/g-Atom. Die von T.C.Wilder[151)] sowie von G.F.Batalin und E.A.Beloborodova[152)] aus der Temperaturabhängigkeit der EMK geeigneter galvanischer Zellen ermittelten ΔH^L-Werte sind in guter Übereinstimmung mit den bei direkter Vermischung der Komponenten kalorimetrisch gewonnenen Mischungsenthalpien.

Die einfachen Schmelzgleichgewichte des Systems Ga-Al liefern eine bequeme Möglichkeit zur Berechnung der thermodynamischen Aktivitäten. Diese Auswertung wurde auf der Basis einer der Gl.(66) analogen Beziehung durchgeführt. Dabei wurden die aus den kalorimetrisch gewonnenen ΔH^L-Werten erschlossenen partiellen Mischungsenthalpien eingesetzt, um die thermodynamischen Aktivitäten von der jeweiligen Liquidustemperatur auf eine konstante Temperatur von 1000°C gemäß Gl.(9) umzurechnen.

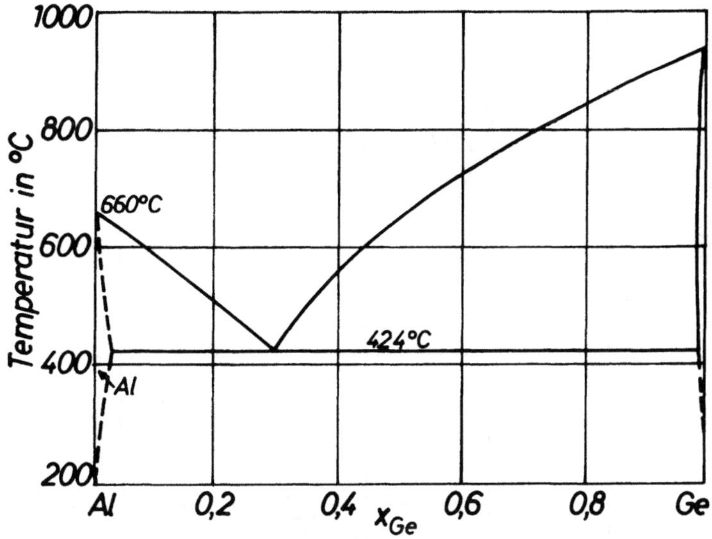

Bild 131

Zustandsdiagramm Ge - Al [125]

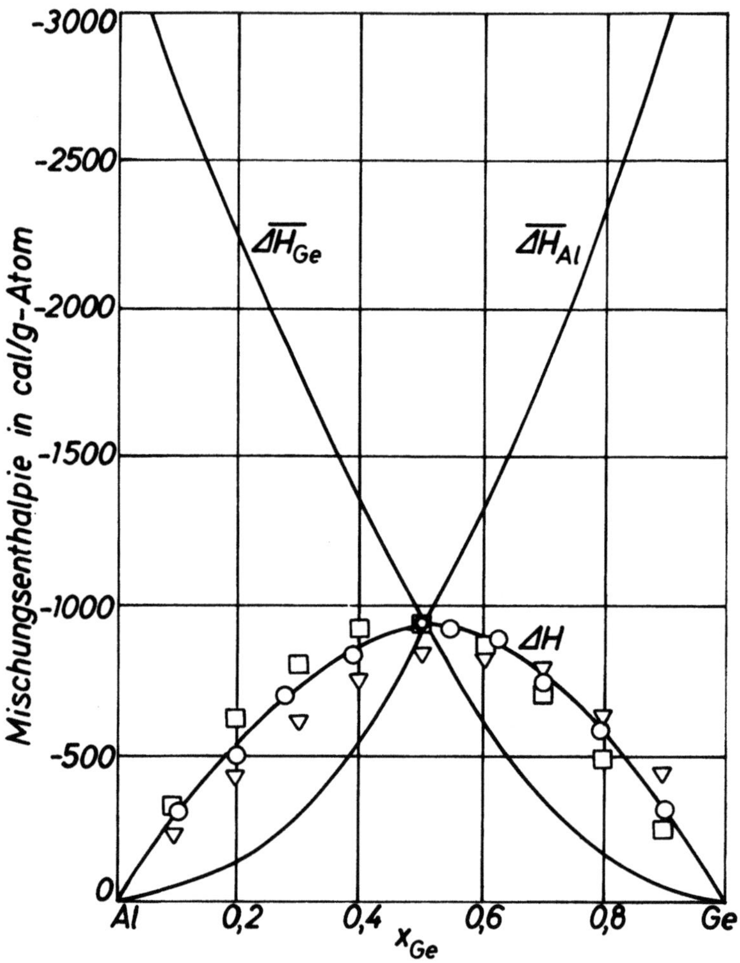

Bild 132

Partielle und integrale Mischungsenthalpien flüssiger Ge-Al-Legierungen

□ aus EMK-Messungen nach T.C. Wilder[151] bei 927°C

▽ aus EMK-Messungen nach G.F. Batalin und Mitarb.[152] bei 1000°C

—○— kalorimetrisch bei 1000°C, diese Arbeit

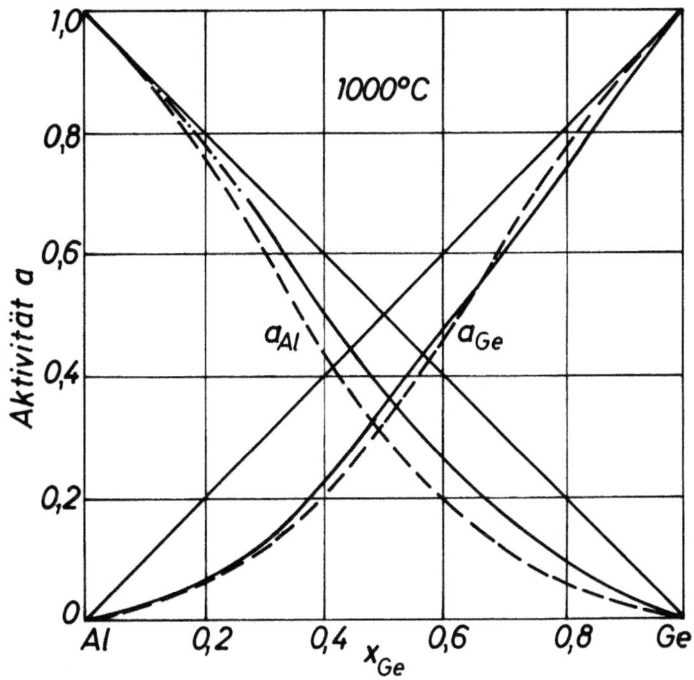

Bild 133
Thermodynamische Aktivitäten flüssiger Ge-Al-Legierungen bei 1000°C

---- *aus EMK-Messungen* [151) 152)]

_____ *aus Schmelzgleichgewichten auf der Ge-Seite berechnet*

_._._ *aus Schmelzgleichgewichten auf der Al-Seite berechnet*

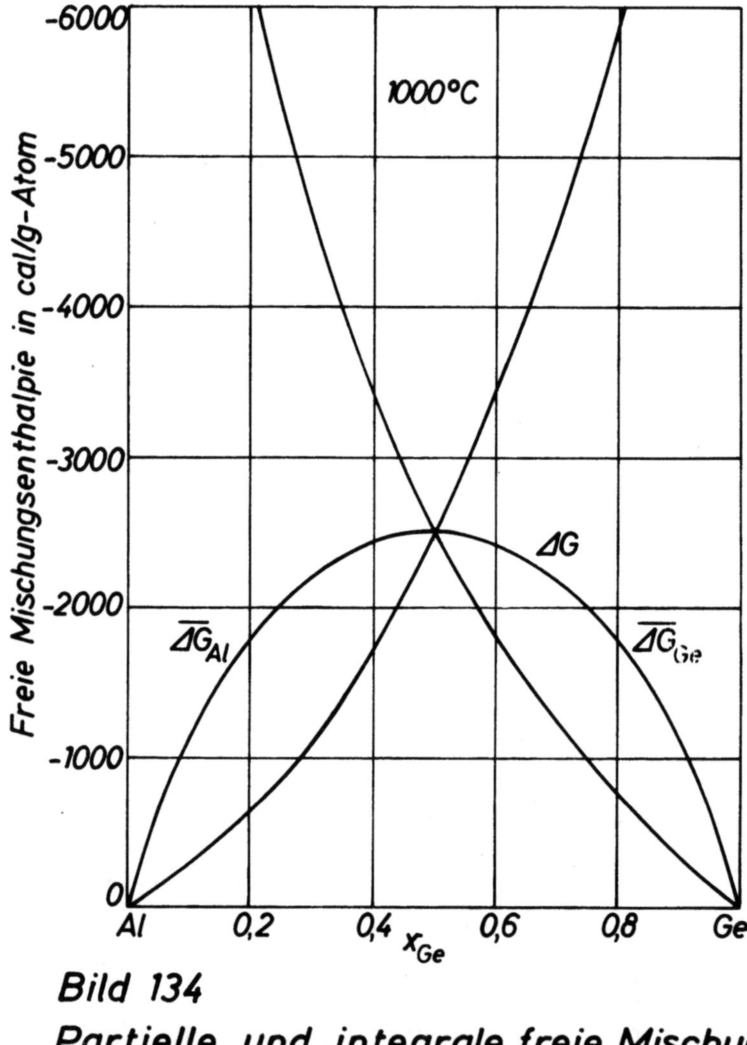

Bild 134
Partielle und integrale freie Mischungsenthalpien flüssiger Al-Ge-Legierungen bei 1000°C

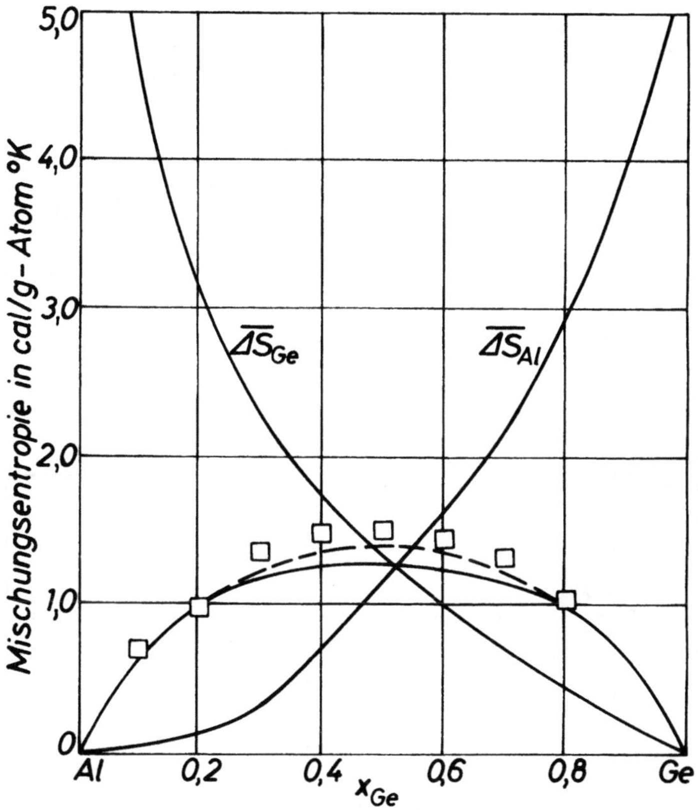

Bild 135

Partielle und integrale Mischungsentropien flüssiger Ge-Al-Legierungen

□ aus kalorimetrischem ΔH^L und ΔG^L nach EMK-Messungen[151)]

——— aus kalorimetrischem ΔH^L und ΔG^L ber. aus Schmelzgleichgewichten

– – – ideale Mischungsentropie

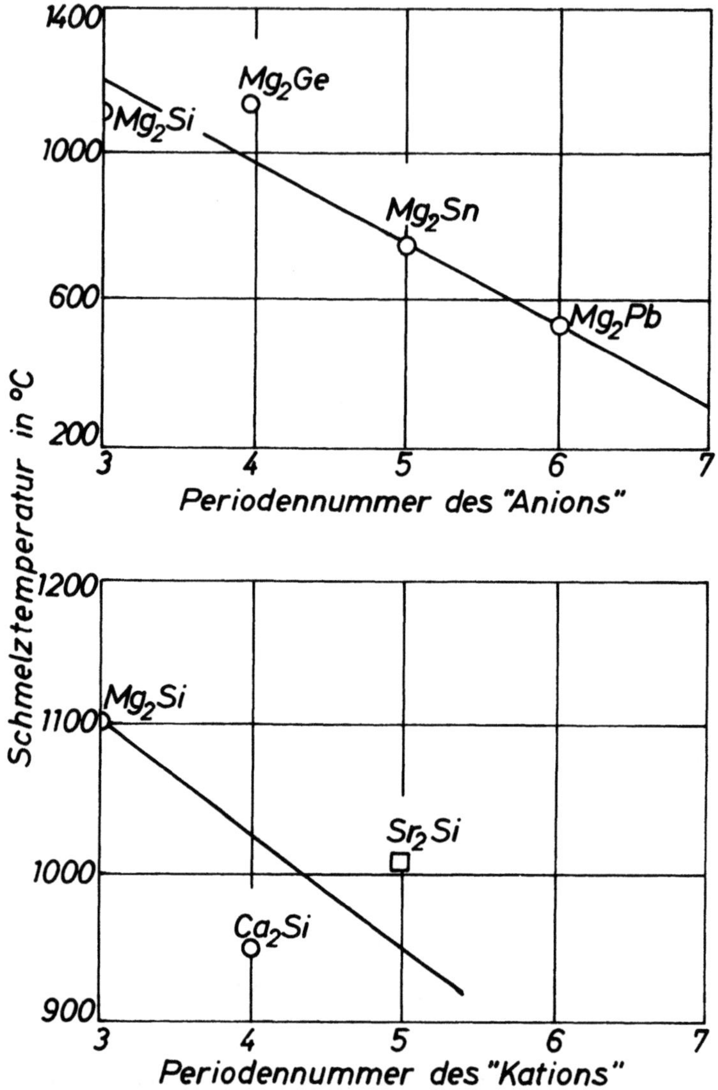

Bild 136

Zur Stabilität von Zintlphasen

○ *nach*[27] □ *nach*[153]

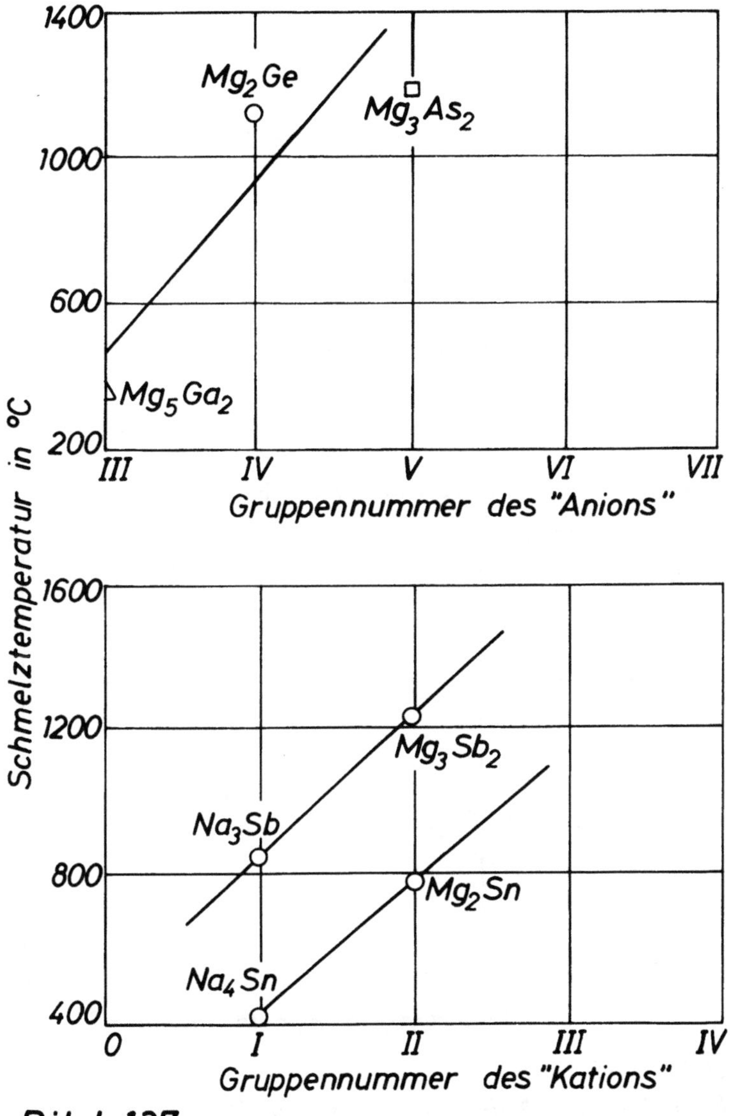

Bild 137

Zur Stabilität von Zintlphasen

○ nach[27] □ nach[153] △ nach[9]

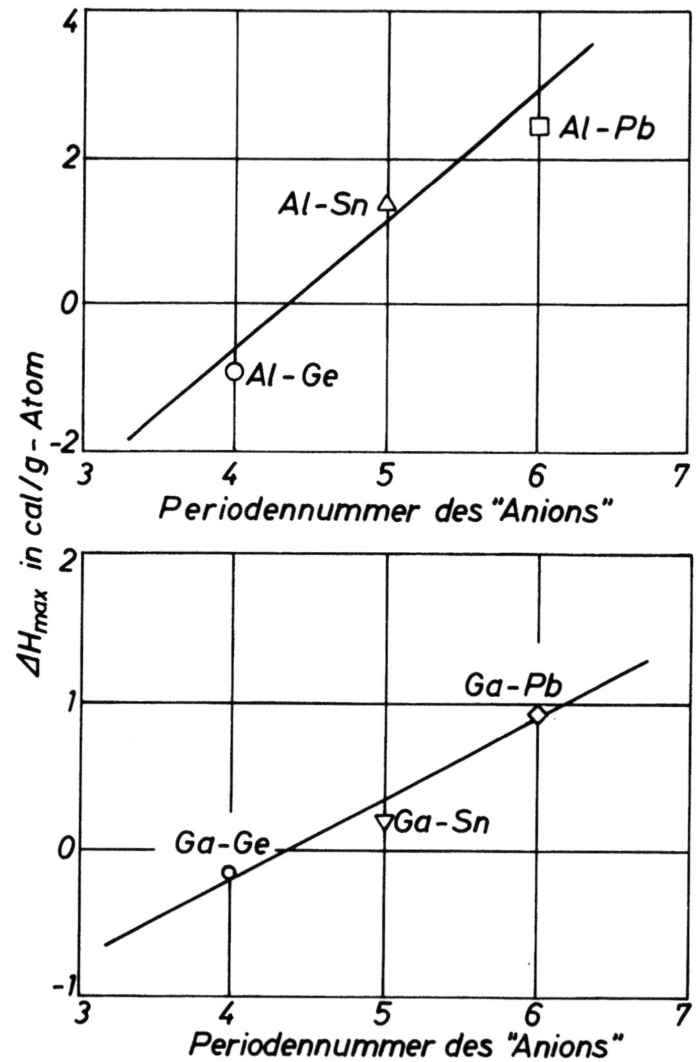

Bild 138
Maximale Mischungsenthalpien flüssiger Legierungen von Systemen des Al und Ga mit Elementen der IV. Gruppe
△ nach[9] □ nach[71] ◇ nach[124] ▽ nach[137]
○ diese Arbeit

Die Ergebnisse sind in Form von Aktivitätsisothermen in Bild 133 dargestellt. Die Aktivitätsisothermen weisen merkliche negative Abweichungen von den Raoultschen Geraden auf. Die in der Literatur[151)152)] mitgeteilten, auf EMK-Messungen basierenden thermodynamischen Aktivitäten stimmen mit unseren Ergebnissen annähernd überein.

Die aus den thermodynamischen Aktivitäten berechneten partiellen und integralen freien Mischungsenthalpien sind in Bild 134 wiedergegeben. Die daraus und aus den kalorimetrisch gewonnenen ΔH^L-Werten ermittelten Mischungsentropien sind in Bild 135 als Funktion des Atombruchs dargestellt. Sie sind im mittleren Konzentrationsbereich etwas niedriger als die idealen Mischungsentropien. Werden indessen für die Berechnung der Mischungsentropien die kalorimetrischen ΔH^L-Werte und die aus den EMK-Messungen resultierenden ΔG^L-Werte zugrundegelegt, so ergeben sich kleine positive Überschußentropien. Die Abweichungen sind indessen, wie ein Blick auf Bild 135 lehrt, so gering, daß sie die Genauigkeit der Ergebnisse kaum übersteigen dürften.

Wie bereits eingangs angedeutet, kann die sehr geringe Atomradiendifferenz der Komponenten nicht von merklichem Einfluß auf die thermodynamischen Eigenschaften der flüssigen Germanium-Aluminium-Legierungen sein. Die negativen Mischungsenthalpien und die negativen Abweichungen der Aktivitätsisothermen von den Raoultschen Geraden dürften vielmehr auf die deutliche Differenz der Elektronegativitäten ($\Delta\varepsilon$=0,3) zurückzuführen sein. Diese "Verbindungstendenz" ist nicht groß genug, um die Existenz einer stabilen intermetallischen Verbindung im festen Zustand zu ermöglichen. Es sei indessen darauf hingewiesen, daß Elemente der IV.Gruppe des Periodensystems mit Magnesium stabile, valenzmäßig aufgebaute intermetallische Verbindungen zu bilden vermögen. Es ist zu vermuten, daß diese elektropositiven Elemente wie Silizium und Germanium auch mit dem Aluminium, das dem Magnesium in mancher Hinsicht chemisch ähnlich ist, die Bildung analoger Verbindungen anstreben. Zur Ausbildung thermodynamisch stabiler eigener Gitter ist diese Tendenz offensichtlich nicht ausreichend, in der Schmelze scheint sie indessen nachweisbar zu sein. Das läßt sich durch folgenden Vergleich mit den thermodynamischen Eigenschaften entsprechender Systeme erhärten.

Die Stabilität der valenzmäßig aufgebauten Phasen ("Zintl-Phasen") ist von der Stellung der "anionischen" und der "kationischen" Komponenten im Periodensystem abhängig. Bei konstanter Gruppennummer sinkt bekanntlich der elektronegative Charakter mit zunehmender Atomnummer. Ferner ändert sich die Stabilität bei vorgegebener "anionischer" Komponente mit der Stellung des "kationischen" Partners innerhalb einer Gruppe, und zwar sinkt wiederum die Stabilität mit zunehmender Atomnummer. Zur Zeit liegen noch keine hinreichend umfangreichen Kenntnisse der Bildungsenthalpien solcher Phasen vor, um dies anhand der ΔH^S-Werte systematisch verfolgen zu können. Indessen kann die Schmelztemperatur der Verbindungen als Maß für ihre Stabilität genommen werden. In Bild 136 sind die Schmelztemperaturen einiger Zintlphasen als Funktion der Periodennummer des "kationischen" und des "anionischen" Bestandteils und in Bild 137 gegen die Gruppennummer des "Anions" bzw. "Kations" aufgetragen. Der erwähnte Gang der Stabilität mit der Stellung der Partner im Periodensystem ist klar erkennbar.

Ein entsprechender Gang wie für feste Zintlphasen ist auch erkennbar, wenn die maximalen Mischungsenthalpien von flüssigen Legierungen des Aluminiums als Funktion der Periodennummer des "Anions" aus der IV.Gruppe des Periodensystems dargestellt werden. Gleiches gilt für die flüssigen Mischphasen des Galliums (vgl.Bild 138). Dies kann als Hinweis auf die auch in diesen Systemen vorliegende schwache Tendenz zur Bildung von Zintl-Phasen gedeutet werden.

4.5.3 Das System Germanium-Indium

Das Zustandsdiagramm des Systems Germanium-Indium weist einfache eutektische Schmelzgleichgewichte auf[155)156)] (vgl.Bild 139). Da die gegenseitige Löslichkeit der Komponenten im festen Zustand außerordentlich gering ist, können die Schmelzgleichgewichte in einfacher Weise zur Erschließung der freien Mischungsenthalpien herangezogen werden. Die dazu noch erforderlichen Mischungsenthalpien wurden mit Hilfe eines Hochtemperatur-Kalorimeters bei 1000°C gewonnen[157)]. Sie sind in Bild 140 als Funktion des Atombruchs dargestellt. Auch die über eine graphische Differentiation der ΔH^L-x-Kurve ermittelten partiellen Mischungsenthalpien sind dort gegen die Konzentration aufgetragen. Die Mischungsenthalpien haben ein positives Vorzeichen. Sie sind indessen relativ klein. Ihr Maximalwert, der bei x_{Ge}= 0,43 erreicht wird, beträgt ΔH^L_{max}= 95 cal/g-Atom.

Nach R.P.Elliott[125)] liegt die maximale Löslichkeit von Indium in festem Germanium im Temperaturbereich um 600°C vor. Sie ist geringer als 0,1 Atom-% In. Bei der Auswertung der Schmelzgleichgewichte kann daher die partielle freie Mischungsenthalpie der Mischkristalle gegenüber der freien Mischungsenthalpie der mit dem Festkörper koexistierenden Schmelze vernachlässigt werden. Es kann dann zur Ermittlung von $\overline{\Delta G}_{Ge}$ längs der Liquiduskurve in guter Näherung eine der Gl.(23) analoge Beziehung eingesetzt werden. Gl.(9) gibt mit den bekannten $\overline{\Delta H}_{Ge}$-Werten die Möglichkeit, die partiellen freien Mischungsenthalpien auf eine vorgegebene Temperatur umzurechnen. Über die Duhem-Margules-Gleichung sind schließlich die partiellen Größen des Indiums und die integralen freien Mischungsenthalpien zugänglich. Die für 1000°C gewonnenen Resultate sind in Bild 141 wiedergegeben. Die daraus berechneten thermodynamischen Aktivitäten sind in Bild 142 in Form von Aktivitätsisothermen dargestellt. Die aus den Mischungsenthalpien und den freien Mischungsenthalpien zugänglichen Mischungsentropien gibt Bild 143 wieder.

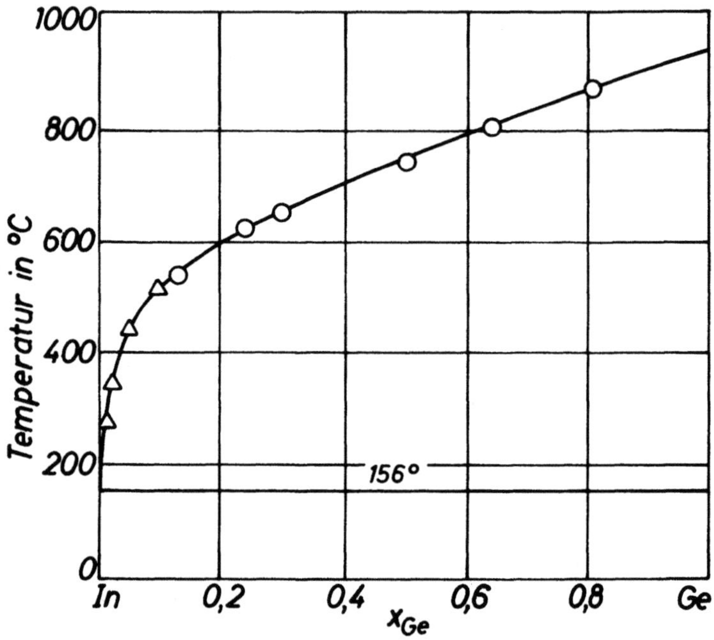

Bild 139

Zustandsdiagramm Ge - In

○ *nach* [155]
△ *nach* [156]

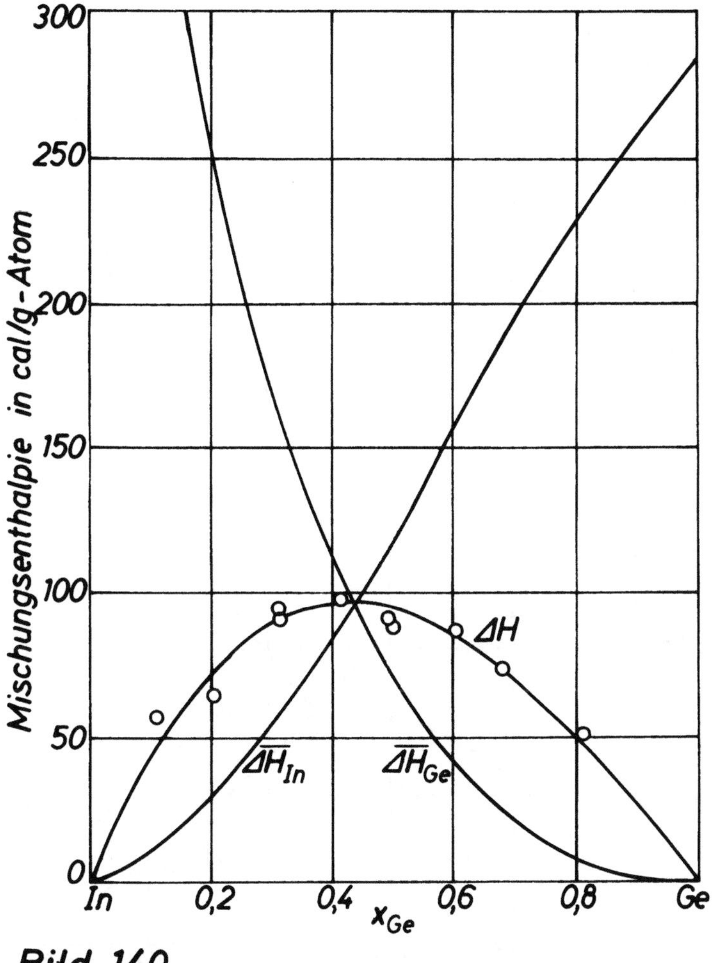

Bild 140

Partielle und integrale Mischungsenthalpien flüssiger Ge-In-Legierungen

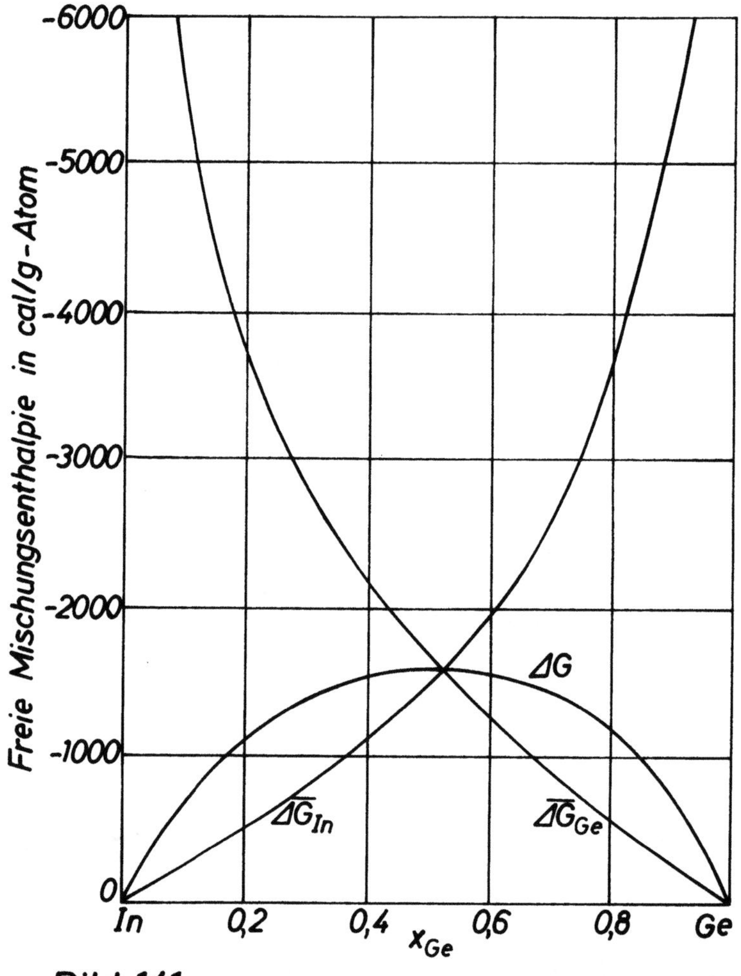

Bild 141

Partielle und integrale freie Mischungsenthalpien flüssiger Ge-In-Legierungen bei 1000°C

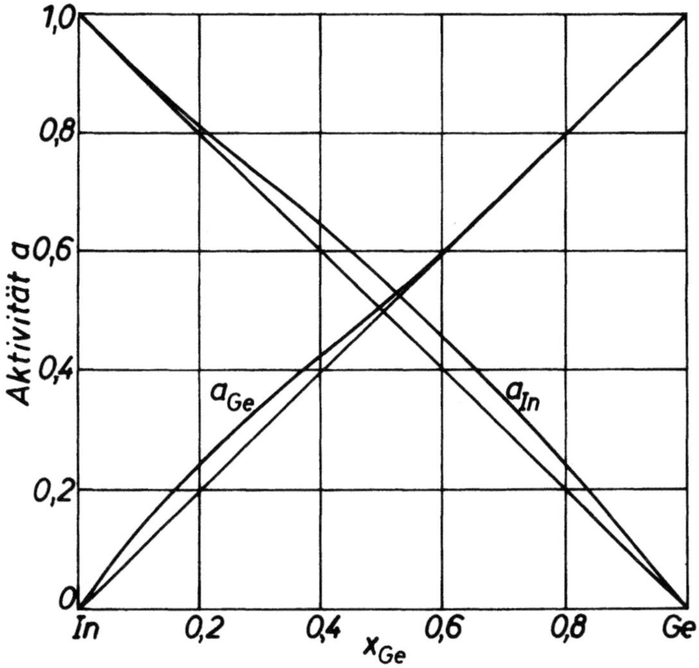

Bild 142
Thermodynamische Aktivitäten flüssiger Ge-In-Legierungen bei 1000°C

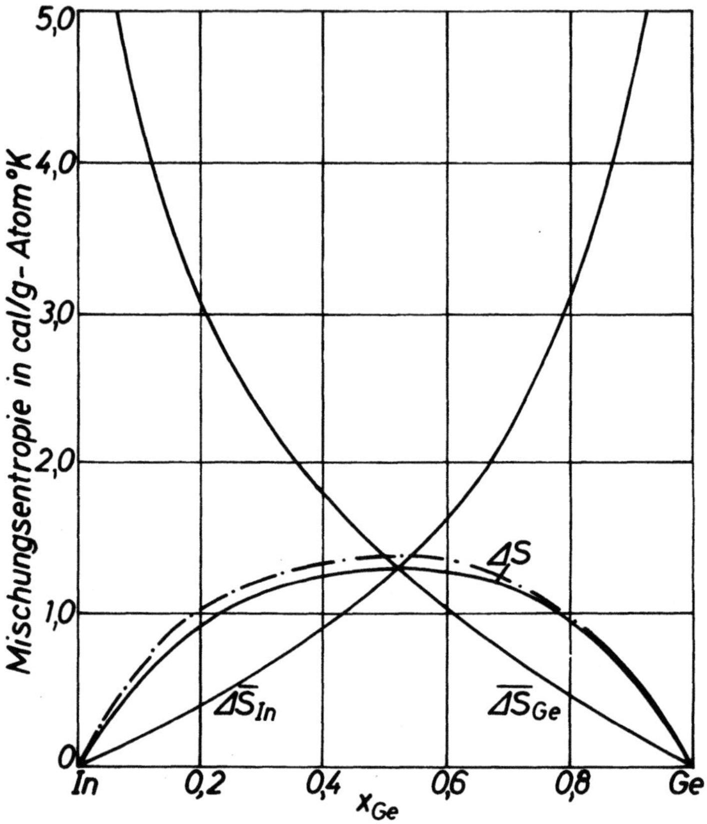

Bild 143

Partielle und integrale Mischungsentropien flüssiger Ge-In-Legierungen

—·—·— ideale Mischungsentropie

Die Elektronegativitätsdifferenz der Komponenten Germanium und Indium ist außerordentlich gering ($\Delta\varepsilon$=0,1). Sie dürfte sicherlich die thermodynamischen Eigenschaften der Schmelzen dieses Systems kaum wesentlich beeinflussen. Vielmehr dürften die geringen positiven Abweichungen der Aktivitätsisothermen von den Raoultschen Geraden und die kleinen positiven Mischungsenthalpien auf eine atomare Fehlpassung zurückzuführen sein, die durch die merkliche Atomradiendifferenz von 12 % bedingt ist. Entsprechend den in den thermodynamischen Aktivitäten und in den Mischungsenthalpien zu Tage tretenden geringen Abweichungen vom Verhalten einer idealen Lösung sind auch die Mischungsentropien der flüssigen Germanium-Indium-Legierungen praktisch gleich denen, die bei statistischer Atomverteilung der Legierungspartner zu erwarten sind. Die geringfügigen negativen Überschußentropien im mittleren Konzentrationsbereich dürften kaum außerhalb der Fehlergrenzen liegen.

4.5.4 Das System Germanium-Thallium

Noch deutlicher als im System Germanium-Indium sollte sich der Einfluß der Atomradiendifferenz in dem homologen System Germanium-Thallium äußern. Die Atomradien der Legierungspartner unterscheiden sich hier nämlich um 20%. Im Zustandsdiagramm deutet sich die merkliche Entmischungstendenz in einem flachen Verlauf der Liquiduskurve im mittleren Konzentrationsbereich an (vgl.Bild 144).

Um einen Überblick über die thermodynamischen Eigenschaften flüssiger Germanium-Thallium-Mischphasen zu gewinnen, wurden die integralen Mischungsenthalpien mit einem Hochtemperatur-Kalorimeter bei 1000°C gemessen[161]. Die Ergebnisse sind in Bild 145 wiedergegeben. In diesem Bild sind ferner die aus den ΔH^L-x-Kurven gewonnenen partiellen Mischungsenthalpien dargestellt. Die maximale integrale Mischungsenthalpie wurde bei x_{Ge}=0,45 gefunden. Sie beträgt ΔH^L_{max}=830 cal/g-Atom.

Mit einer der Gl.(23) analogen Beziehung wurden die partiellen freien Mischungsenthalpien des Germaniums längs der Liquiduskurve berechnet. Mit den partiellen Mischungsenthalpien sind diese Daten auf eine Temperatur von 1000°C umgerechnet worden. Die partiellen und integralen freien Mischungsenthalpien für diese Temperatur gibt Bild 146 wieder. Die damit auch gleichzeitig gegebenen Aktivitätsisothermen bei 1000°C sind in Bild 147 dargestellt.

Wie aufgrund der erheblichen Atomradiendifferenzen der Legierungspartner vermutet, weisen die positiven Mischungsenthalpien erhebliche Beträge und die thermodynamischen Aktivitäten beachtliche positive Abweichungen von den Raoultschen Geraden auf. Allerdings sind diese Fakten in quantitativer Weise stärker ausgeprägt, als aufgrund der Erfahrung in einer Reihe anderer niedrigschmelzender Systeme zu erwarten wäre.

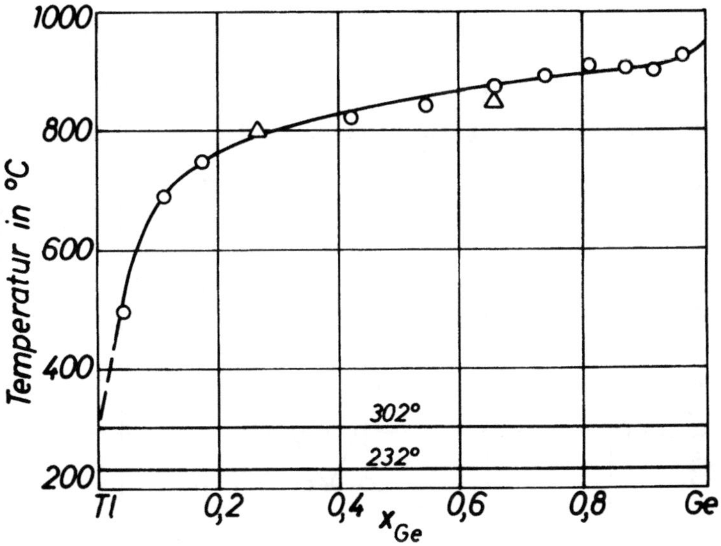

Bild 144

Zustandsdiagramm Ge - Tl

—— nach 27) 160)

o nach 158)

△ nach 159)

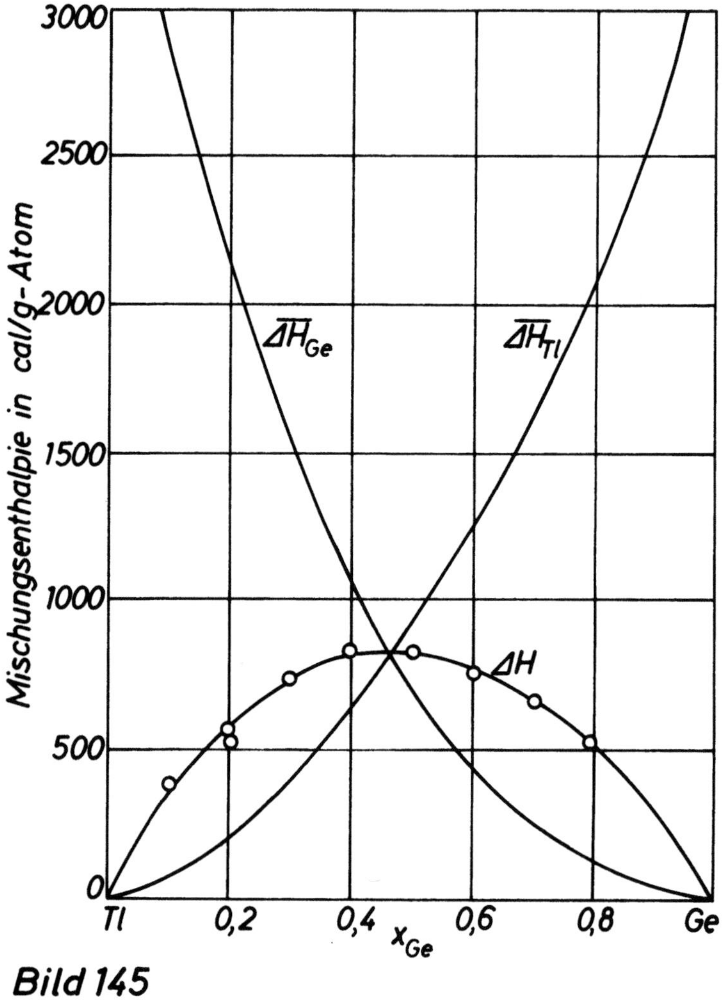

Bild 145

Partielle und integrale Mischungsenthalpien flüssiger Ge-Tl-Legierungen

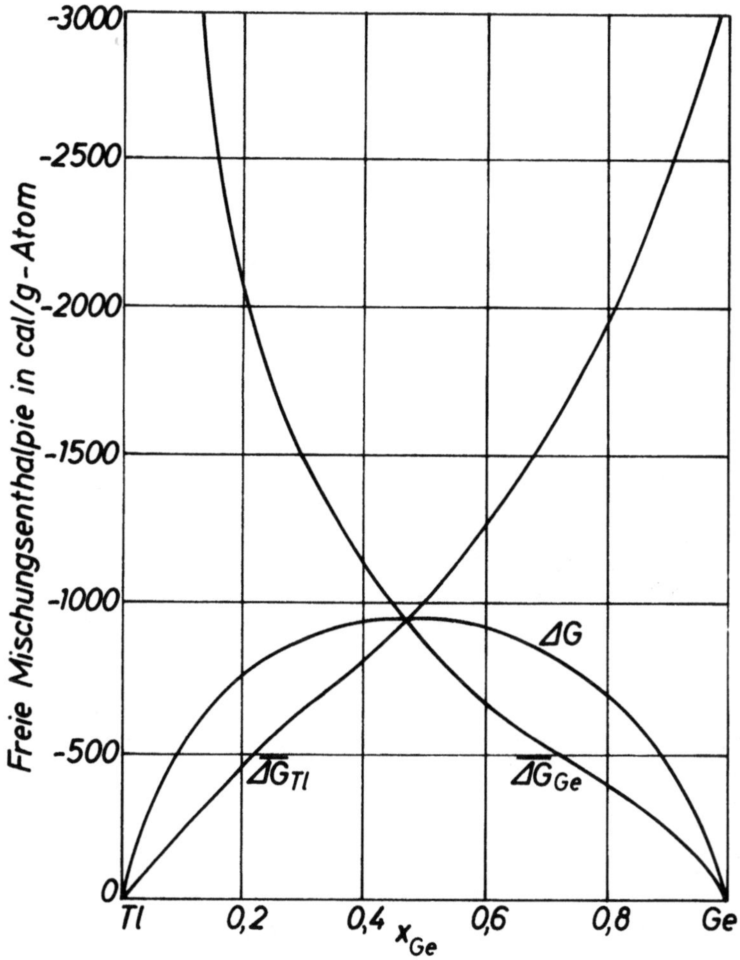

Bild 146

Partielle und integrale freie Mischungsenthalpien flüssiger Ge-Tl-Legierungen bei 1000°C

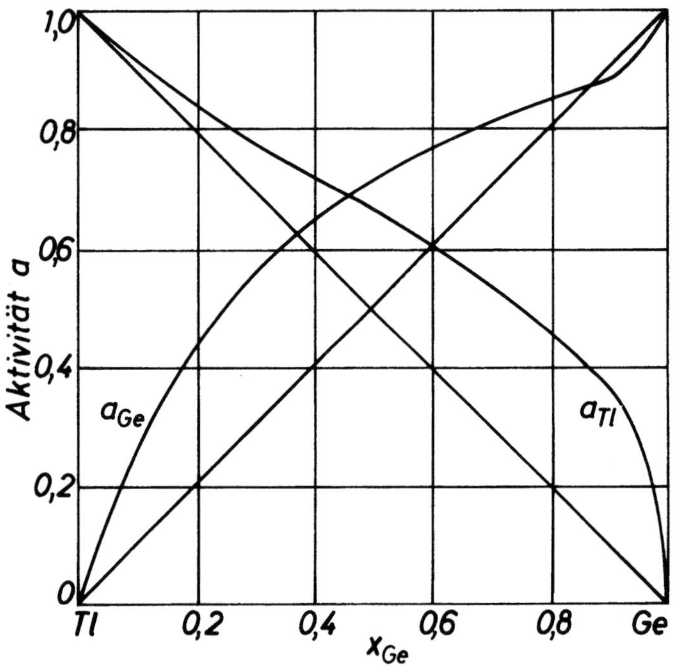

Bild 147

Thermodynamische Aktivitäten flüssiger Ge-Tl-Legierungen bei 1000°C

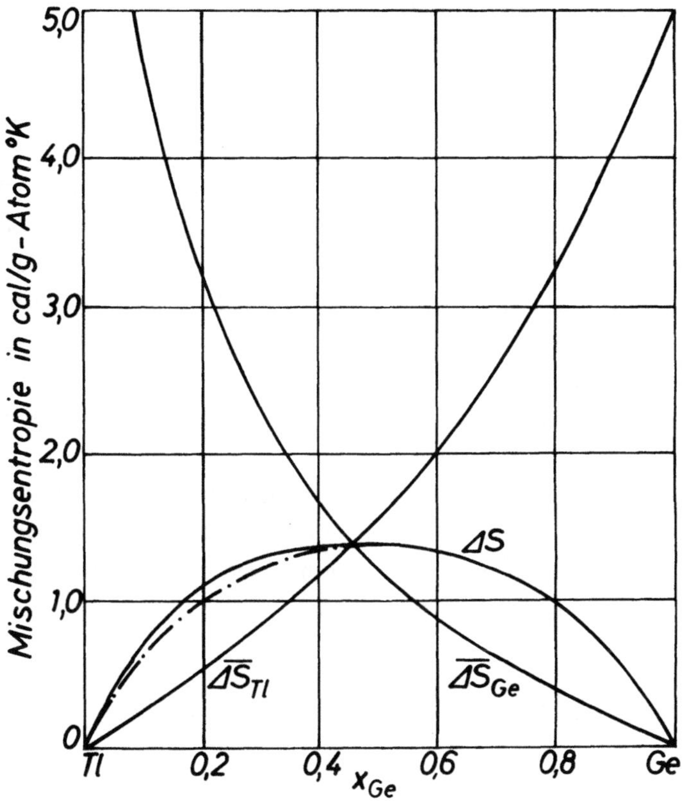

Bild 148

Partielle und integrale Mischungsentropien flüssiger Ge - Tl-Legierungen

—·—·— ideale Mischungsentropie

Offensichtlich ist z.B. in den integralen Mischungsenthalpien neben dem "Fehlpassungsanteil" noch ein beachtlicher positiver "Bindungsanteil" vorhanden. Dieser letztere Beitrag zum ΔH^L-Wert dürfte mit den speziellen Bindungs- und Strukturverhältnissen des Germaniums zusammenhängen, die offensichtlich auch im flüssigen Zustand noch in gewissem Umfang von Einfluß sind. Auch die aus den ΔG^L- und ΔH^L-Werten zugänglichen Mischungsentropien, die in Bild 148 wiedergegeben sind, weisen in dieselbe Richtung. Während bei dominierendem Einfluß der atomaren "Fehlpassung" erfahrungsgemäß positive Überschußentropien resultieren, treten im Falle der Germanium-Thallium-Legierungen trotz beachtlicher ΔH^L-Werte Mischungsentropien auf, die praktisch mit denen einer idealen Lösung identisch sind. Der "Fehlpassungsanteil" zur Überschußentropie wird hier möglicherweise durch einen negativen Beitrag kompensiert, der mit Änderungen der Struktur der Schmelzen der reinen Komponenten bei der Legierungsbildung zusammenhängt.

4.5.5 Das System Germanium-Zinn

Das Zustandsdiagramm des Systems Germanium-Zinn ist von H.Stöhr und W.Klemm[162] sowie von W.Guertler und M.Pirani[163] aufgestellt worden (vgl.Bild 149). Die einfachen eutektischen Schmelzgleichgewichte sind einer Auswertung hinsichtlich der thermodynamischen Zustandsgrößen leicht zugänglich. Die dazu noch erforderlichen Mischungsenthalpien der flüssigen Legierungen wurden mit einem Hochtemperatur-Kalorimeter bei 1000°C ermittelt[157]. In Bild 150 sind die experimentell gewonnenen Mischungsenthalpien und die daraus zugänglichen partiellen Mischungsenthalpien der Komponenten als Funktion des Atombruchs dargestellt. Die Mischungsenthalpien sind positiv. Bei x_{Ge}= 0,46 erreichen die integralen Größen einen Maximalwert von ΔH^L_{max}= 154 cal/g-Atom.

Anhand einer Beziehung, die Gl.(23) analog ist, können unter Zugrundelegung der gewonnenen Mischungsenthalpiedaten aus den Schmelzgleichgewichten und unter Anwendung von Gl.(9) die partiellen und integralen freien Mischungsenthalpien sowie die thermodynamischen Aktivitäten berechnet werden. Die so für 1000°C erhaltenen Resultate sind in Bild 151 bzw. 152 wiedergegeben. Mit Hilfe der Helmholtz-Gibbsschen Gleichung aus den so berechneten freien Mischungsenthalpien und den experimentell gewonnenen ΔH^L-Werten ermittelte Mischungsentropien unterscheiden sich, wie ein Blick auf Bild 153 lehrt, praktisch nicht von den idealen Mischungsentropien.

Die Atomradien von Indium und Zinn sind sehr ähnlich. Die Atomradiendifferenz der Partner in den Systemen Ge-In und Ge-Sn ist daher nicht stark verschieden. Sofern die atomaren geometrischen Gegebenheiten allein für die thermodynamischen Eigenschaften dieser Systeme verantwortlich sind, können ähnliche energetische Verhältnisse erwartet werden. Das ist im wesentlichen auch der Fall, wie ein Vergleich der Bilder 140 bis 143

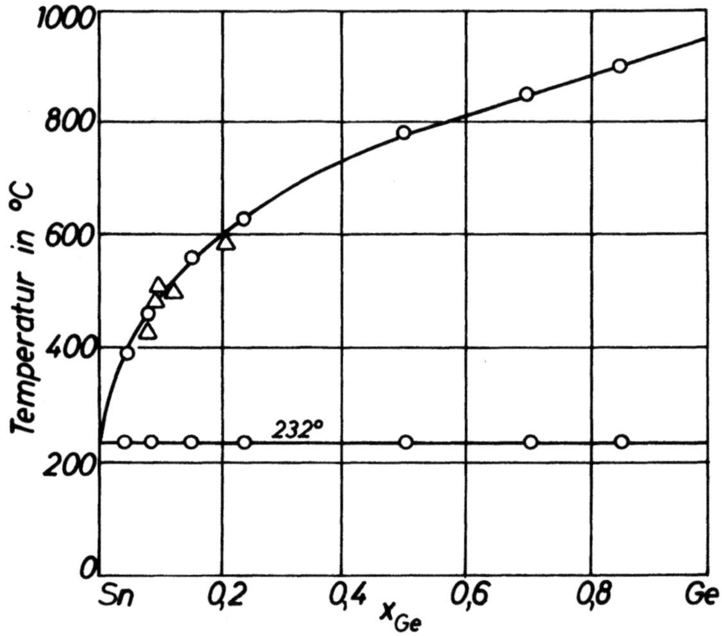

Bild 149

Zustandsdiagramm Ge - Sn

o *nach* [162)]

△ *nach* [163)]

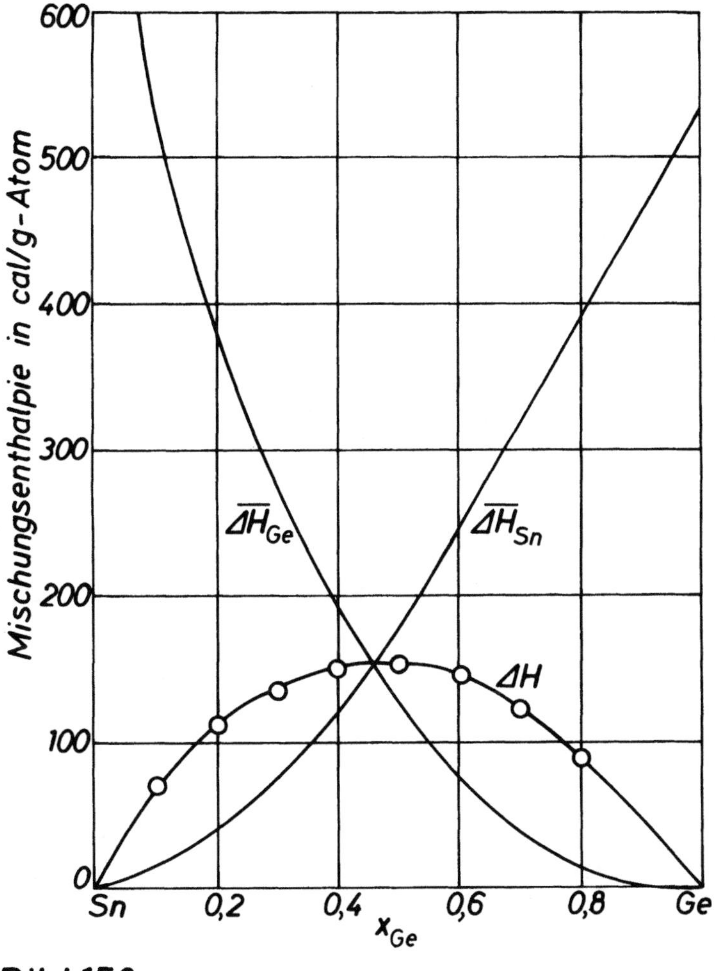

Bild 150

Partielle und integrale Mischungsenthalpien flüssiger Ge-Sn-Legierungen

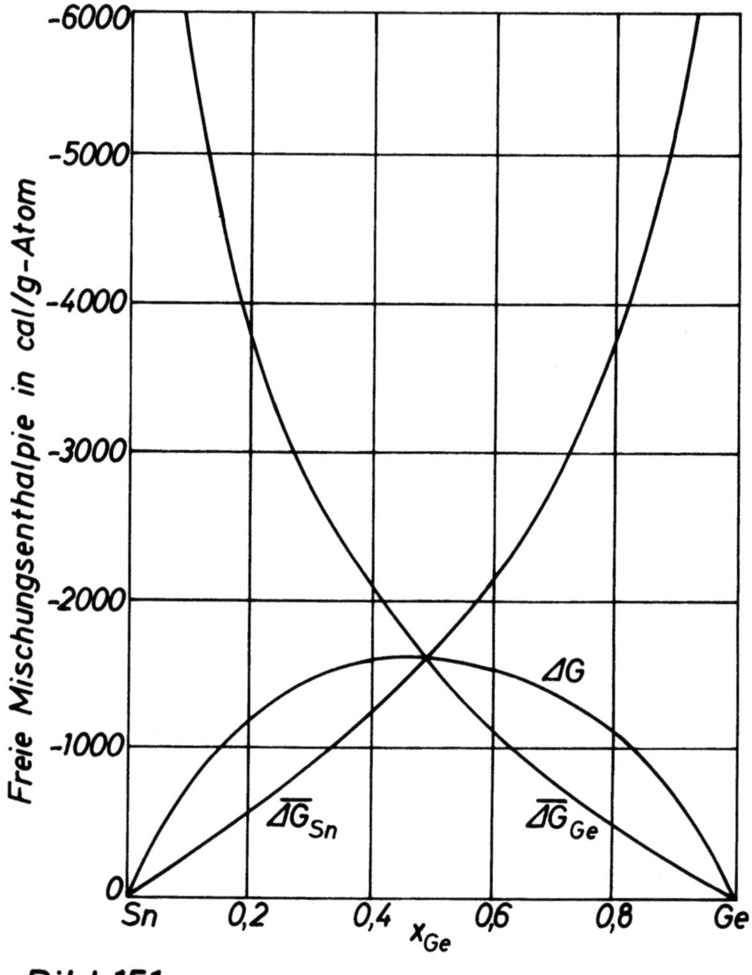

Bild 151
Partielle und integrale freie Mischungsenthalpien flüssiger Ge-Sn-Legierungen bei 1000°C

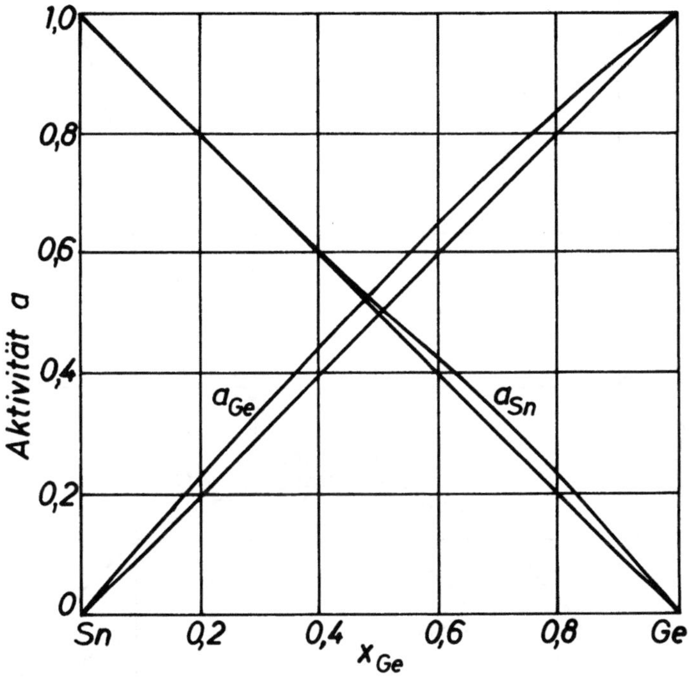

Bild 152
Thermodynamische Aktivitäten flüssiger Ge-Sn-Legierungen bei 1000°C

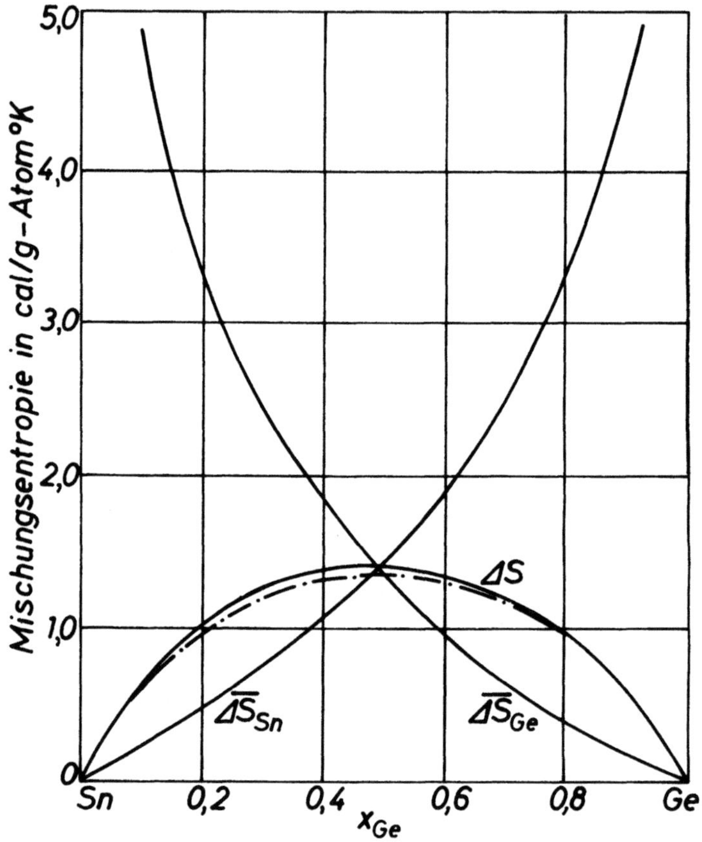

Bild 153

Partielle und integrale Mischungs-entropien flüssiger Ge-Sn-Legie-rungen

—·—·— ideale Mischungsentropie

mit den Bildern 150 bis 153 zeigt. In beiden Fällen sind geringfügige positive Abweichungen der Aktivitätsisothermen vom idealen Verhalten vorhanden. Die Überschußentropien sind sowohl im System Ge-In, als auch im System Ge-Sn praktisch gleich Null. Auch die Mischungsenthalpien liegen in beiden Systemen in der gleichen Größenordnung. Dem Maximalwert ΔH^L_{max} = 95 cal/g-Atom im System Germanium-Indium steht ein Höchstwert von ΔH^L_{max} = 154 cal/g-Atom im System Germanium-Zinn gegenüber. Die noch verbleibende Differenz der Werte der maximalen Mischungsenthalpien dürfte damit zusammenhängen, daß die Differenz der Atomvolumina der flüssigen Komponenten für das System Germanium-Zinn etwas höher ist als im System Germanium-Indium. Auf einen weitergehenden Vergleich der Verhältnisse soll später eingegangen werden. Aber bereits die hier durchgeführte grobe Gegenüberstellung deutet an, daß im System Germanium-Zinn die atomare Fehlpassung einen dominierenden Einfluß auf die Energetik der Bildung flüssiger Legierungen hat.

4.5.6 Das System Germanium-Blei

Obwohl Blei und Thallium in chemischer Hinsicht merkliche Unterschiede aufweisen, ist ihr Legierungsverhalten in vielen Fällen außerordentlich ähnlich. Das ist ein erster Hinweis dafür, daß die thermodynamischen Eigenschaften einer größeren Anzahl von binären Mischphasen des Bleis und des Thalliums nicht durch individuelle Änderungen der Art und der Stärke der zwischenatomaren Wechselwirkungen bei der Legierungsbildung entscheidend bestimmt werden, sondern durch die Atomradiendifferenz der Legierungspartner. Die Atomradien von Thallium und Blei sind in der Tat annähernd gleich (r_{Tl}= 1,71 Å; r_{Pb}= 1,75 Å). Zudem sind sie relativ groß gegenüber den Atomradien der meisten metallischen Elemente, so daß in der Regel bei der Bildung fester oder flüssiger binärer Lösungen erhebliche Fehlpassungsenthalpien aufzuwenden sind. Auch im System Germanium-Blei dürfte dies der Fall sein. Es sei noch bemerkt, daß das Zustandsdiagramm dieses Systems dem des Systems Germanium-Thallium außerordentlich ähnlich ist (vgl.Bild 144 und Bild 154). Weitgehende Ähnlichkeiten sind auch bezüglich der jeweiligen thermodynamischen Überschußfunktionen zu erwarten. Wie für eine Reihe anderer hier untersuchter binärer Systeme des Germaniums lagen auch für das System Germanium-Blei bisher keine Kenntnisse über die energetischen Eigenschaften der Legierungen vor.

Mit Hilfe eines Hochtemperatur-Kalorimeters wurden bei 1000°C integrale Mischungsenthalpien flüssiger Ge-Pb-Legierungen des gesamten Konzentrationsbereichs ermittelt[161)]. Die Resultate sind in Bild 155 wiedergegeben. Die daraus gewonnenen partiellen Größen sind ebenfalls eingezeichnet.

Nach Vorliegen der Kenntnisse über die Mischungsenthalpien sind die übrigen thermodynamischen Überschußfunktionen des Systems über eine der Gl.(23) analoge Beziehung leicht aus den Schmelzgleichgewichten zu erschließen. Die für 1000°C

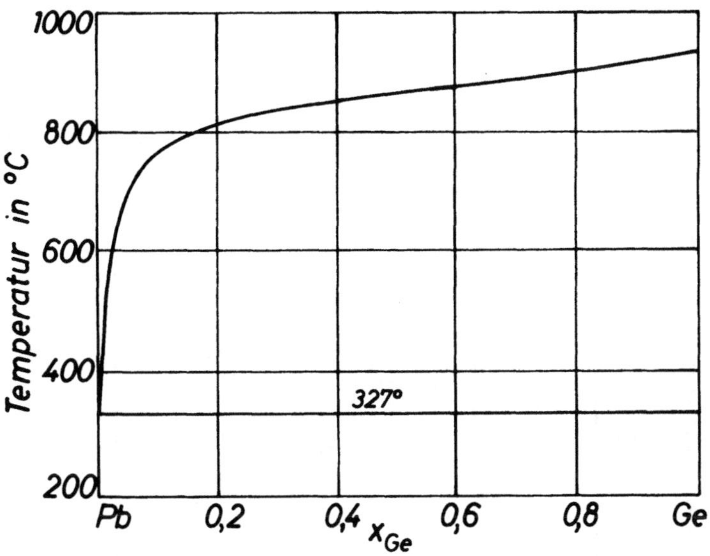

Bild 154

Zustandsdiagramm Ge - Pb

nach[125)]

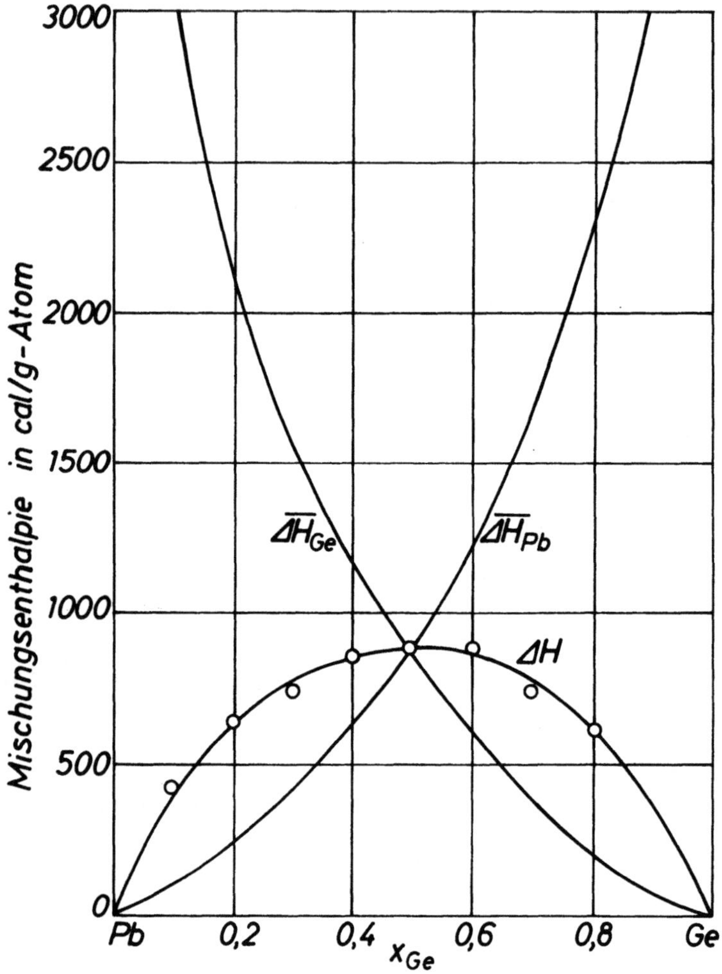

Bild 155
Partielle und integrale Mischungsenthalpien flüssiger Ge-Pb-Legierungen

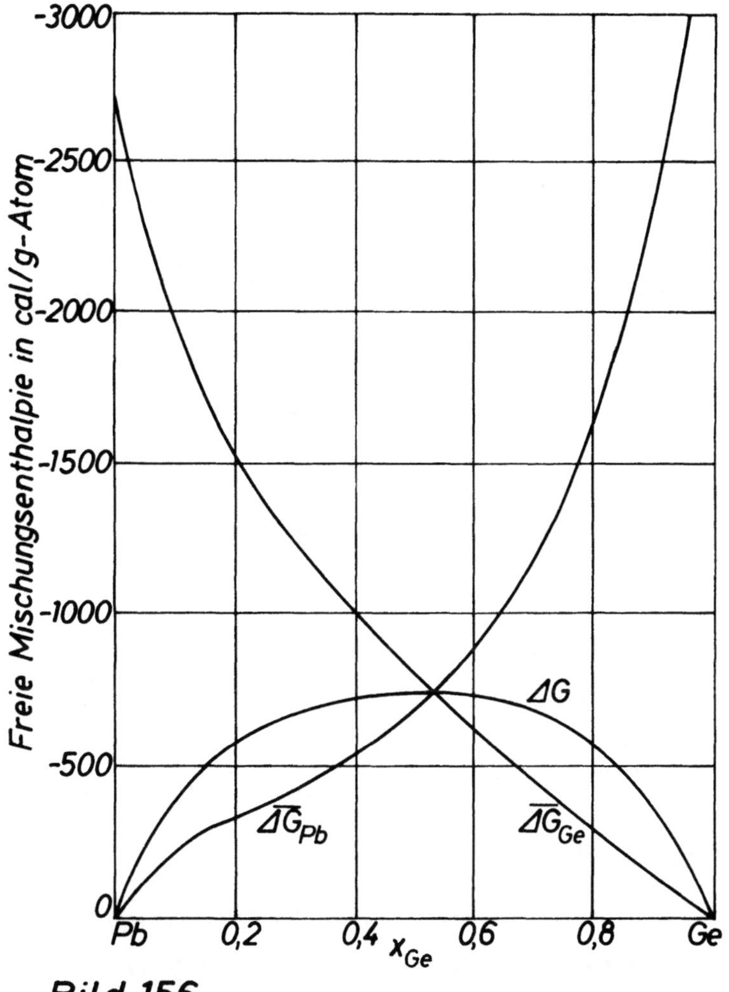

Bild 156
Partielle und integrale freie Mischungsenthalpien flüssiger Ge-Pb-Legierungen bei 1000°C

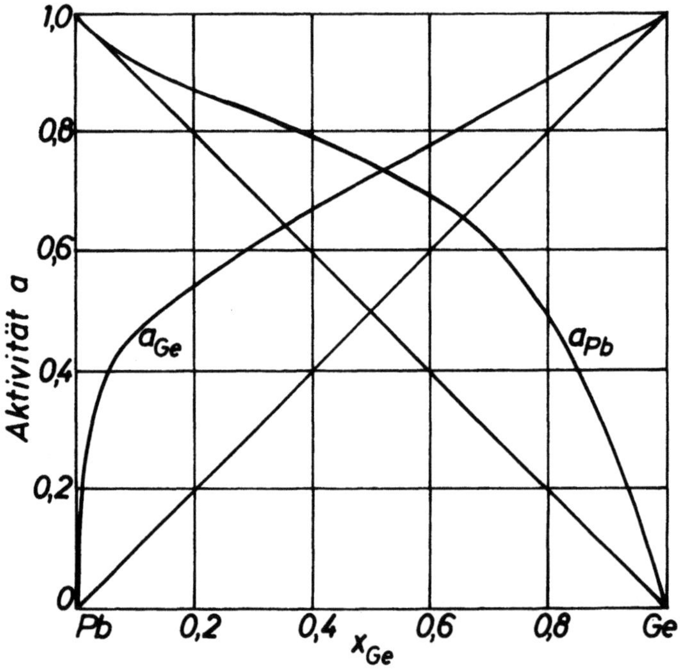

Bild 157

Thermodynamische Aktivitäten flüssiger Ge-Pb-Legierungen bei 1000°C

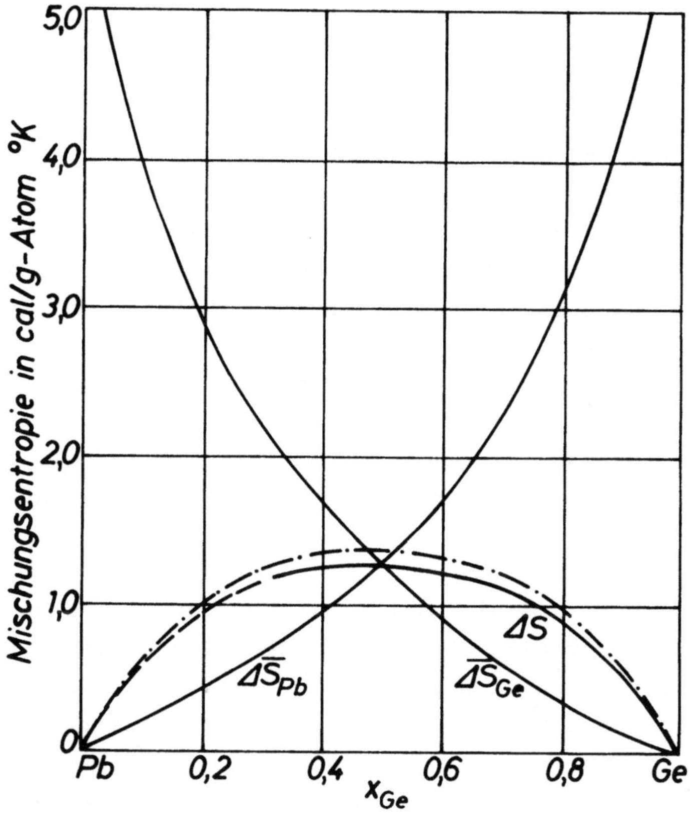

Bild 158

Partielle und integrale Mischungsentropien flüssiger Ge-Pb-Legierungen

—·—·— ideale Mischungsentropie

ermittelten partiellen und integralen freien Mischungsenthalpien sind in Bild 156 und die thermodynamischen Aktivitäten in Bild 157 wiedergegeben. Die schließlich ermittelten Mischungsentropien sind in Bild 158 als Funktion des Atombruchs dargestellt.

Wie ein Vergleich der Bilder 145 bis 148 mit den betreffenden Bildern 155 bis 158 zeigt, liegt eine außerordentlich weitgehende Ähnlichkeit zwischen den thermodynamischen Eigenschaften von Germanium-Thallium- und Germanium-Blei-Legierungen vor. Insbesondere die Mischungsenthalpien weisen fast gleiche Beträge auf. Der Maximalwert im System Germanium-Thallium beträgt ΔH^L_{max} = 830 cal/g-Atom, während er im System Germanium-Blei bei ΔH^L_{max} = 880 cal/g-Atom liegt. Der etwas höhere Wert für das System Ge-Pb hängt zweifellos mit der um 2,3 % höheren Atomradiendifferenz der Legierungspartner zusammen.

Bemerkt sei noch, daß die Mischungsentropien im System Germanium-Blei etwas kleiner sind als die idealen Mischungsentropien. Zweifellos sind auch in diesem System ähnliche, mit den speziellen Bindungsverhältnissen des Germaniums zusammenhängende Struktureinflüsse wirksam, die im System Germanium-Indium, das eine geringere Entmischungstendenz aufweist, zu deutlich größeren negativen Überschußentropien führen.

4.5.7 Das System Germanium-Antimon

Das Zustandsdiagramm des Systems Germanium-Antimon weist nach Untersuchungen von K. Ruttewit und G. Masing[164] sowie H.Stöhr und W.Klemm[165] eutektische Schmelzgleichgewichte mit einem eutektischen Punkt bei x_{Ge}= 0,17 und t_e= 590°C auf (vgl.Bild 159). Die bisher nicht bekannten thermodynamischen Eigenschaften der Legierungsschmelzen wurden durch kalorimetrische Ermittlung der integralen Mischungsenthalpien bei 1000°C und durch Auswertung der Schmelzgleichgewichte (vgl.Gl.(23)) erschlossen[157].

Die in Bild 160 graphisch dargestellten integralen Mischungsenthalpien haben ein positives Vorzeichen und relativ geringe Beträge (ΔH^L_{max}= 180 cal/g-Atom bei x_{Ge}= 0,5). Die darin zum Ausdruck kommende schwach ausgeprägte Entmischungstendenz ist auf eine atomare Fehlpassung in den Legierungsschmelzen zurückzuführen, die durch die rund 15% betragende Atomradiendifferenz der Legierungspartner bedingt ist.

Die partiellen und integralen freien Mischungsenthalpien für 1000°C sind in Bild 161 wiedergegeben. Die Aktivitätsisothermen für 1000°C weisen, wie ein Blick auf Bild 162 zeigt, entsprechend der schwachen Entmischungstendenz, geringe positive Abweichungen von den Raoultschen Geraden auf.

Die Mischungsentropien sind in Bild 163 dargestellt. Sie unterscheiden sich nur wenig von denen einer idealen Lösung.

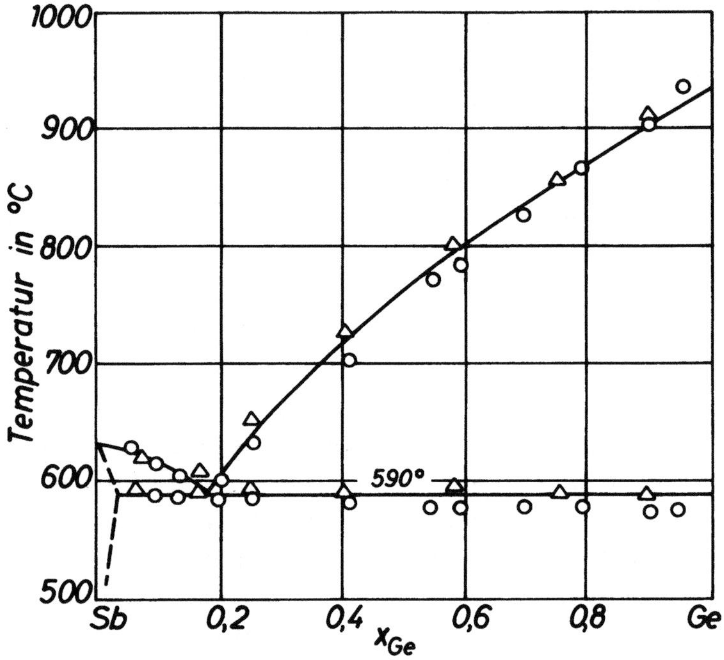

Bild 159
Zustandsdiagramm Ge-Sb
o nach [164]
△ nach [165]

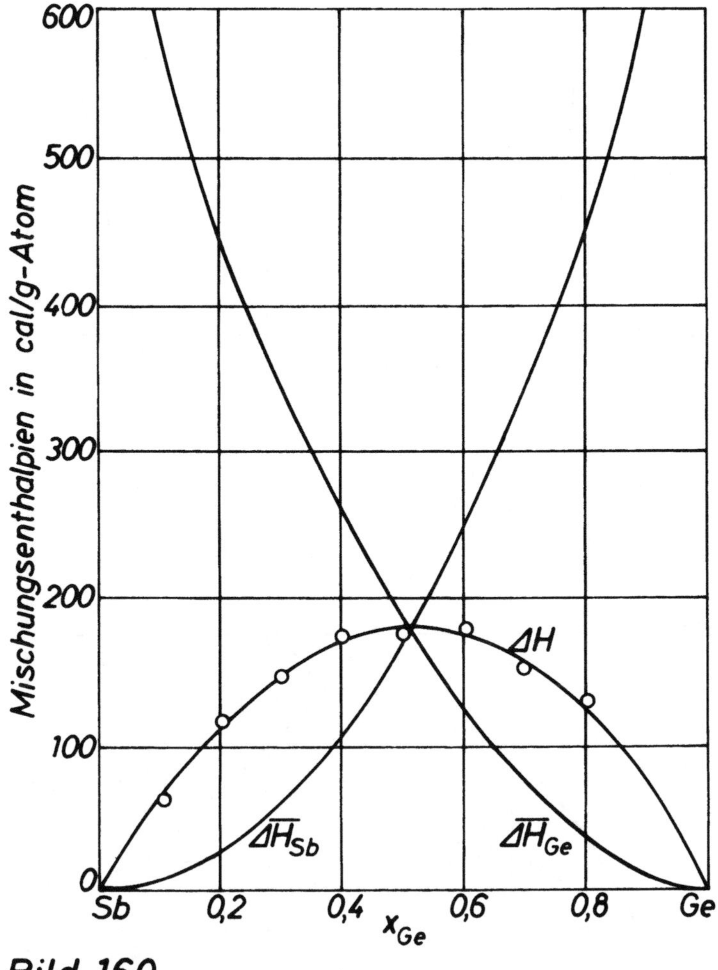

Bild 160
Partielle und integrale Mischungsenthalpien flüssiger Ge-Sb-Legierungen

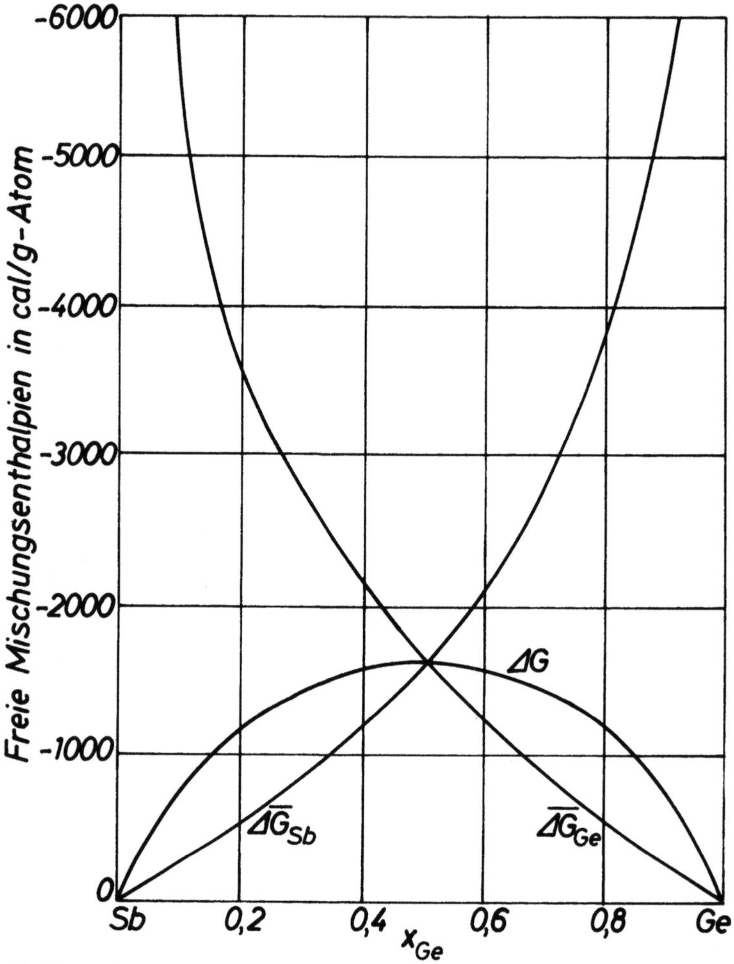

Bild 161
Partielle und integrale freie Mischungsenthalpien flüssiger Ge - Sb - Legierungen bei 1000°C

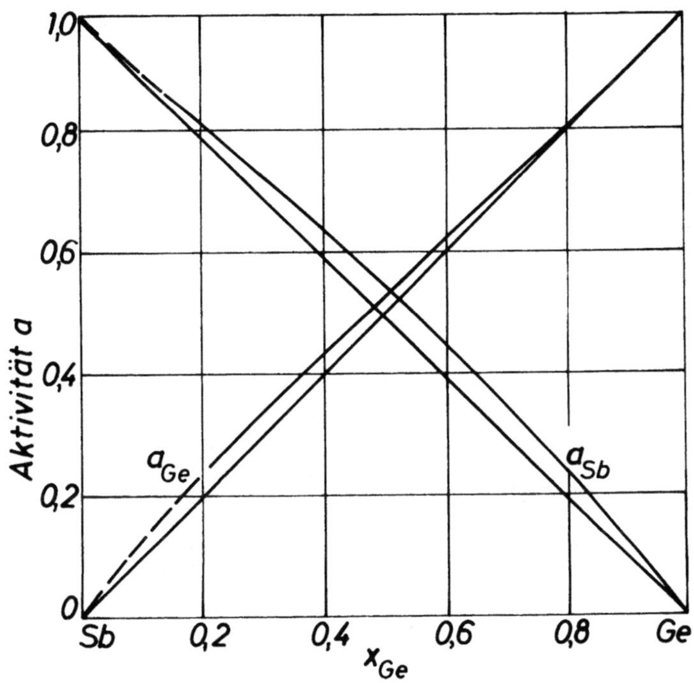

Bild 162
Thermodynamische Aktivitäten flüssiger Ge-Sb-Legierungen bei 1000°C

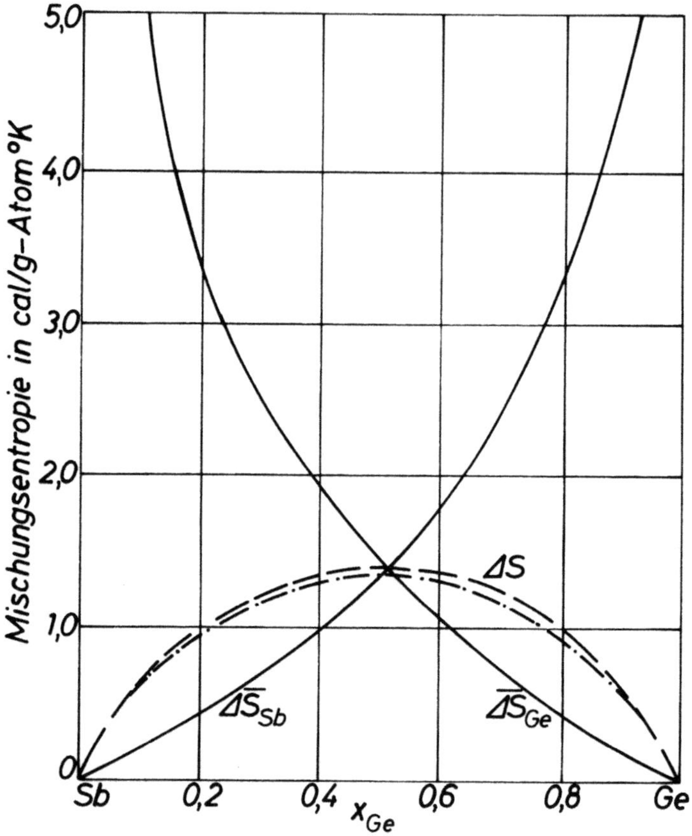

Bild 163
Partielle und integrale Mischungsentropien flüssiger Ge-Sb-Legierungen

—·—·— *ideale Mischungsentropie*

4.5.8 Das System Germanium-Wismut

Das von K. Ruttewit und G. Masing[164] sowie H. Stöhr und W. Klemm[165] zuerst aufgestellte Zustandsdiagramm Germanium-Wismut ist in Bild 164 wiedergegeben. Die bereits darin zum Ausdruck kommende Entmischungstendenz des Systems dokumentiert sich auch in den integralen Mischungsenthalpien, die bei 1000°C kalorimetrisch ermittelt worden sind[161]. Bild 165 gibt die partiellen und integralen Mischungsenthalpien als Funktion der Legierungszusammensetzung wieder. Die ΔH^L-x-Kurve ist fast symmetrisch zu x = 0,5. Der Höchstwert beträgt ΔH^L_{max} = 763 cal/g-Atom. Er liegt in der gleichen Größenordnung wie die Maximalwerte für ΔH^L in den analogen Systemen Germanium-Thallium und Germanium-Blei.

Die sinngemäße Anwendung der Gl.(23) und Gl.(9) liefert anhand der im Zustandsdiagramm zusammengefaßten Schmelzgleichgewichte partielle und integrale freie Mischungsenthalpien sowie thermodynamische Aktivitäten für 1000°C, die in den Bildern 166 bzw. 167 dargestellt sind. Die erhebliche positive Abweichung der thermodynamischen Aktivitäten von den Raoultschen Geraden verdeutlicht abermals die stark ausgeprägte Entmischungstendenz dieses Systems.

Die aus den freien Mischungsenthalpien und den experimentell gewonnenen ΔH^L-Werten erhaltenen Mischungsentropien sind etwas niedriger als die idealen Mischungsentropien (vgl.Bild 168). Wie bereits bei der Betrachtung der vorstehend beschriebenen Systeme des Germaniums kurz angedeutet, dürften die negativen Überschußentropien mit strukturellen Eigenheiten des Germaniums und des Wismuts zusammenhängen.

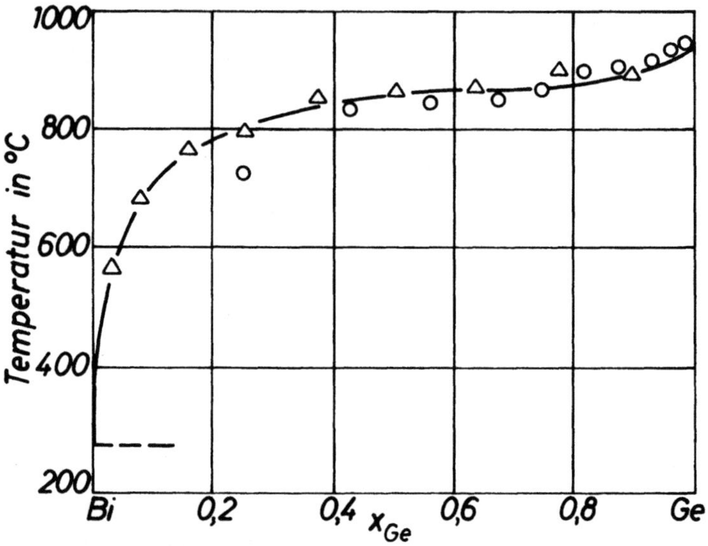

Bild 164

Zustandsdiagramm Ge - Bi

o nach [164)]

△ nach [165)]

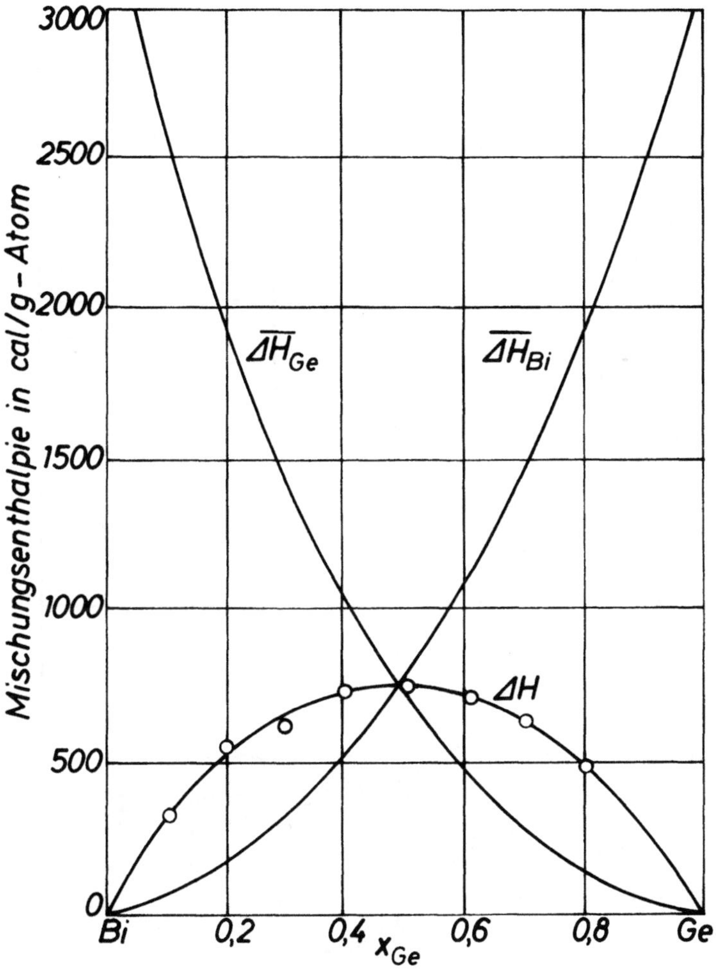

Bild 165
Partielle und integrale Mischungsenthalpien flüssiger Ge-Bi-Legierungen

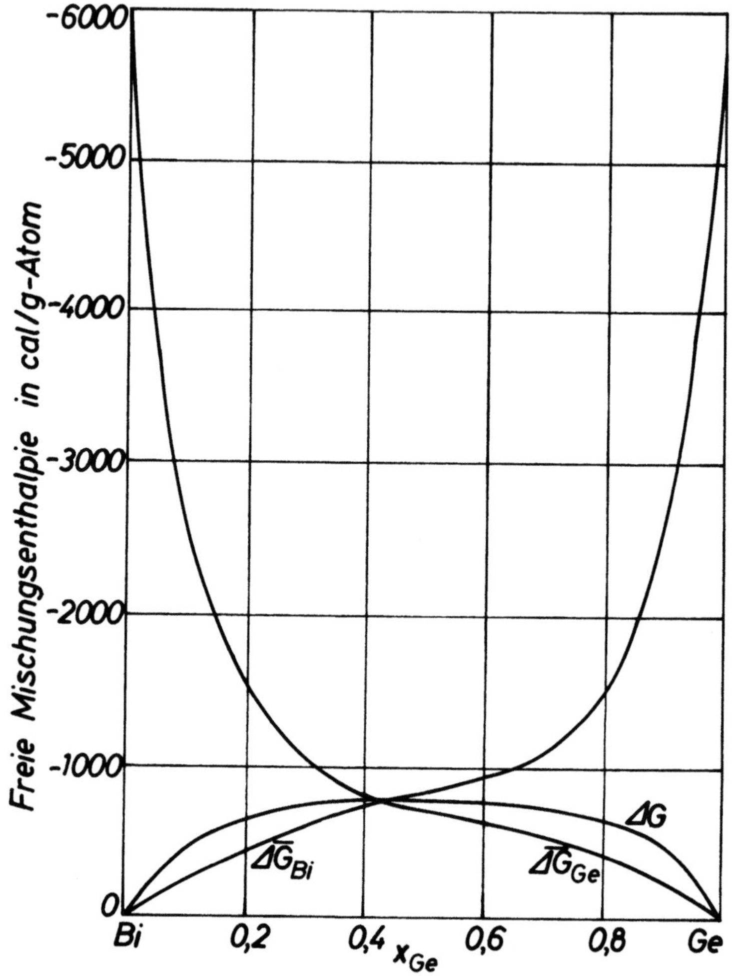

Bild 166
Partielle und integrale freie Mischungsenthalpien flüssiger Ge - Bi - Legierungen bei 1000 °C

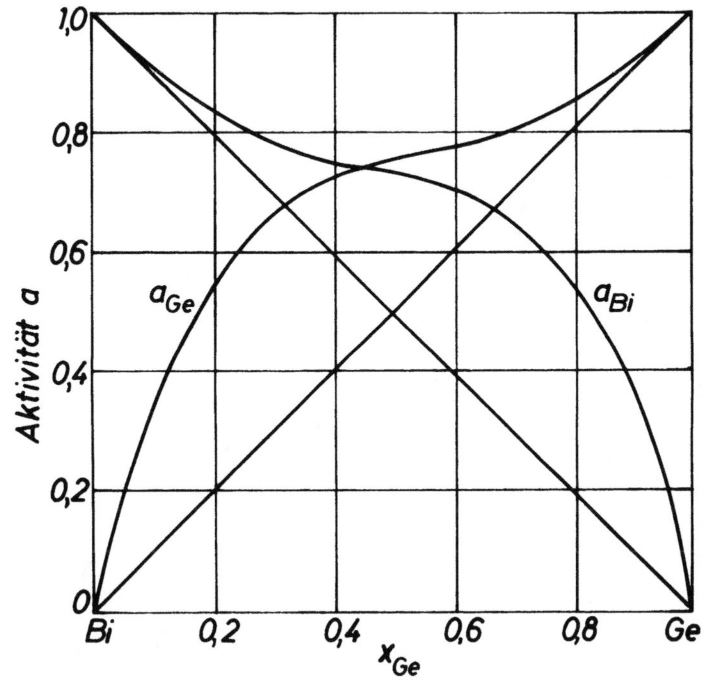

Bild 167
Thermodynamische Aktivitäten flüssiger Ge - Bi - Legierungen bei 1000°C

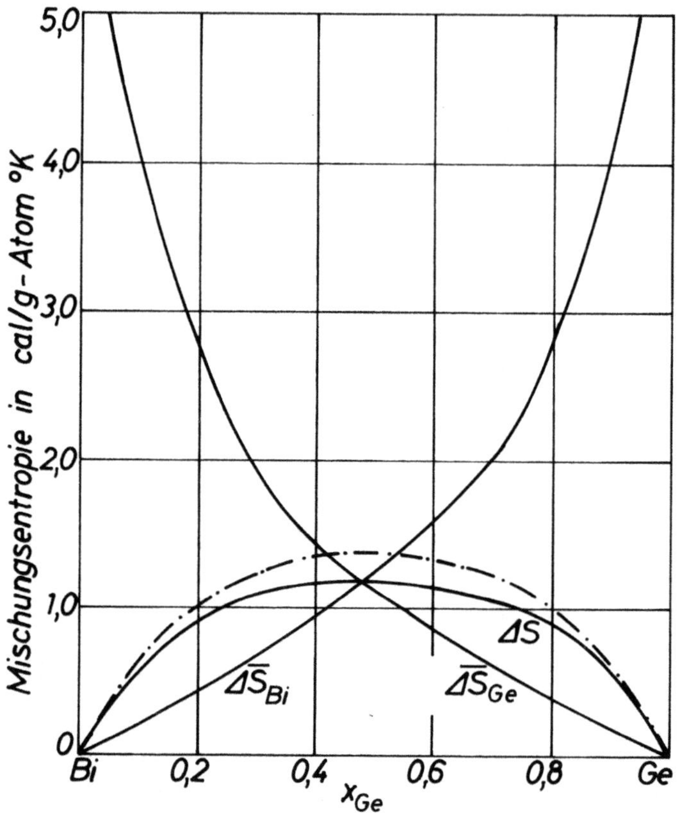

Bild 168

Partielle und integrale Mischungsentropien flüssiger Ge-Bi-Legierungen

—·—·— ideale Mischungsentropie

4.6 Binäre Systeme des Zinns

Wie bereits verschiedentlich angedeutet, führen hohe Atomvolumendifferenzen der Legierungspartner zu starker Entmischungstendenz. Dies scheint jedoch nicht der einzige Faktor zu sein, der das Auftreten ausgedehnter Mischungslücken in flüssigen binären Legierungen bewirkt. Insbesondere bei Systemen, deren eine Komponente ein niedrigschmelzendes Hauptgruppenelement und die andere ein Übergangsmetall ist, dürften auch die "chemischen" Bindungsverhältnisse von Einfluß sein. Die Löslichkeiten in solchen Systemen sind nur in wenigen Fällen gut bekannt. Dies trifft unter anderem für das System Zinn-Chrom zu. Es lag nahe, eine Revision des Zustandsdiagramms vorzunehmen.

4.6.1 Das System Zinn-Chrom

Die Liquiduslinie und die Begrenzungslinie der Mischungslücke wurden mit Hilfe der Differential-Thermoanalyse ermittelt[145]. Das Zustandsdiagramm ist in Bild 169 wiedergegeben. Lediglich für Temperaturen unterhalb 1300°C lagen bisher Ergebnisse von Löslichkeitsmessungen vor. Diese von D.A.Stevenson und J.Wulff[146] nach der Methode der isothermen Gleichgewichtseinstellung mit anschließender chemischer Analyse der Schmelzen gefundenen Liquiduspunkte stimmen bei niedrigen Chromgehalten mit unseren Ergebnissen weitgehend überein. Die von uns gefundene Mischungslücke im flüssigen Zustand hat eine kritische Temperatur von 1485°C (bei x_{Cr}= 0,605). Sie hat eine relativ kleine Ausdehnung, und zwar von x_{Cr}= 0,445 bis x_{Cr}= 0,773 bei der monotektischen Temperatur von 1374°C.

Die Auswertung der fest-flüssig-Gleichgewichte gemäß Gl.(51) liefert einen Maximalwert der Mischungsenthalpie von ΔH^{L}_{max}= 4000 cal/g-Atom und eine maximale Überschußentropie von $\Delta S^{ex,L}_{max}$= 1,4 cal/g-Atom^{o}K. Diese hohen Beträge dürften kaum allein auf die Fehlpassung infolge der Atomradiendifferenz der Komponenten zurückzuführen sein.

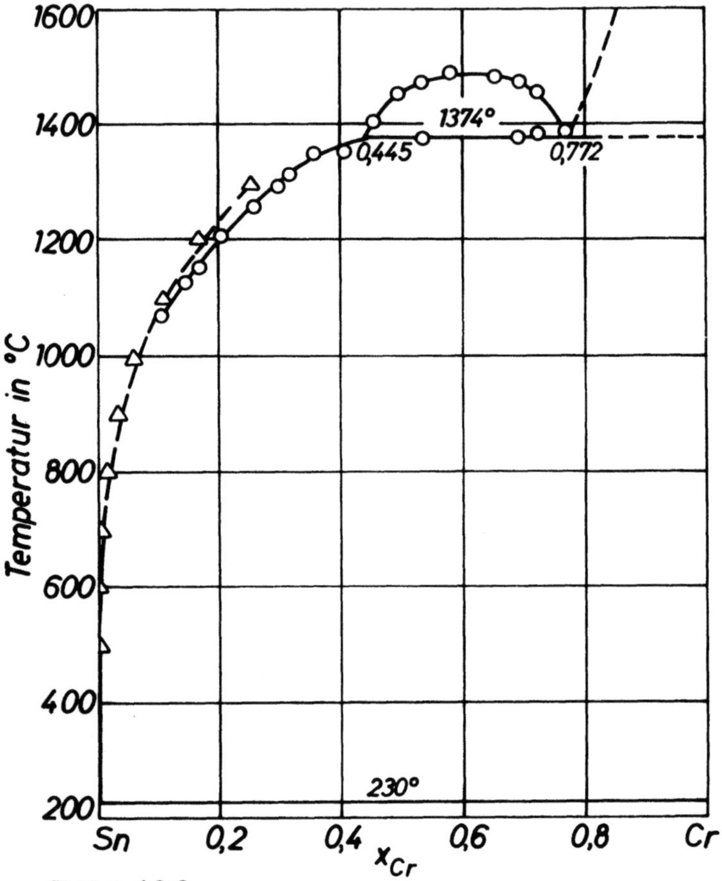

Bild 169

Zustandsdiagramm Sn - Cr

△ nach [146)]

○ diese Arbeit

4.7 Systeme mit Kupfer, Silber oder Gold als Komponente

Wie bereits N.F.Mott und H.Jones[168] anhand des Modells der freien Elektronen zeigen konnten, ist die Stabilität einer bestimmten Gitterstruktur in manchen metallischen Systemen von der Valenzelektronenkonzentration abhängig. Diese Gegebenheit beruht auf der Wechselwirkung zwischen Fermikugel und Brillouin-Zone der entsprechenden Gitter. Sowohl die Löslichkeitsgrenze der α-Mischkristalle der IB-Metalle, als auch die Existenzbereiche der Hume-Rothery-Phasen sind bekanntlich durch dieses Prinzip festgelegt. Die zunächst zur Erklärung der Stabilitätsverhältnisse herangezogenen Vorstellungen sind jedoch in der Regel nur bei kleinen Fremdatomkonzentrationen erfüllt. Bei höheren Fremdatomanteilen können erhebliche Störungen der Struktur des Leitungsbandes der Wirtsmetalle auftreten. Diese Störung kann als eine mehr oder weniger stark ausgeprägte Lokalisierung von Valenzelektronen aufgefaßt werden. Zur Verfolgung eines solchen "heteropolaren" Bindungsanteils und seiner Auswirkung auf die thermodynamischen Eigenschaften von Legierungen der Hume-Rothery-Systeme schien eine energetische Untersuchung über größere Konzentrationsbereiche nützlich zu sein. Das ist im festen Zustand wegen der nur begrenzten Löslichkeitsverhältnisse lediglich unvollkommen möglich. Es wurden daher neben thermodynamischen Arbeiten an festen Legierungen auch Untersuchungen entsprechender flüssiger Mischphasen in Angriff genommen.

Neben Messungen der Bildungs- bzw. Mischungsenthalpien schien die Bestimmung der freien Mischungsenthalpien von Nutzen zu sein. Letztere sind an Hume-Rothery-Systemen wegen der experimentellen Schwierigkeiten bisher nur in geringem Umfang durchgeführt worden. Im Folgenden beschriebene diesbezügliche Untersuchungen wurden nach der EMK-Methode vorgenommen. Die Messungen an flüssigen Legierungen erfordern dabei relativ hohe Versuchstemperaturen. Bei den Experimenten mit den im Vordergrund des Interesses stehenden Legierungen der IB-Metalle mit Gallium,

Germanium und Zinn ist die Anwendung geschmolzener reiner Salze dieser höherwertigen Elemente als Elektrolyt wegen ihrer hohen Dampfdrucke nicht möglich. Selbst verdünnte Lösungen dieser Salze in Alkalihalogeniden erwiesen sich bei der vorgesehenen Temperatur von 727°C als problematisch. Es wurden daher zunächst ternäre Systeme untersucht, die das interessierende binäre System als Randsystem und als dritte Komponente Zink enthielten. Aus den EMK-Werten einer galvanischen Kette mit der ternären Legierung als einer Elektrode, reinem Zink als zweiter Elektrode und einem Gemisch aus LiCl, KCl und $ZnCl_2$ als Elektrolyt konnten die Zinkaktivitäten der ternären Schmelzen gewonnen werden, aus denen über eine geeignete Auswertung die freien Überschußenthalpien in dem interessierenden binären Randsystem zugänglich sind.

4.7.1 EMK-Messungen an flüssigen ternären Legierungen des Kupfers mit Gallium, Germanium oder Zinn als zweiter und Zink als dritter Komponente; Auswertung nach den binären Randsystemen

Wie bereits dargelegt, wurden die thermodynamischen Aktivitäten des Zinks in ternären Systemen des Kupfers Cu-A-Zn mit A = Ga,Ge oder Sn bestimmt und daraus die thermodynamischen Aktivitäten in den binären Randsystemen Cu-A ermittelt[150]. Die Aktivitätsmessungen erfolgten nach der EMK-Methode an einer galvanischen Kette folgenden Aufbaus:

$$\ominus \;|\, Zn_{flüssig} \,|\, (LiCl + KCl + ZnCl_2)_{flüssig} \,|\, (Cu\text{-}A\text{-}Zn)_{flüssig} \,|\; \oplus \qquad (82)$$

Die EMK dieser Kette ist mit der partiellen freien Mischungsenthalpie des Zinks gemäß Gl.(14) verknüpft. Vor einer Darlegung der experimentellen Ergebnisse sei kurz auf den Gang der weiteren Auswertung hingewiesen.

Der Überschußwert der partiellen freien Mischungsenthalpie, $\overline{\Delta G}_A^{ex}$, einer Komponente ist im ternären System naturgemäß analog definiert wie in einem binären (vgl.Gl.(79)). Der Überschußwert der integralen freien Mischungsenthalpie einer ternären Legierung setzt sich dementsprechend additiv aus den Anteilen der partiellen Größen der einzelnen Komponenten zusammen:

$$\Delta G^{ex} = x_A \cdot \overline{\Delta G}_A^{ex} + x_B \cdot \overline{\Delta G}_B^{ex} + x_C \cdot \overline{\Delta G}_C^{ex} \qquad (83)$$

Die Anwendung der Gibbs-Duhem-Gleichung auf die partielle Ableitung nach x_B bei festgehaltenem Verhältnis x_A/x_C liefert:

$$\left[\frac{\partial \alpha_B (1-x_B)}{\partial x_B}\right]_{\frac{x_A}{x_C}} = \alpha_B \qquad (84)$$

Dabei bedeutet

$$\alpha_B = \frac{\overline{\Delta G}_B^{ex}}{(1-x_B)^2} \qquad (85)$$

Wird Gl.(84) nach x_B integriert mit den Bedingungen $\overline{\Delta G}_A^{ex} = 0$ für $x_A = 0$ und $\overline{\Delta G}_C^{ex} = 0$ für $x_C = 0$, so resultiert:

$$\Delta G^{ex} = (1-x_B)\left[\int_0^{x_B} \alpha_B dx_B + \Delta G_{AC}^{ex}\right]_{\frac{x_A}{x_C}} \tag{86}$$

Die Integrationskonstante $\left[\Delta G_{AC}^{ex}\right]_{x_A/x_C}$ ist die freie Überschußenthalpie ΔG^{ex} des binären Randsystems A-C ($x_B = 0$).

Ferner gilt:

$$\Delta G^{ex} = (1-x_B)\left[\int_1^{x_B} \alpha_B dx_B\right]_{\frac{x_A}{x_C}} - x_A\left[\int_1^{0} \alpha_B dx_B\right]_{x_C=0} - x_C\left[\int_1^{0} \alpha_B dx_B\right]_{x_A=0} .$$

Damit sind die integralen freien Überschußenthalpien der ternären Legierungen bereits bei Kenntnis der partiellen freien Überschußenthalpien einer Komponente zugänglich. Ferner sind die freien Überschußenthalpien des Randsystems A-C erhältlich, wenn die entsprechenden partiellen Größen für die Komponente B im ternären Gebiet vorliegen. Durch Eliminierung von ΔG^{ex} in den Gleichungen (86) und (87) ergibt sich:

$$\Delta G_{AC}^{ex} = \left[\int_1^{0} \alpha_B dx_B\right]_{\frac{x_A}{x_C}} - x_A\left[\int_1^{0} \alpha_B dx_B\right]_{x_C=0} - x_C\left[\int_1^{0} \alpha_B dx_B\right]_{x_A=0} . \tag{88}$$

In unserem Falle wurde die Funktion α_{Zn} gemäß Gleichung (81) als Funktion der Konzentration experimentell ermittelt und daraus die integrale freie Überschußenthalpie für Legierungen des zinkfreien binären Randsystems gewonnen.

In Bild 170 sind als Beispiel die Werte der α_{Zn}-Funktion für das ternäre System Kupfer-Zinn-Zink dargestellt. Die für die Auswertung noch erforderlichen Werte für ΔG^{ex} der binären Randsysteme sind zum Teil bekannt[9]. Die α_{Zn}-Funktion für das Randsystem Ge-Zn ist weiter oben mitgeteilt worden (vgl.Bild 130)

Gemäß Gl.(88) sind die ΔG^{ex}-Werte für die zinkfreien binären Randsysteme durch graphische Integration der α_{Zn}-x_{Zn}-Kurven ermittelt worden. Die Resultate sind in den Bildern 171 bis 173 graphisch dargestellt.

Es sei bemerkt, daß die von T.Azakami und A.Yazawa[166] sowie die von C.B.Alcock und Mitarb.[167] gefundenen Werte sich in die von uns erhaltenen Ergebnisse einordnen (vgl.Bild 171 bzw. Bild 173).

Aus den ΔG^{ex}-x-Kurven können durch Differentiation die partiellen freien Überschußenthalpien gewonnen werden. Es gilt:

$$\overline{\Delta G}_A^{ex} = \Delta G^{ex} + (1-x_A) \frac{d\Delta G^{ex}}{dx_A} \qquad (89)$$

und, analog zu Gl.(6)

$$\overline{\Delta G}_B^{ex} = \frac{\Delta G^{ex} - x_A \overline{\Delta G}_A^{ex}}{(1-x_A)} \qquad (90)$$

Die partiellen Größen sind in den Bildern 171 bis 173 ebenfalls dargestellt.

Da die Mischungsenthalpien der flüssigen Legierungen der hier interessierenden Systeme aus der Literatur bekannt sind, können anhand der nun vorliegenden freien Überschußenthalpien die Überschußentropien berechnet werden. Die Ergebnisse sind in den Bildern 174 und 175 graphisch dargestellt.

Eine Erörterung der Faktoren, die für die individuellen thermodynamischen Eigenschaften der Systeme des Kupfers mit höherwertigen Legierungspartnern verantwortlich sind, soll weiter unten erfolgen.

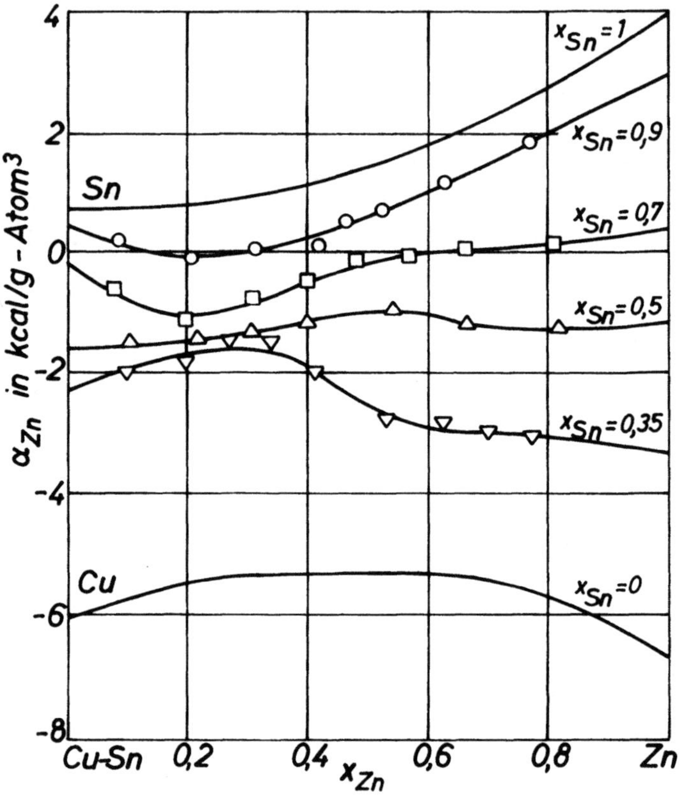

Bild 170
Mit der galvanischen Kette (Gl. 82) gewonnene α_{Zn} - Werte flüssiger Cu - Sn - Zn - Legierungen bei 727 °C

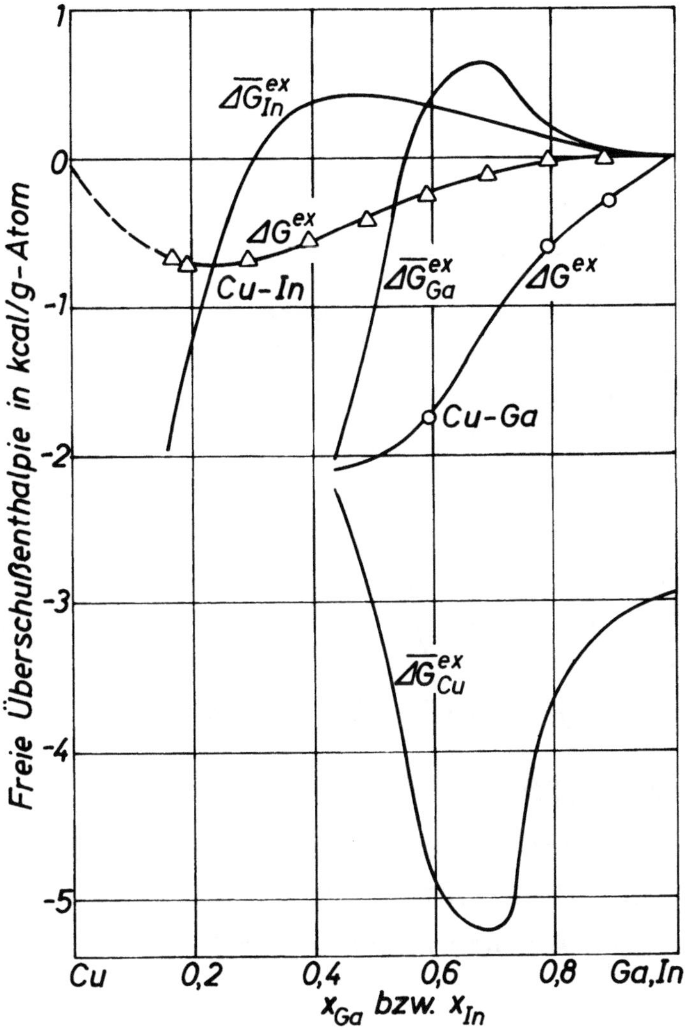

Bild 171

Partielle und integrale freie Überschußenthalpien flüssiger Cu-Ga- und Cu-In-Legierungen bei 727°C

△ nach[166)]
○ diese Arbeit

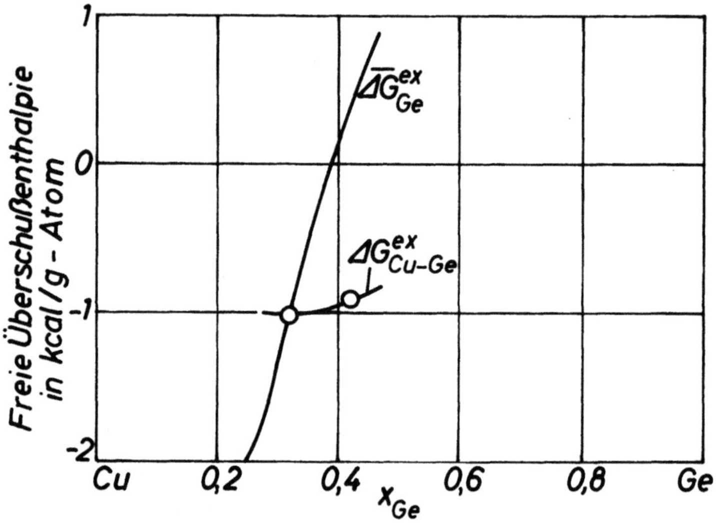

Bild 172
Partielle und integrale freie Überschußenthalpien flüssiger Cu - Ge - Legierungen bei 727 °C

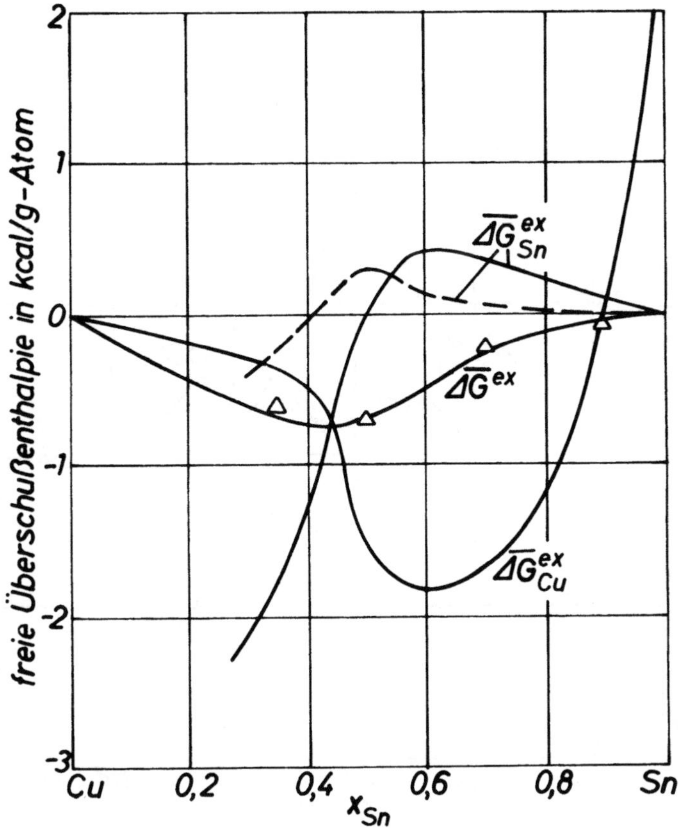

Bild 173
Partielle und integrale freie Überschußenthalpien flüssiger Cu-Sn-Legierungen bei 727 °C
--- nach[167)]
—— diese Arbeit

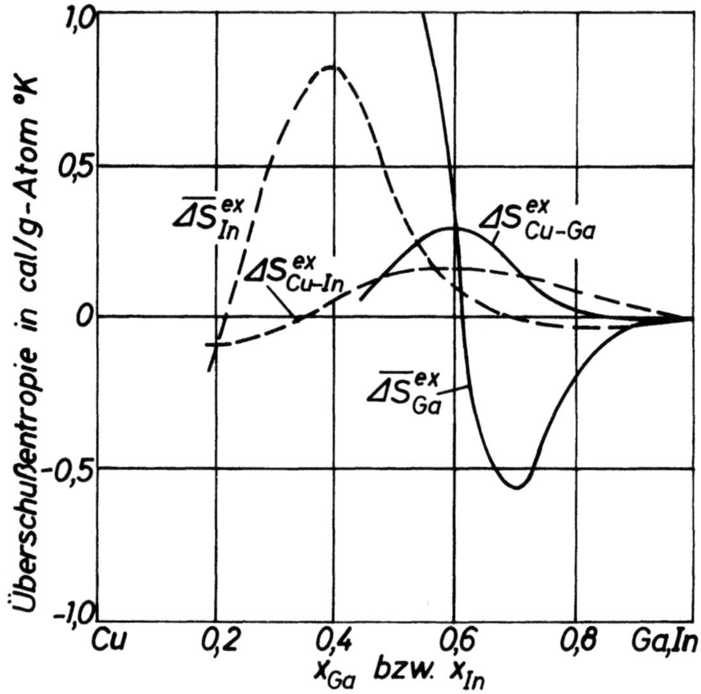

Bild 174
Partielle und integrale Überschuß-entropien flüssiger Cu - Ga - und Cu - In - Legierungen bei 727°C

--- nach [166)]
—— diese Arbeit

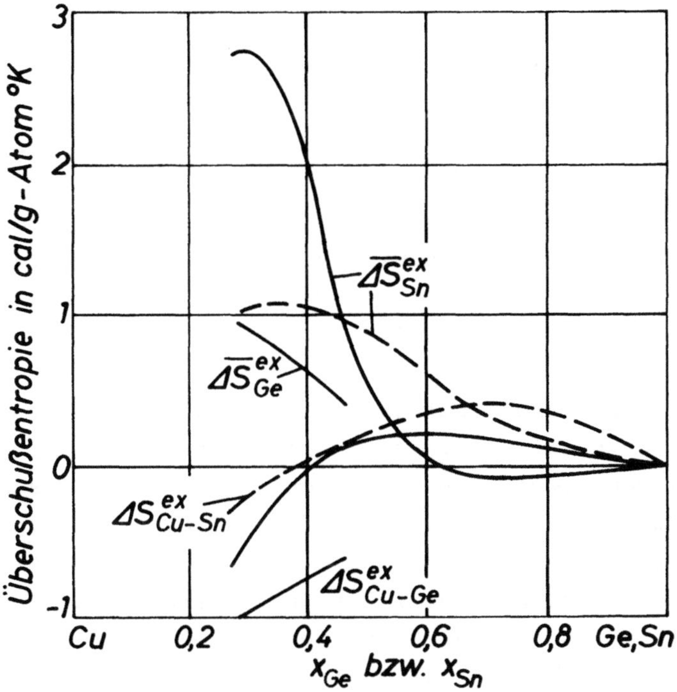

Bild 175
Partielle und integrale Mischungs-entropien flüssiger Cu - Ge -und Cu- Sn - Legierungen

---- nach[167] bei 1200°C

—— diese Arbeit bei 727°C

4.7.2 EMK-Messungen an flüssigen ternären Legierungen des Silbers mit Gallium, Indium oder Germanium als zweiter und Zink als dritter Komponente; Auswertung nach den binären Randsystemen

In analoger Weise wie die vorstehend beschriebenen Systeme des Kupfers wurden auch die Systeme Silber-Gallium-Zink, Silber-Indium-Zink und Silber-Germanium-Zink nach der EMK-Methode untersucht[169]. Bild 176 gibt als Beispiel die an flüssigen Silber-Indium-Zink-Legierungen gewonnenen Werte für die α_{Zn}-Funktion wieder. Auch die α_{Zn}-Werte der beiden binären Randsysteme Indium-Zink[197] und Silber-Zink[9)154] sind dort als Funktion des Atombruches dargestellt.

Die integralen freien Überschußenthalpien der zinkfreien binären Randsysteme wurden durch Integration der α_{Zn}-x_{Zn}-Kurven auf den jeweiligen Schnitten der ternären Systeme gemäß Gl.(88) gewonnen. Durch Differentiation der erhaltenen ΔG^{ex}-x-Kurven ergaben sich dann die zugehörigen partiellen Größen. Die Ergebnisse für flüssige Legierungen der Systeme Silber-Gallium und Silber-Germanium sind in Bild 177 und für flüssige Silber-Indium-Legierungen in Bild 178 dargestellt. Es sei noch bemerkt, daß die für einige Meßreihen bei 627°C gewonnenen Ergebnisse mit Hilfe der in der Literatur bekannten Mischungsenthalpien in bekannter Weise auf eine Temperatur von 727°C umgerechnet wurden, um sie besser mit anderen vorliegenden Resultaten vergleichen zu können.

Im System Silber-Indium liegen Vergleichswerte vor. Die von E.P.Mycielska und Mitarb.[170] nach der EMK-Methode gewonnenen ΔG^{ex}-Werte stimmen annähernd mit unseren Ergebnissen überein. Geringere ΔG^{ex}-Werte wurden bei 1127°C von C.B.Alcock und Mitarb.[167] bei massenspektrometrischen Partialdampfdruckmessungen gefunden. Im System Silber- Gallium haben V.N.Danilin und S.P.Yatsenko[171] aufgrund von EMK-Messungen ΔG^{ex}-Werte gefunden, die mit unseren Resultaten in Einklang sind.

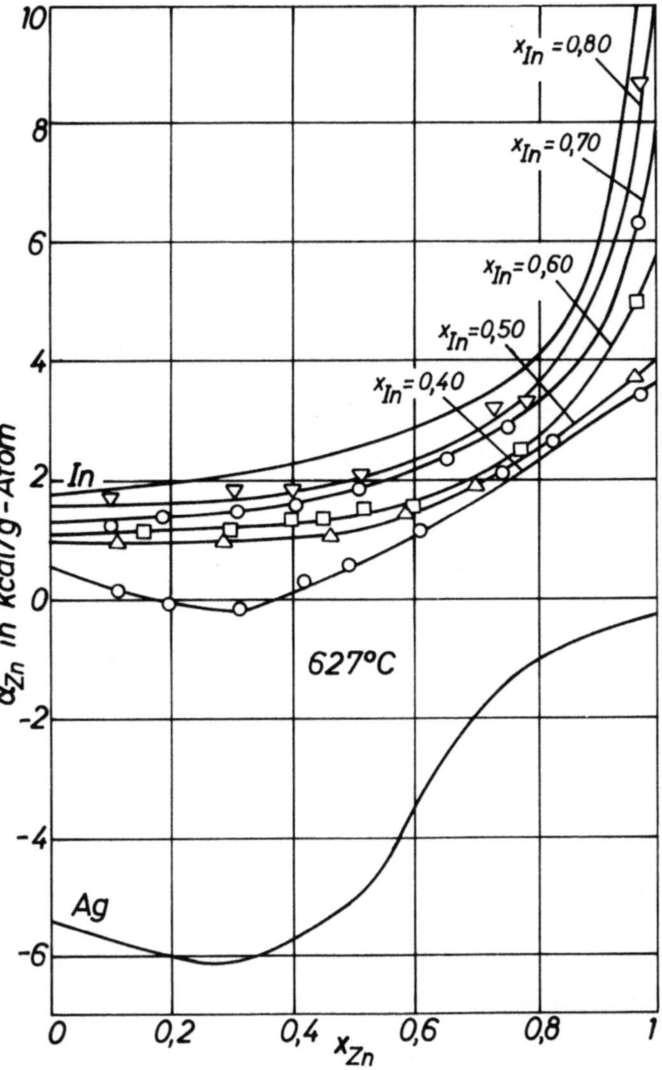

Bild 176
Ergebnisse der EMK-Messungen an flüssigen Ag-In-Zn-Legierungen bei 627°C

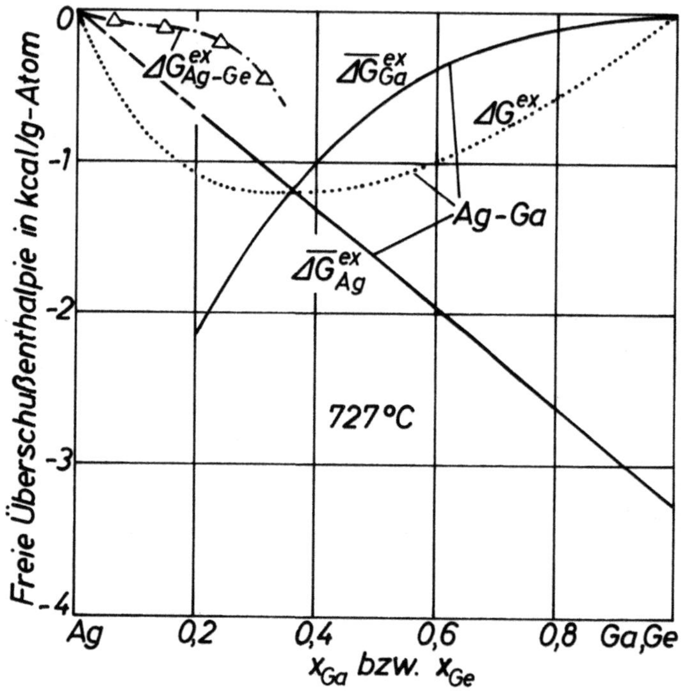

Bild 177

Partielle und integrale freie Überschußenthalpien flüssiger Ag-Ga und Ag-Ge-Legierungen bei 727 °C

.... nach[171) 30)]

—— Ag-Ga } diese Arbeit
–·– Ag-Ge }

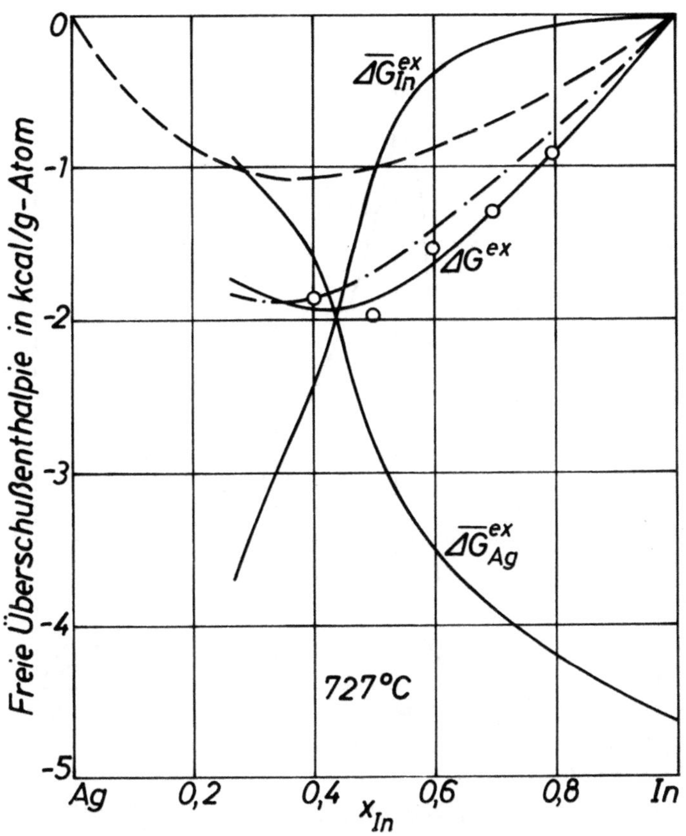

Bild 178

Partielle und integrale freie Überschußenthalpien flüssiger Ag-In-Legierungen bei 727°C

—·—·— nach[170]

– – – nach[167]

——— diese Arbeit

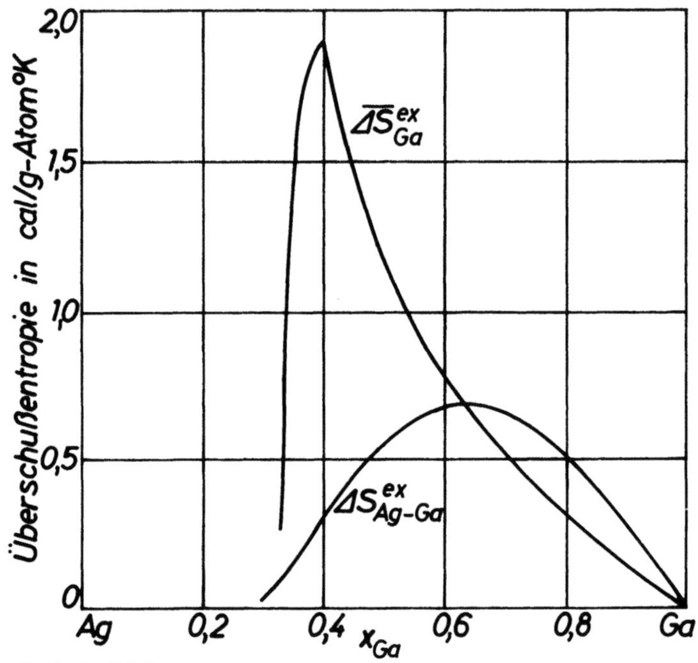

Bild 179
Partielle und integrale Mischungsentropien flüssiger Ag-Ga-Legierungen

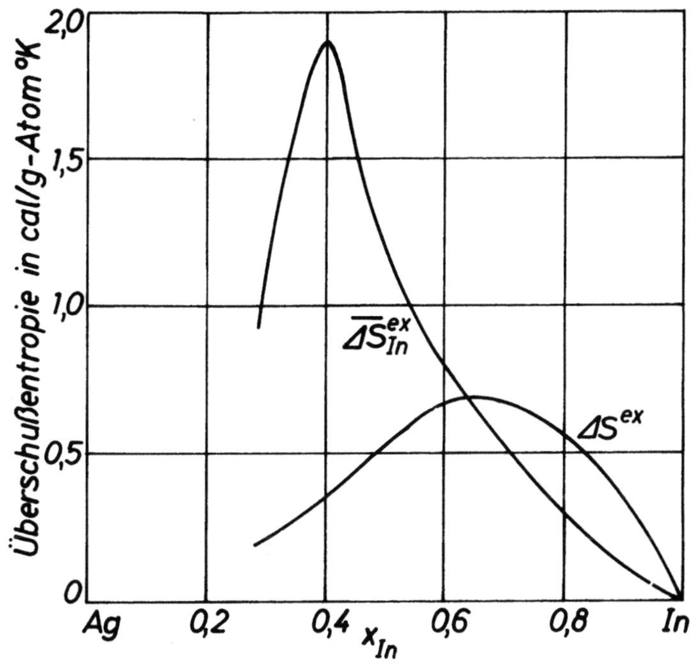

Bild 180

Partielle und integrale Mischungsentropien flüssiger Ag-In-Legierungen

Die integralen Mischungsenthalpien flüssiger Silber-Gallium-Legierungen wurden in einer früheren Arbeit[173)] und diejenigen flüssiger Silber-Indium-Legierungen von O.J.Kleppa[174] bestimmt. Aus den ΔH^L- und den ΔG^{ex}-Werten können die Überschußentropien ermittelt werden. Die Ergebnisse sind in den Bildern 179 und 180 wiedergegeben.

Auf die Faktoren, die die thermodynamischen Eigenschaften der hier erwähnten flüssigen Silber-Legierungen festlegen, wird weiter unten eingegangen.

4.7.3 EMK-Messungen an flüssigen ternären Legierungen des Goldes mit Gallium, Indium oder Germanium als zweiter und Zink als dritter Komponente; Auswertung nach den binären Randsystemen

Auch zur Ermittlung thermodynamischer Daten in den Systemen des Goldes mit Gallium, Indium und Germanium wurden Messungen von Aktivitäten des Zinks in den entsprechenden ternären Legierungen mit Zink als dritter Komponente durchgeführt[167]. Bild 181 gibt die partiellen und integralen freien Überschußenthalpien flüssiger Gold-Gallium-Legierungen als Funktion des Atombruchs wieder. Die entsprechenden Größen für die Systeme Gold-Indium und Gold-Germanium sind in den Bildern 182 bzw. 183 dargestellt. In Bild 183 ist zum Vergleich auch die integrale freie Überschußenthalpie flüssiger Gold-Zinn-Legierungen als Funktion des Atombruchs wiedergegeben[172].

In einer früheren Arbeit sind die Mischungsenthalpien flüssiger Gold-Gallium-Legierungen ermittelt worden[173]. Auch für die flüssigen Gold-Germanium-Legierungen liegen in der Literatur ΔH^L-Werte vor[173][175]. Mit den nun vorhandenen ΔG^{ex}-Werten können damit die Überschußentropien der betreffenden binären Legierungen berechnet werden. Die erzielten Ergebnisse sind in den Bildern 184 und 185 graphisch dargestellt.

Auf Fragen nach den Faktoren, die das Vorzeichen und den Betrag der thermodynamischen Überschußfunktionen der hier beschriebenen Goldsysteme bestimmen, soll weiter unten eingegangen werden.

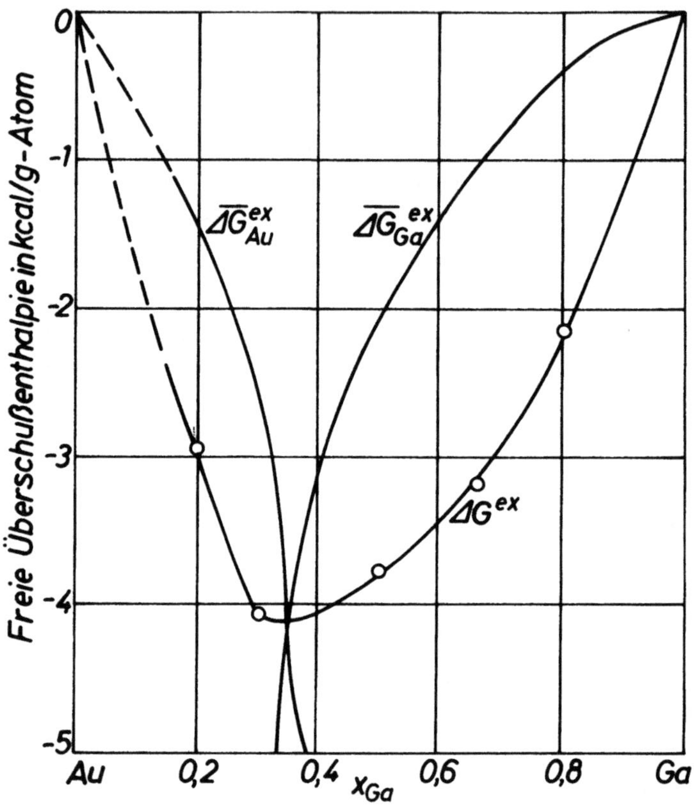

Bild 181
Partielle und integrale freie Überschußenthalpien flüssiger Au-Ga-Legierungen bei 727 °C

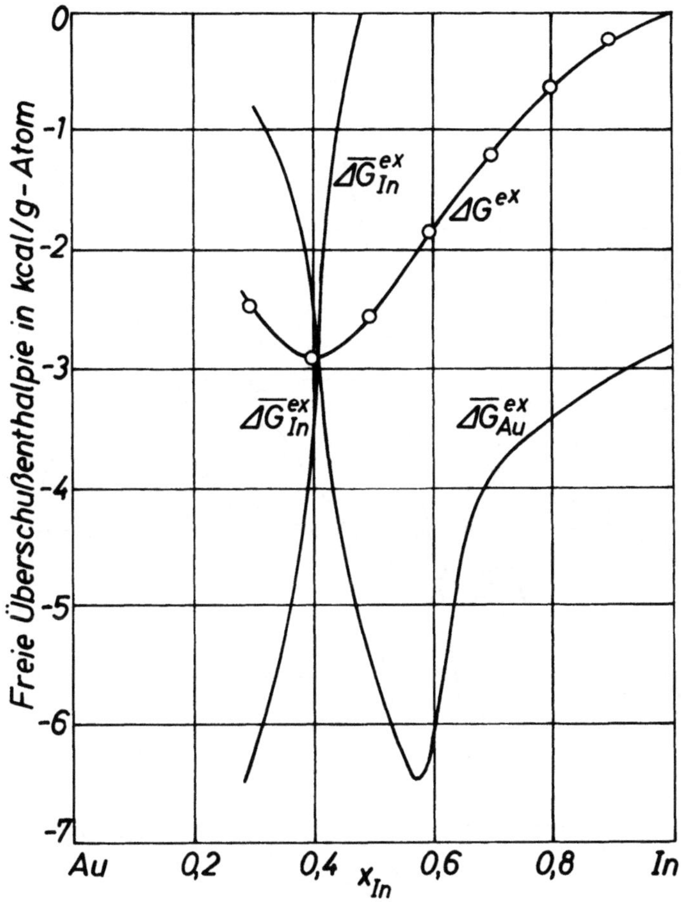

Bild 182

Partielle und integrale freie Überschußenthalpien flüssiger Au-In-Legierungen bei 627°C

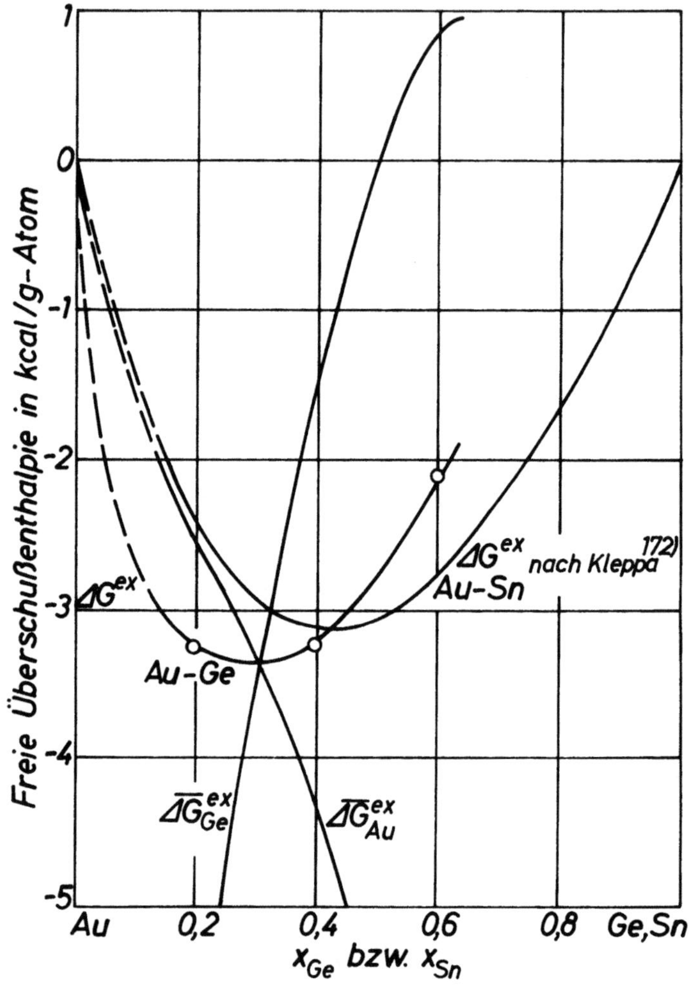

Bild 183
Partielle und integrale freie Überschuß-enthalpien flüssiger Au-Ge- und Au-Sn-Legierungen bei 727°C

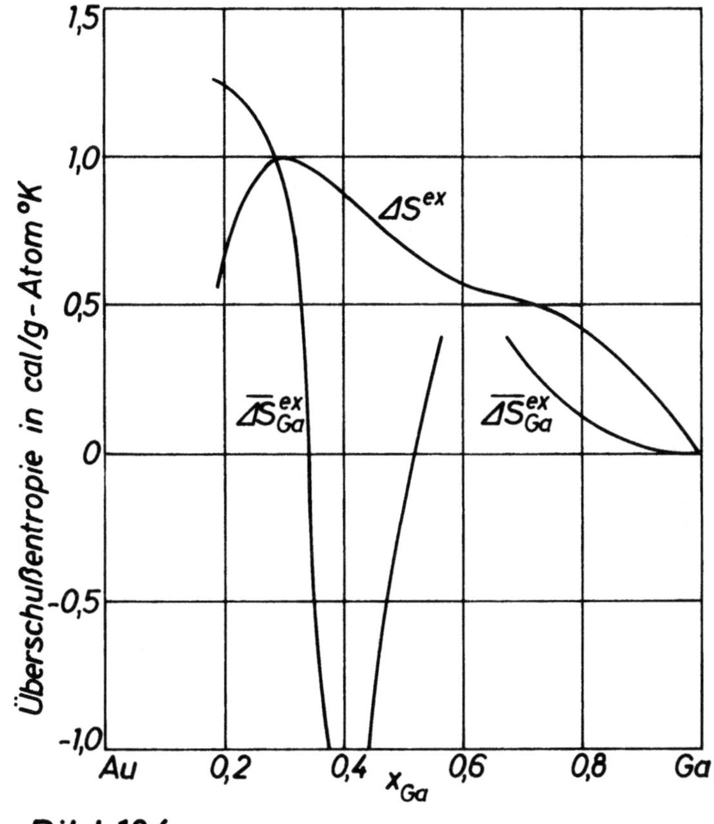

Bild 184

Partielle und integrale Überschußentropien flüssiger Au-Ga-Legierungen

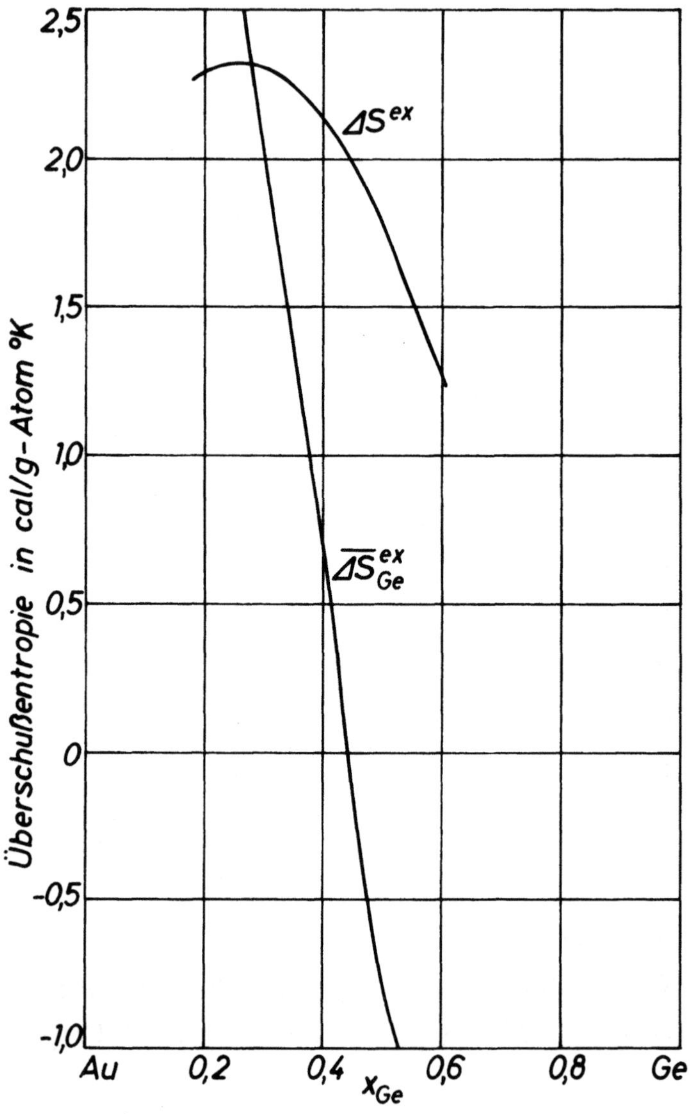

Bild 185
Partielle und integrale Überschuß-entropien flüssiger Au-Ge-Legierungen

4.7.4 Das System Kupfer-Germanium

Die Energetik der Legierungsbildung und die Konstitution des Systems Kupfer-Germanium werden weitgehend durch die elektronischen Verhältnisse bestimmt. Es treten die bei Erhöhung der Valenzelektronenkonzentration des Kupfers durch Zusatz des höherwertigen Germaniums zu erwartenden Hume-Rothery-Phasen auf (vgl.Bild 186). Auch in den Legierungsschmelzen ist diese Verbindungstendenz erkennbar. Wie ein Blick auf Bild 172 lehrt, haben die integralen freien Überschußenthalpien flüssiger Kupfer-Germanium-Legierungen ein negatives Vorzeichen und im Bereich um 25 At-% Ge erhebliche Beträge von größenordnungsmäßig -1kcal/g-Atom. Entsprechend hohe negative Mischungsenthalpien sind zu erwarten. Zu ihrer Ermittlung ist ein Hochtemperatur-Kalorimeter eingesetzt worden[186]. Die bei 1150°C bei der direkten Vermischung der flüssigen Komponenten gewonnenen ΔH^L-Werte sind in Bild 187 als Funktion des Atombruchs dargestellt.

Der Extremwert der negativen Mischungsenthalpien flüssiger Kupfer-Germanium-Legierungen liegt auf der Kupferseite des Systems, und zwar bei x_{Ge}= 0,28. Er beträgt ΔH^L_{max}= -1960 cal/g-Atom. Die durch graphische Differentiation der ΔH^L-x-Kurve gewonnenen partiellen Mischungsenthalpien sind ebenfalls in Bild 187 wiedergegeben.

Die Bildungsenthalpien der festen Legierungen wurden lösungskalorimetrisch ermittelt, und zwar mit flüssigem Zinn als Lösungsmittel[176]. Die Ergebnisse sind in Tabelle 3 mitgeteilt.

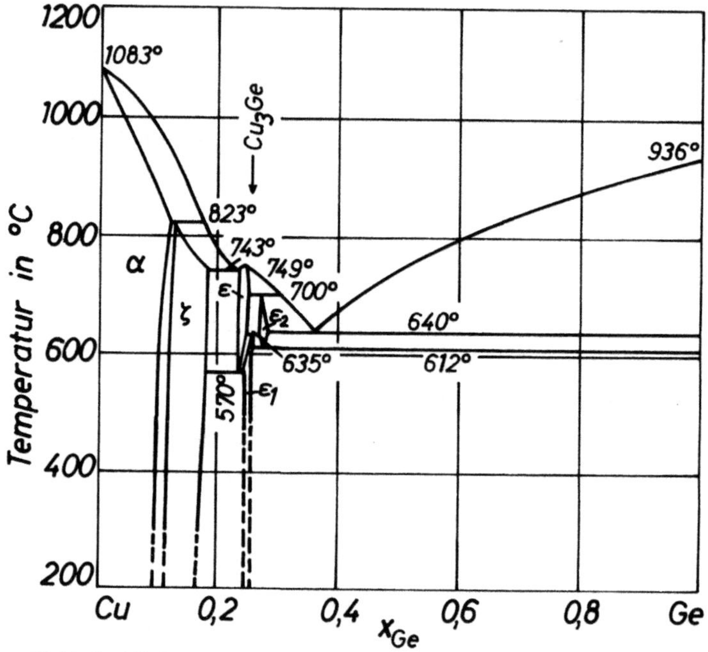

Bild 186
Zustandsdiagramm Cu - Ge [27)]

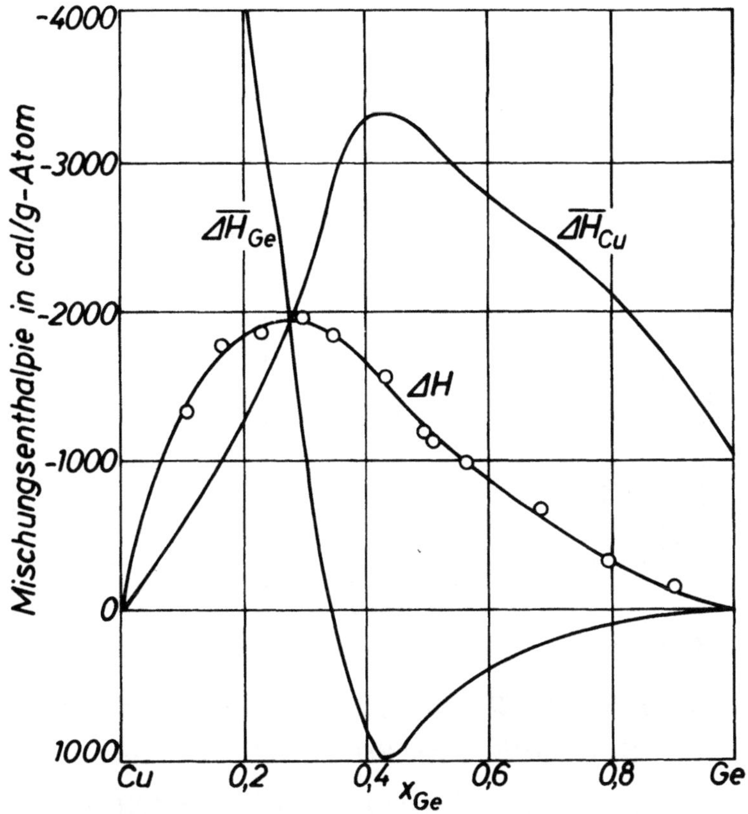

Bild 187
Partielle und integrale Mischungsenthalpien flüssiger Cu-Ge-Legierungen

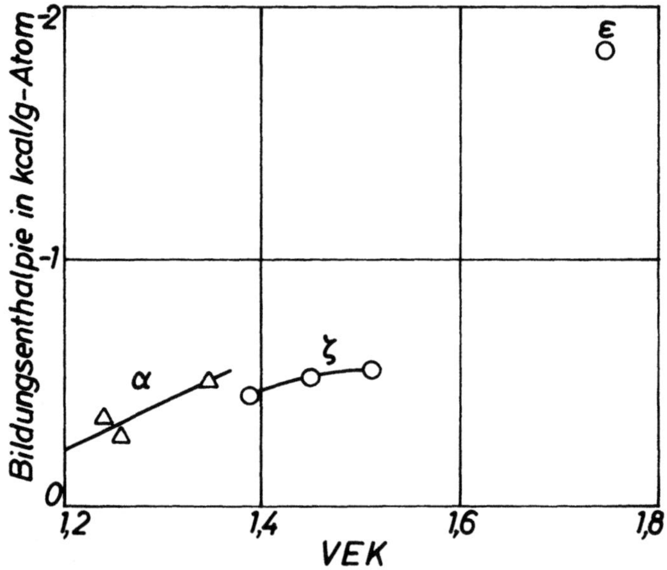

Bild 188
Integrale Bildungsenthalpien fester Phasen des Systems Cu-Ge als Funktion der Valenzelektronenkonzentration
△ nach [177)]
○ diese Arbeit

Tabelle 3

Bildungsenthalpien ΔH^S fester Cu-Ge-Legierungen in kcal/g-Atom

Phase	At-% Ge	ΔH^S	Versuchstemperatur °C
ζ	13	-0,43 ± 0,18	724
ζ	15	-0,52 ± 0,18	724
ζ	17	-0,54 ± 0,19	724
ε_1	25	-1,83 ± 0,21	507

Eine Analyse der Faktoren, die die thermodynamischen Eigenschaften des gesamten Systems Kupfer-Germanium bestimmen, soll weiter unten erfolgen. Hier seien lediglich die energetischen Gegebenheiten der intermetallischen Phasen ζ und ε_1 kurz erläutert.

In Bild 188 sind die Bildungsenthalpien der festen Phasen des Systems Kupfer-Germanium als Funktion der Valenzelektronenkonzentration (VEK) dargestellt. Die ΔH^S-Werte der α-Mischkristalle und die der ζ-Phase weisen einen analogen Gang auf. Die ε_1-Phase hat eine demgegenüber deutlich höhere Bildungsenthalpie. Die Zunahme der Bildungsenthalpie der ζ-Phase mit steigender VEK ist durch eine zunehmende Auffüllung der Brillouin-Zone beim Zulegieren des vierwertigen Germaniums zu erklären. Indessen nimmt die Neigung der ΔH^S-VEK-Kurve mit steigender VEK ab. Das dürfte, worauf T.B.Massalski und B.Cockayne[178] aufgrund der von ihnen präzise bestimmten Gitterkonstanten hingewiesen haben, damit zusammenhängen, daß bereits bei einer VEK= 1,43 eine Überlappung der {1010}-Fläche der Brillouin-Zone eintritt. Diese Überlappung dürfte eine Verminderung der relativen Stabilität bedingen.

Die ΔH^L-x-Kurve weist ihren Extremwert bei x_{Ge}= 0,28 auf. Hier ist die Tendenz zur Bildung einer intermetallischen Verbindung offensichtlich besonders stark ausgeprägt. Dementsprechend sind auch im festen Zustand bei Konzentrationen um 25 At-% Ge thermodynamisch besonders stabile Phasen zu erwarten. Das trifft in der Tat zu. Die ε-Phase weist ein Schmelzpunktsmaximum auf. Ferner hat die ε_1-Phase eine deutlich höhere negative Bildungsenthalpie als die α- und ζ-Phase.

4.7.5 Das System Gold-Germanium

Analog wie im System Kupfer-Germanium sollten auch im System Gold-Germanium Hume-Rothery-Phasen auftreten. Das Zustandsdiagramm Au-Ge weist indessen einfache eutektische Schmelzgleichgewichte auf (vgl.Bild 189). Wie in einer weiter unten dargelegten Erörterung gezeigt werden wird, ist die Tendenz zur Bildung von Elektronenverbindungen zwar vorhanden, ihre Stabilität wird indessen durch sekundäre Einflüsse so weit reduziert, daß Hume-Rothery-Phasen hier mit den α-Mischkristallen nicht konkurrieren können. In den thermodynamischen Eigenschaften flüssiger Legierungen spiegelt sich die Verbindungstendenz indessen wieder.

Mit Hilfe eines Hochtemperatur-Kalorimeters wurden die Wärmetönungen beim Vermischen der flüssigen Komponenten bei 1150 °C ermittelt[176]. Die gemessenen ΔH^L-Werte sind in Bild 190 gegen den Atombruch der Legierungen aufgetragen. Auch die durch Differentiation der ΔH^L-x-Kurve gewonnenen partiellen Mischungsenthalpien sind in diesem Bild wiedergegeben. Die ΔH^L-x-Kurve ist nicht symmetrisch zu x = 0,5. Der Extremwert der negativen Mischungsenthalpien beträgt ΔH^L_{max} = -1150 cal/g-Atom und tritt bei x_{Ge} = 0,42 auf.

Eine Analyse der thermodynamischen Eigenschaften dieses Systems soll in einem breiteren Zusammenhang weiter unten erfolgen.

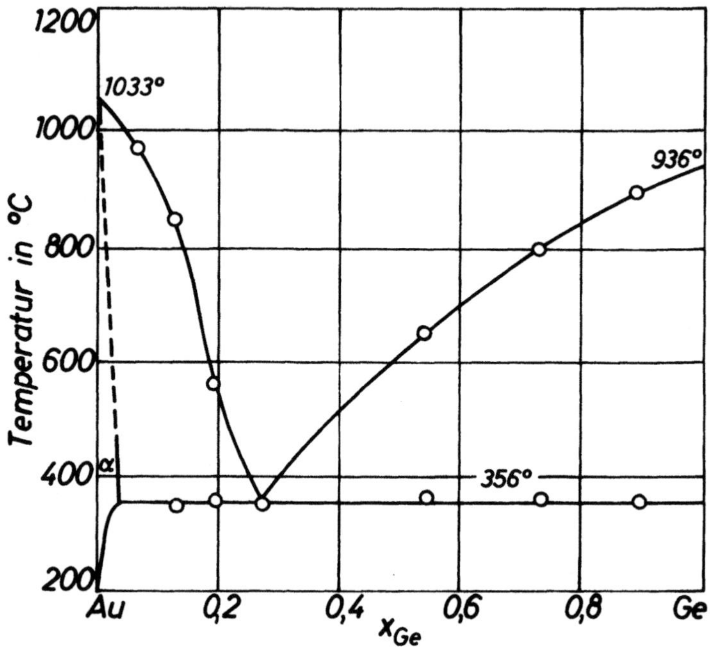

Bild 189
Zustandsdiagramm Au - Ge[27]

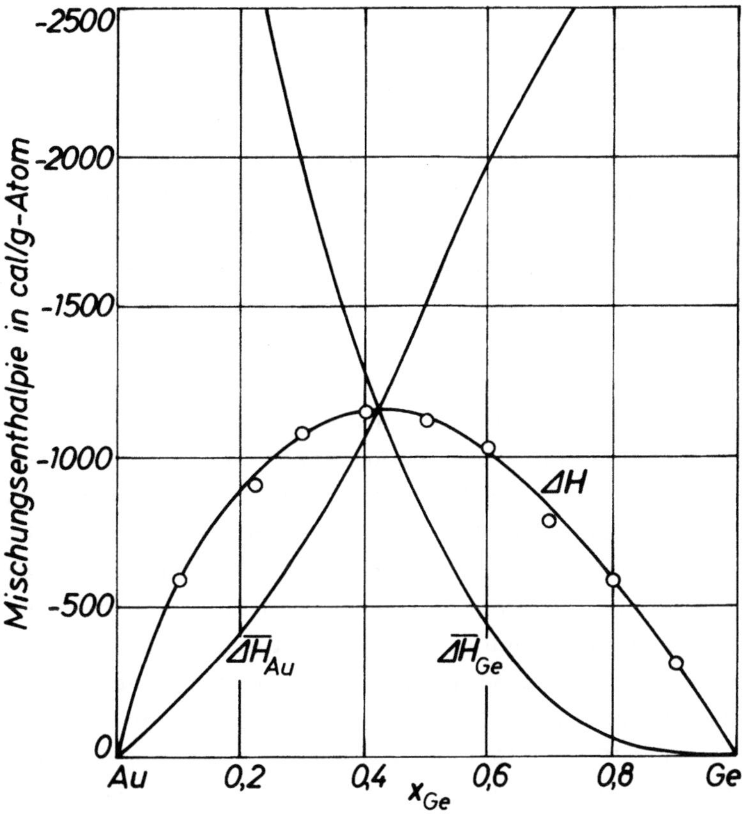

Bild 190

Partielle und integrale Mischungsenthalpien flüssiger Au-Ge-Legierungen

4.8 Systeme mit extrem starker Verbindungstendenz

In Kapitel 4.7 sind einige Systeme behandelt, in denen die Bindungsverhältnisse in den Legierungen weitgehend durch elektronische Gegebenheiten festgelegt sind. Solche Hume-Rothery-Systeme mit den zugehörigen typischen strukturellen und energetischen Eigenheiten sind nicht auf Metallkombinationen beschränkt, bei denen als eine Komponente ein Edelmetall der I. Gruppe des Periodensystems auftritt. Analoge "Elektronenverbindungen", wie sie die Hume-Rothery-Phasen darstellen, treten auch in Systemen auf, die ein Element der Eisengruppe als Partner enthalten und in denen als zweite Legierungskomponente höherwertige Metalle wie Aluminium oder Gallium fungieren. Wird dabei in bekannter Weise das Element der Eisengruppe fiktiv als nullwertig angenommen, so tritt - in völliger Analogie zu den Verhältnissen in den klassischen Hume-Rothery-Systemen - z.B. bei einer VEK = 1,5 eine kubisch-raumzentrierte Phase mit geordneter Atomverteilung auf. Indessen sind die Bildungsenthalpien dieser Elektronenverbindungen sehr viel höher als diejenigen der Systeme mit Edelmetallen der I. Gruppe des Periodensystems. Beispielsweise beträgt die Bildungsenthalpie der β-Phase des Systems Ni-Al $\Delta H^S = -16$ kcal/g-Atom[179]. Solche Phasen zeigen eine Reihe besonderer Eigenschaften. Es treten hier z.B. ungewöhnlich hohe Konzentrationen an konstitutionellen Leerstellen und spezielle magnetische Eigenschaften auf. Als Beispiel für ein solches System mit extrem hoher Verbindungstendenz wurde das System Nickel-Gallium hinsichtlich der thermodynamischen Eigenschaften untersucht.

4.8.1 Das System Nickel-Gallium

Die im System Nickel-Gallium auftretenden Phasengleichgewichte sind in Bild 191 wiedergegeben[180 - 182]. Neben einem relativ breiten α-Nickel-Mischkristallbereich treten acht inter-

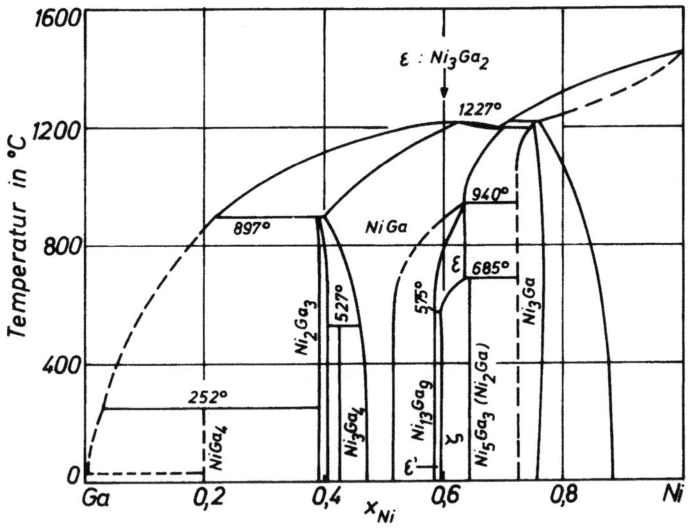

Bild 191
Zustandsdiagramm Ni-Ga 180)-182),218)

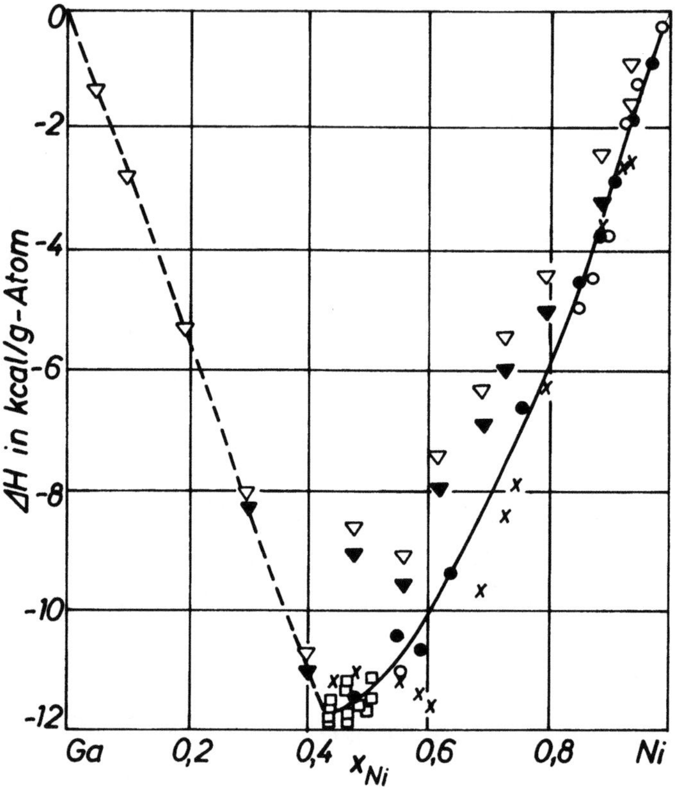

Bild 192

Bildungsenthalpien fester Ni - Ga - Legierungen bezogen auf festes Ni und festes Ga als Ausgangsphasen der Legierungsbildung

□ *Jacobi* [185] × *Pratt, EMK* [186]

▽ *Pratt, kal.* [186] ▼ *Pratt, kal.korrigiert* [186]

○ *diese Arbeit, EMK* ● *diese Arbeit, kal.*

metallische Verbindungen auf. Die Phase NiGa, die eine β-Hume-Rothery-Verbindung darstellt, besitzt eine CsCl-Struktur, die Phase Ni_3Ga_4 weist eine Überstruktur des CsCl-Gitters auf. Desgleichen ist die Verbindung Ni_2Ga_3 mit dem CsCl-Typ verwandt. Die Phase $NiGa_4$ hat eine γ-Messing-Struktur mit einer bestimmten Anzahl von unbesetzten Punktlagen. Ni_3Ga ist isomorph mit Cu_3Au. Die ζ-Phase, nach K. Schubert und S. Bhan Ni_5Ga_3, hat eine orthorhombische Struktur[218] und die Hochtemperaturphase ε, Ni_3Ga_2, sowie die Tieftemperaturphase ε', $Ni_{13}Ga_9$, haben ein Gitter vom NiAs-Typ.

Die Bildungsenthalpien der festen Phasen wurden lösungskalorimetrisch mit flüssigem Zinn als Lösungsmittel bei 820°C bestimmt[183]. Ferner sind die freien Bildungsenthalpien über EMK-Messungen an einer glavanischen Kette mit einem Festkörperelektrolyten ermittelt worden[183]. Die eingesetzte Kette war:

$$|(Ni\text{-}Ga) + Ga_2O_3|ZrO_2 + CaO|Ni + NiO| \qquad (91)$$

Um aus der EMK dieser Kette die freie Bildungsenthalpie der Ni-Ga-Legierungen zu gewinnen, ist auch die Kenntnis der EMK folgender Kette erforderlich:

$$|Ga_{flüss.} + Ga_2O_3|ZrO_2 + CaO|Ni + NiO_2| \qquad (92)$$

Die EMK dieser Kette ist aus Literaturangaben bekannt[184].

Die lösungskalorimetrisch gewonnenen Bildungsenthalpien sind in Bild 192 als Funktion des Atombruchs dargestellt. Zum Vergleich sind auch die in der Literatur vorliegenden analogen Untersuchungsergebnisse[185][186] aufgeführt. Die von uns erhaltenen Resultate stimmen mit den von H. Jacobi und Mitarb.[185] für die Phase NiGa gewonnenen Ergebnisse gut überein. Die aus EMK-Messungen erhältlichen ΔH^S-Werte sind naturgemäß mit einem größeren Fehler behaftet als die kalorimetrisch gewonnenen. Indessen ordnen sich sowohl

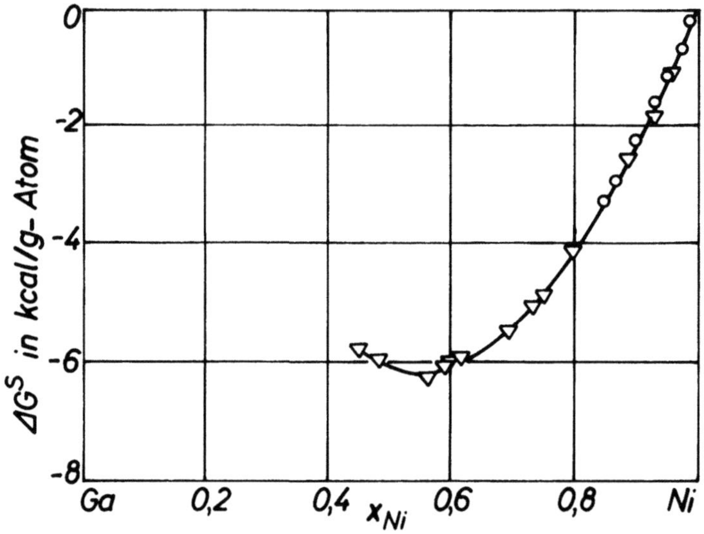

Bild 193
Integrale freie Bildungsenthalpien fester Ni-Ga-Legierungen bei 827°C bezogen auf festes Ni und Ga als Ausgangsphasen der Legierungsbildung
▽ *Pratt* [186]
○ *diese Arbeit*

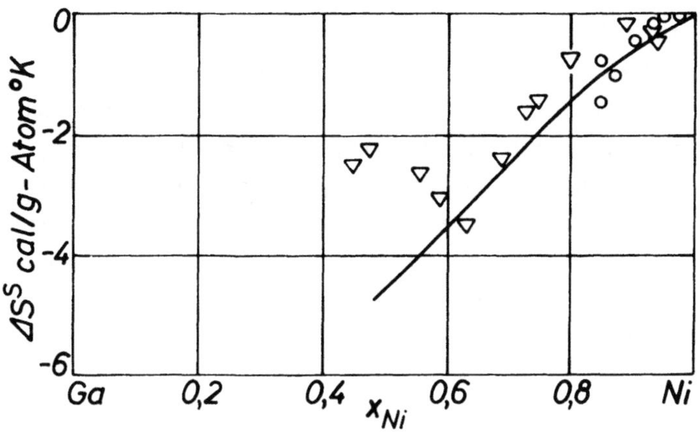

Bild 194
Integrale Bildungsentropien fester Ni-Ga-Legierungen bezogen auf festes Ni und festes Ga als Ausgangsphasen der Legierungsbildung

▽ Pratt[186)]
○ diese Arbeit, EMK
— aus ΔG^S und ΔH^S nach Bild 193 und 192

die von J.M. Pratt und Mitarb.[186] erzielten als auch die aus unseren EMK-Messungen gewonnenen Bildungsenthalpiewerte in den Gang der kalorimetrischen Ergebnisse ein. Lediglich die von J.N. Pratt und Mitarb.[186] kalorimetrisch ermittelten ΔH^S-Werte weisen relativ niedrige Beträge auf. Offensichtlich ist dies darauf zurückzuführen, daß den Autoren bei der Auswertung der kalorimetrischen Primärresultate kein völlig richtiger Wert für die Lösungsenthalpie des reinen Nickels in Zinn zur Verfügung stand. Wird der jetzt bekannte Wert für diese Lösungsenthalpie von $\Delta H_{Ni}^{Lös.}$ = - 11,8 kcal/g-Atom für die Temperatur des Lösungsexperiments (383°C) eingesetzt, so ergeben sich ΔH^S-Werte, die bei höheren Nickelgehalten der Legierungen mit unseren Resultaten übereinstimmen. Auch im mittleren Konzentrationsgebiet werden dabei die Differenzen geringer.

Die auf der Basis der EMK-Methode gewonnenen integralen freien Mischungsenthalpien fester Nickel-Gallium-Legierungen sind in Bild 193 graphisch dargestellt. Sie stimmen mit den von J.N. Pratt und Mitarb.[186] mitgeteilten ΔG^S-Werten praktisch völlig überein. Wie bereits erwähnt, sind ferner die aus der Temperaturabhängigkeit der ΔG^S-Werte gewonnenen Bildungsenthalpien mit den lösungskalorimetrischen ΔH^S-Werten weitgehend in Einklang. Eine Kombination der kalorimetrischen ΔH^S- und der aus den EMK-Messungen erhaltenen ΔG^S-Werte gemäß der Helmholtz-Gibbsschen-Gleichung liefert Bildungsentropien ΔS^S, die in Bild 194 als Funktion des Atombruchs wiedergegeben sind. Die von J.N. Pratt und Mitarb.[186] aus der Temperaturabhängigkeit der EMK allein ermittelten ΔS^S-Werte und die analog auch von uns aus dem Gang der EMK mit der Temperatur gewonnenen Bildungsentropien weisen erwartungsgemäß eine größere Streuung auf, als die unter Zuhilfenahme der kalorimetrischen ΔH^S-Werte gewonnenen (vgl. Bild 194).

Um erste Informationen über die thermodynamischen Eigenschaften der flüssigen Nickel-Gallium-Legierungen zu gewinnen, wurde die Schmelzenthalpie einer Legierung mit x_{Ga} = 0,36 ermittelt. Es resultiert:

$$\Delta H^F_{Leg} = 3{,}43 \text{ kcal/g-Atom} .$$

Dieser Wert ist mit einem relativ großen Fehler behaftet, und zwar in der Größenordnung von 20%. Es gilt:

$$\Delta H^F_{Leg} = \Delta H^L - \Delta H^S + x_{Ni} \cdot \Delta H^F_{Ni} + x_{Ga} \cdot \Delta H^F_{Ga} \qquad (93)$$

Dabei bedeutet ΔH^F die Schmelzenthalpie der Legierung bzw. der entsprechenden reinen Komponenten. Mit

$$\Delta H^F_{Ni} = 4{,}04 \text{ kcal/g-Atom}$$ [187)]

und

$$\Delta H^F_{Ga} = 1{,}336 \text{ kcal/g-Atom}$$ [9)]

resultiert gemäß Gl. (93):

$$\Delta H^L - \Delta H^S = 0{,}28 \text{ kcal/g-Atom}.$$

Dieser Wert ist kleiner als seine Fehlergrenzen. Er weist darauf hin, daß - zumindest bei $x_{Ga} = 0{,}36$ - kein nennenswerter Unterschied zwischen der Mischungsenthalpie der flüssigen Lösungen und den Bildungsenthalpien der gleichkonzentrierten festen Legierungen besteht.

Die in dem untersuchten Konzentrationsbereich vorliegenden intermetallischen Phasen weisen zwar unterschiedliche Kristallstrukturen auf, dennoch ist die Auswirkung dieser Strukturdifferenzen auf die Bildungsenthalpien nur gering. Wie ein Blick auf Bild 192 lehrt, kann durch die kalorimetrisch gewonnenen ΔH^S-Werte innerhalb ihrer Streuungen eine glatte Linie gelegt werden. Es kann aus dem Streubereich abgeschätzt werden, daß die Enthalpiedifferenzen benachbarter Phasen geringer als 0,5 kcal/g-Atom sind.

Eine Diskussion der Faktoren, die die thermodynamischen Eigenschaften fester Nickel-Gallium-Legierungen bestimmen, soll weiter unten erfolgen.

5 Erörterungen zur Frage nach den die thermodynamischen Überschußfunktionen bedingenden Faktoren

Wie bei der Darlegung der experimentell ermittelten thermodynamischen Überschußfunktionen binärer Systeme in den voraufgegangenen Kapiteln verschiedentlich angedeutet, kommt die Vielfalt der von System zu System oft sehr unterschiedlichen energetischen Verhältnisse und die damit zusammenhängende Mannigfaltigkeit der in den Zustandsdiagrammen zusammengefaßten Phasengleichgewichte durch das Zusammenspiel mehrerer Einflußgrößen zustande. Es sind dies nicht nur die speziellen, von den "chemischen" Eigenschaften der Komponenten bestimmten Änderungen der zwischenatomaren Wechselwirkungen bei der Legierungsbildung. Vielmehr können verschiedentlich auch die atomaren Größenunterschiede der Legierungspartner von ausschlaggebender Bedeutung für die Überschußfunktionen sein. Daneben spielt ferner die Änderung der Struktur beim Übergang vom unvermischten Ausgangszustand der Komponenten in den in der Mischphase gegebenen atomaren Aufbau eine wesentliche Rolle. Die Analyse dieser Faktoren ist bei der Betrachtung eines zufällig herausgegriffenen binären Systems oft recht problematisch. Es gibt indessen Fälle, in denen einer dieser Einflüsse dominiert und dadurch leicht quantitativen Betrachtungen zugänglich ist. Dies soll bei der folgenden Diskussion genutzt werden, um ein generelles Schema zu entwickeln, das einerseits die Deutung auch komplexer Gegebenheiten erleichtern kann und andererseits die Basis für eine grob orientierende Voraussage von Daten der Überschußfunktionen zu liefern vermag.

Die von der Änderung der Bindungsverhältnisse bei der Legierungsbildung, der Differenz der Atomradien der Partner und der Strukturdifferenz zwischen Ausgangs- und Endprodukt der Bildungsreaktion der Mischphase herrührenden Beiträge zu den einzelnen thermodynamischen Überschußfunktionen können, wie bereits O.Alpaut und Th.Heumann[188] vorschlugen, vereinfachend als additiv und unabhängig voneinander angenommen werden. Für den Fall der Bildungsenthalpien fester Legierungen gilt also:

$$\Delta H^{S} = \Delta H_{B}^{S} + \Delta H_{F}^{S} + \Delta H_{U}^{S} \tag{94}$$

und für die Überschußentropien gilt entsprechend:

$$\Delta S^{ex,S} = \Delta S_{B}^{S} + \Delta S_{F}^{S} + \Delta S_{U}^{S} \tag{95}$$

Die mit B indizierten Größen stellen den von der Änderung der Bindungsverhältnisse bei der Legierungsbildung herrührenden Beitrag dar. Die mit F und mit U gekennzeichneten Terme sind die infolge der Atomradiendifferenz der Partner aufzuwendende Fehlpassungsenthalpie oder Fehlpassungsentropie bzw. der Enthalpie- oder Entropieumsatz, der mit der Änderung der Struktur beim Legierungsvorgang verbunden ist.

Gl.(94) und Gl.(95) gelten analog auch für flüssige Legierungen. Die Unterscheidung verschiedener Flüssigkeitsstrukturen bei geschmolzenen metallischen Elementen und Legierungen ist indessen problematisch. Die Unterschiede im atomaren Aufbau sind hier in der Regel nicht sehr groß, so daß der "Umwandlungsterm" nur in speziellen Fällen von Einfluß sein dürfte.

Die Frage nach einer Fehlpassungsenthalpie und einer Fehlpassungsentropie in flüssigen Legierungen aus Partnern mit unterschiedlichen Atomvolumina ist verschiedentlich erörtert worden. Wie im folgenden gezeigt wird, gelingt ein Nachweis der Auswirkung der Atomvolumendifferenz auf die Überschußfunktionen in relativ einfacher Weise. Der Einfluß des Fehlpassungsterms ist in einer Reihe von flüssigen binären metallischen Legierungen sogar von ausschlaggebender Bedeutung. Dieser Gegebenheit soll zunächst weiter nachgegangen werden.

5.1 Einfluß der Atomvolumendifferenz

Nach einer von Hume-Rothery[189] aufgestellten Regel tritt in einem binären System, dessen Komponenten in den Atomradien um mehr als 14 % differieren, keine beträchtliche Löslichkeit im festen Zustand auf. Die Ursache dafür besteht in der elastischen Gitterverzerrung, die beim Einbau eines zu großen Atoms in eine vorgegebene Grundmatrix aufzuwenden ist. Um eine quantitative Berechnung dieser elastischen Verzerrungsenergie haben sich A.W.Lawson[190] und Th.Heumann[191] bemüht.

Aus Röntgenstrahl- und Neutronenbeugungsexperimenten an flüssigen Metallen ist bekannt, daß die Schmelzen zwar keine dem Kristallgitter ähnliche Fernordnung haben, indessen aber eine atomare Nahordnung aufweisen. Die Substitution eines Atoms der flüssigen Grundmatrix durch ein größeres oder ein kleineres Legierungsatom stört diese Nahordnung und bedingt einen Aufwand an Enthalpie[35]. Entsprechend ist ein Fehlpassungsanteil zur Mischungsentropie zu erwarten. I.Prigogine und A.Bellemans[192] haben dargelegt, daß der Beitrag zur Mischungsenthalpie unmittelbar mit der Differenz der Atomradien der Legierungspartner zusammenhängt. Darauf weisen auch Betrachtungen anderer Autoren hin[193) bis 196]. Es ist indessen zu erwarten, daß bei vorgegebener Atomradiendifferenz die Fehlpassungsenthalpie in einer flüssigen Legierung erheblich kleiner ist als in einer gleich zusammengesetzten festen Lösung. Entsprechend ist, in analoger Anwendung der Hume-Rothery-Regel auf flüssige Legierungen, eine begrenzte Löslichkeit in der Schmelze nur bei einer wesentlich geringeren Anzahl binärer metallischer Systeme zu finden als im festen Zustand. Mischungslücken im flüssigen Zustand treten in der Tat nur bei relativ hohen Atomradiendifferenzen auf.

Der Zusammenhang zwischen Atomradiendifferenz und Mischungslücke im flüssigen Zustand ist verschiedentlich Gegenstand von qualitativen Betrachtungen gewesen. Um eine quantitative Erfassung der Korrelation zu ermöglichen, ist eine verschiedentlich angewandte, einfache Sortierung der Systeme nach der Gegebenheit, ob eine Mischungslücke im flüssigen Zustand auftritt oder nicht, unzureichend. Die Tatsache des Auftretens der Mischungslücke ist nämlich zum Teil an Randbedingungen geknüpft (z.B. Schmelzpunkte der reinen Komponenten und Lage der Liquiduslinien), die mit der Entmischungstendenz der Legierungsschmelzen in keinem direkten Zusammenhang stehen. Es ist vielmehr notwendig, die Entmischungssituation, die in den einzelnen Systemen auftritt, in einem "übereinstimmenden Zustand" zu vergleichen. Für einen solchen Vergleich ist die kritische Entmischungstemperatur T_K geeignet. Sie ist unmittelbar mit der Mischungsenthalpie und der Mischungsentropie korreliert.

Unter der für viele Entmischungssysteme weitgehend zutreffenden, vereinfachenden Annahme, daß die Mischungslücke symmetrisch zu x = 0,5 ist und unter der damit gegebenen Bedingung, daß die ΔH^L-x- und ΔS^{ex}-x-Kurve ebenfalls symmetrisch ist und sie in der Regel bezüglich der Konzentrationsabhängigkeit der Gl.(37) bzw. Gl.(38) näherungsweise gehorchen, folgt aus dem Faktum, daß im kritischen Entmischungspunkt die erste und die zweite Ableitung der integralen freien Mischungsenthalpie der Lösung nach dem Atombruch gleich null ist,

$$T_K \approx \frac{2\Delta H_{max}}{R+2\Delta S^{ex}_{max}} \qquad (96)$$

Wird für die allgemeine Gaskonstante R = 1,986 cal/g-Atom^{o}K der Wert R ≈ 2 cal/g-Atom^{o}K gesetzt und die Überschußentropie vernachlässigt (reguläres Modell), so folgt aus Gl.(96) die bekannte Regel, daß die Zahlenwerte der absoluten kritischen Entmischungstemperatur (in ^{o}K) und der maximalen Mischungsenthalpie (in cal/g-Atom) annähernd gleich sind.

Falls ein quantitativer Zusammenhang zwischen T_K und der zweckmäßigerweise als

$$d = \frac{|V_A - V_B|}{0,5(V_A+V_B)} \cdot 100 \qquad (97)$$

definierten relativen Atomvolumendifferenz der Legierungspartner existiert, dürfte er bei Auftragung dieser Größen für eine Reihe von binären Entmischungssystemen zutage treten. Dabei ist es zweckmäßig, den Einfluß individueller Unterschiede im chemischen Bindungsverhalten der verschiedenen binären Systeme möglichst weitgehend zu eliminieren, um den Fehlpassungseinfluß deutlich hervortreten zu lassen. Sinnvollerweise werden daher binäre Legierungssysteme mit einer gemeinsamen Komponente zusammengefaßt. In Bild 195 sind als Beispiel Systeme mit Blei bzw. mit Thallium als einer gemeinsamen Komponente ausgewählt. Dort sind auch T_K-Werte eingezeichnet, die aus den ΔH^L_{max}-und $\Delta S^{ex,L}_{max}$-Werten gemäß Gl. (96) berechnet worden sind, und zwar für Entmischungssysteme, deren Entmischungstendenz so gering ist, daß die kritische Temperatur der Mischungslücke im flüssigen Zustand erst unterhalb der Liquiduslinie auftreten würde, wenn es gelänge, die Schmelze entsprechend weit zu unterkühlen. Der Zusammenhang zwischen T_K und d ist aus Bild 195 unmittelbar zu erkennen.

Auch die maximalen Mischungsenthalpien von Entmischungssystemen weisen eine lineare Abhängigkeit von der Atomvolumendifferenz der Komponenten auf. Bild 196 zeigt dies für die als Beispiel gewählten Systemreihen mit Blei bzw. Thallium als gemeinsamer Komponente. Es sei betont, daß eine solche Abhängigkeit auch bei vielen anderen Systemreihen gefunden wird. Nur wenige, leicht erklärbare Ausnahmen treten auf. Auf einige dieser Sonderfälle ist bereits bei der Besprechung der experimentellen Ergebnisse kurz hingewiesen worden.

Die Extrapolation der ΔH^L_{max}-d-Geraden auf den Wert d = O liefert für jede Systemreihe als Achsenabschnitt ΔH^L_{max}(O)-Werte, die als die jeweiligen mittleren Bindungsanteile der Systemreihe anzusehen sind. In dem hier gewählten Beispiel sind sie

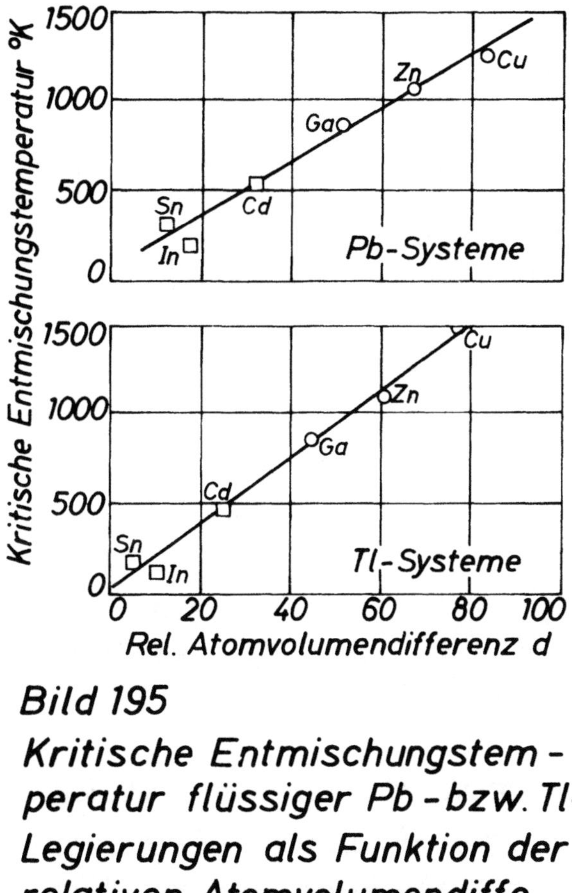

Bild 195

Kritische Entmischungstemperatur flüssiger Pb-bzw. Tl-Legierungen als Funktion der relativen Atomvolumendifferenz der Komponenten

□ für unterkühlte Schmelzen berechnet

○ experimentelle Daten

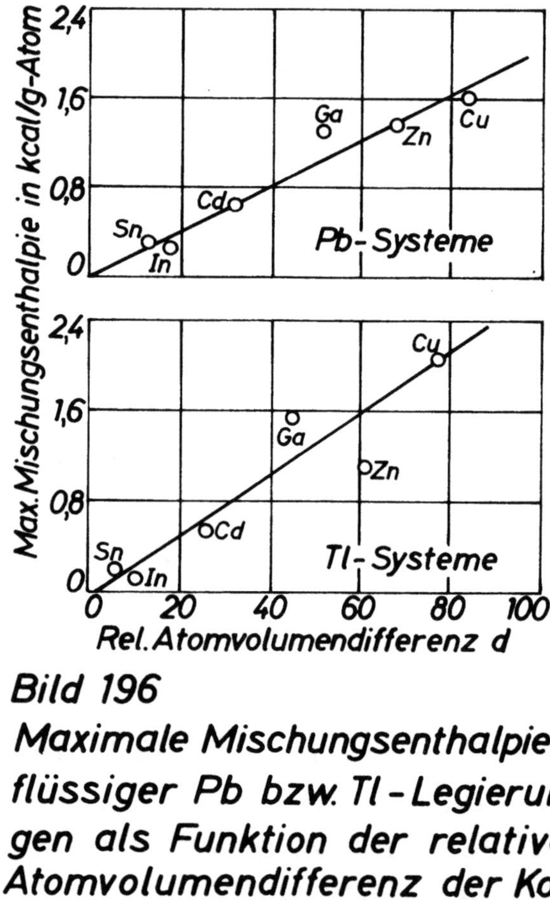

Bild 196
Maximale Mischungsenthalpien flüssiger Pb bzw. Tl-Legierungen als Funktion der relativen Atomvolumendifferenz der Komponenten

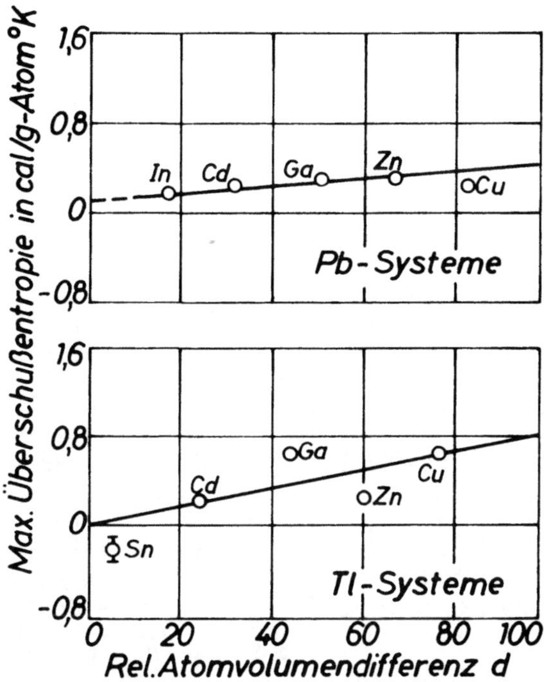

Bild 197
Maximale Überschußentropien flüssiger Pb bzw. Tl-Legierungen als Funktion der relativen Atomvolumendifferenz der Komponenten

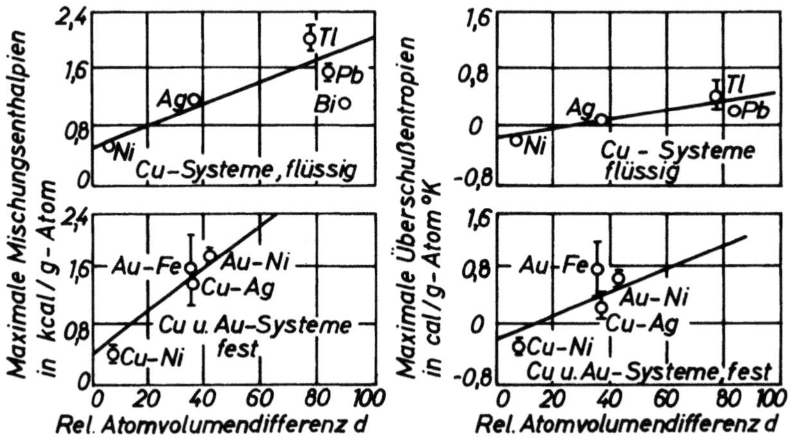

Bild 198
Maximale Mischungs- bzw. Bildungsenthalpien und maximale Überschußentropien einiger flüssiger und fester Lösungen als Funktion der relativen Atomvolumendifferenz der Komponenten

vernachlässigbar klein. Bei merklichen Atomvolumendifferenzen ist die Fehlpassungsenthalpie der dominierende Anteil an der gesamten Mischungsenthalpie. Der Betrag der Fehlpassungsenthalpie kann erheblich sein. Im System Blei-Kupfer erreicht er einen Wert von ΔH_F^L = 1,6 kcal/g-Atom.

Mit steigender Temperatur nimmt der Aufwand an freier Enthalpie beim Einbau zu großer oder zu kleiner Fremdatome in eine Grundmatrix ab. Es ist daher zu erwarten, daß mit der Störung der Struktur auch eine Entropievermehrung des Systems erfolgt. Eine Auftragung der maximalen Überschußentropie als Funktion der Atomvolumendifferenz bestätigt dies (vgl. Bild 197). Nur bei d = O ist annähernd ΔS^{ex} = O zu erwarten. Bei Entmischungssystemen treten, wenn der Fehlpassungseinfluß dominiert, stets positive Abweichungen von der idealen Mischungsentropie auf.

Analoge Verhältnisse sind in festen Legierungen zu erwarten, allerdings mit dem Unterschied, daß die Auswirkungen einer Atomvolumendifferenz der Legierungspartner infolge der stärkeren zwischenatomaren Wechselwirkungen merklich größer sind. Für feste Lösungen liegen jedoch zur Zeit nur wenige experimentelle Daten vor, die für eine diesbezügliche Analyse brauchbar sind. Als Beispiel für die Veranschaulichung des Fehlpassungseinflusses in Mischkristallen sind in Bild 198 maximale Bildungsenthalpien und die maximalen Überschußentropien von Kupfermischkristallen als Funktion der relativen Atomvolumendifferenz dargestellt. Zur Erweiterung des Umfangs der nutzbaren Grundinformationen sind in diesem Bild auch die entsprechenden Größen der den festen Kupferlösungen ähnlichen Goldmischkristalle hinzugenommen worden. Erwartungsgemäß nimmt der Maximalwert der betrachteten Überschußfunktionen mit steigender Atomvolumendifferenz zu, und zwar wesentlich stärker, als dies für die zum Vergleich in Bild 198 ebenfalls dargestellten maximalen Überschußfunktionen der flüssigen Legierungen des Kupfers der Fall ist. Bemerkenswert ist indessen, daß der durch die Fehlpassung bedingte Beitrag zur Bildungsenthalpie nur um den Faktor 2 größer ist als der Beitrag zur Mischungsenthalpie der flüssigen Legierung. Die Fehlpassungsentropie ist in einem vorgegebenen System im festen Zustand etwa 4 mal größer als im flüssigen Zustand. Dieser erstaunlich geringe Unterschied der Auswirkung der Atomvolumendifferenz im festen und im flüssigen Zustand weist auf die geringen energetischen Unterschiede in den zwischenatomaren Wechselwirkungen von Schmelze und entsprechendem Festkörper hin.

Die Extrapolation der ΔH^{L}_{max}-d- und der ΔH^{S}_{max}-d-Linien in Bild 198 auf die Atomvolumendifferenz d = 0 führt zum gleichen Betrag des Achsenabschnitts. Analoges gilt für die $\Delta S^{ex,L}_{max}$-d- und die $\Delta S^{ex,S}_{max}$-d-Linie. Diese Gegebenheit deutet darauf hin, daß die Änderung der Bindungsverhältnisse bei der Legierungsbildung, zumindest in unkomplizierten Fällen, im festen und im flüssigen Zustand ähnlich ist. Auf dieses Faktum, das nicht auf Entmischungssysteme beschränkt ist, soll weiter unten eingegangen werden.

Vor einer Erörterung der weiteren Faktoren, die für das Vorzeichen und für den Betrag der thermodynamischen Überschußfunktionen verantwortlich sind, sei noch eine Reihe spezieller Beispiele zur Frage des Fehlpassungseinflusses eingefügt.

Die weiter oben dargestellten Ergebnisse in Entmischungssystemen des Aluminiums erfüllen die entwickelten Vorstellungen von den Fehlpassungseinflüssen im flüssigen Zustande innerhalb der experimentellen Fehlergrenzen (vgl. Bild 199 und Bild 200). Die thermodynamischen Überschußfunktionen der in Bild 199 und Bild 200 betrachteten flüssigen Aluminiumlegierungen sind offentsichtlich in dominierender Weise durch die Atomvolumendifferenz der Legierungspartner bestimmt. Der Ordinatenabschnitt bei d = 0 ist innerhalb der vorliegenden

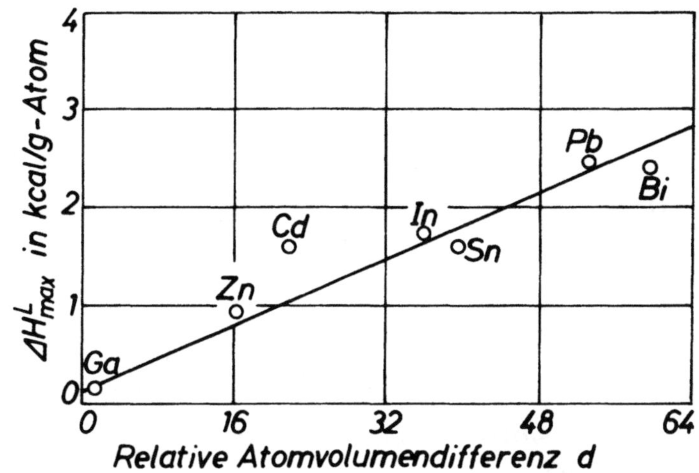

Bild 199

Maximale integrale Mischungsenthalpien flüssiger binärer Al-Legierungen als Funktion der relativen Atomvolumendifferenz [81)]

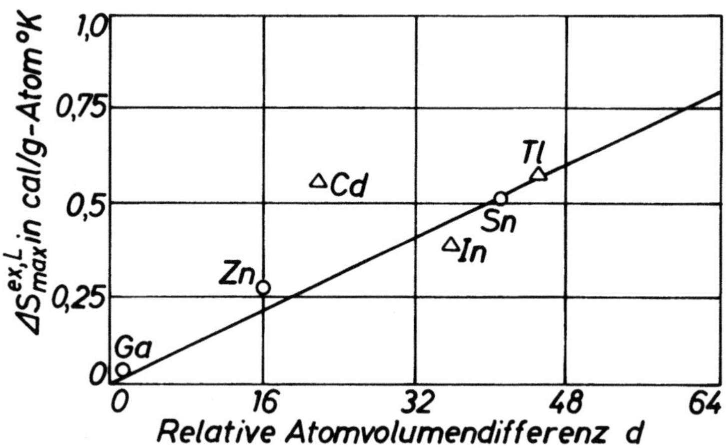

Bild 200

Maximale integrale Überschußentropien flüssiger binärer Al-Legierungen als Funktion der relativen Atomvolumendifferenz [81]

△ aus Löslichkeitsdaten berechnete Werte

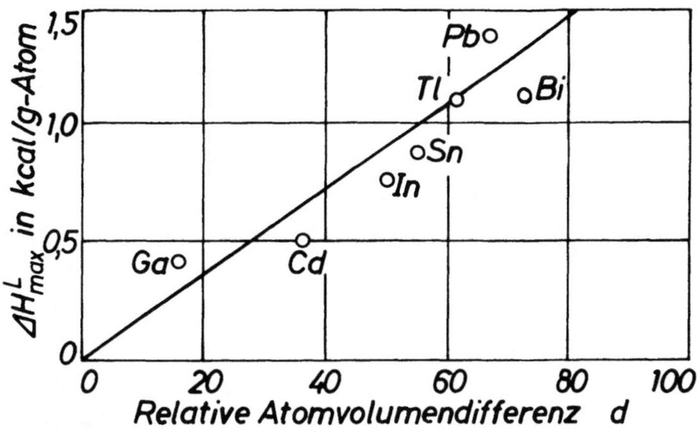

Bild 201

Maximale integrale Mischungsenthalpien flüssiger binärer Zn-Systeme als Funktion der relativen Atomvolumedifferenz [145]

Streuungen gleich Null. Die individuellen Änderungen der Bindungsverhältnisse dürften in der Reihe der aufgeführten Aluminiumlegierungen nicht von ausschlaggebender Bedeutung sein.

Ähnlich liegen die energetischen Verhältnisse in einer Reihe von Entmischungssystemen des Zinks, wie ein Blick auf Bild 201 lehrt.

Die Streuungen der Einzelwerte von ΔH^{L}_{max} oder $\Delta S^{ex,L}_{max}$ um die eingezeichnete Linie ist nur zum Teil auf die experimentelle Unzulänglichkeit der Messungen zurückzuführen. Vielmehr deutet sich darin auch die Neigung des individuellen Systems zu speziellen Bindungsverhältnissen an. In den bisher erwähnten Beispielen fallen diesbezüglich in erster Linie die Systeme des Wismuts auf. Wismut hat eine relativ hohe Elektronegativität. Es bildet mit vielen Metallen intermetallische Phasen. Diese Tendenz des Wismuts zu stärkeren interatomaren Wechselwirkungen deutet sich auch darin an, daß z.B. in den Bildern 198, 199 und 201 die ΔH^{L}_{max}-Werte für die entsprechenden Wismutsysteme von der mittelnden Geraden zu niedrigeren Werten abweichen. Eine systematische Durchsicht aller verfügbaren Daten ergibt, daß die maximale Mischungsenthalpie der Wismutsysteme im Mittel um etwa 530 cal/g-Atom geringer ist, als aufgrund der Fehlpassung allein zu erwarten wäre.

Auch die Systeme des Quecksilbers verhalten sich ähnlich. Beispielsweise bildet das Gallium mit den Elementen Zink, Cadmium, Thallium und Blei flüssige Lösungen mit Entmischungstendenz. Bei Ersatz des Galliums durch Quecksilber ergeben sich Systeme mit Verbindungstendenz. Entsprechend weisen auch die Entmischungssysteme des Quecksilbers niedrigere positive ΔH^{L}_{max}-Werte auf, als aufgrund der Atomradiendifferenz der Partner allein zu erwarten wäre. Diese Abweichung beträgt im Mittel etwa 400 cal/g-Atom.

Werden diese individuellen Bindungseinflüsse eliminiert, um den Zusammenhang zwischen der Atomvolumendifferenz und der Mischungsenthalpie deutlicher zu erkennen, so tritt indessen eine weitere Gegebenheit in Erscheinung. Sie sei zunächst am Beispiel flüssiger Galliumsysteme dargestellt. Bild 202 gibt die maximalen Mischungsentahlpien binärer flüssiger Galliumlegierungen mit Entmischungstendenz wieder. Dabei sind die ΔH^L_{max}-Werte für die Systeme Gallium-Wismut und Gallium-Quecksilber um den oben erwähnten "individuellen Bindungsanteil" korrigiert worden. Der Einfluß der Fehlpassung ist unmittelbar zu erkennen. Es zeichnet sich zudem eine Aufgliederung der Systeme in zwei Gruppen ab. Die eine von ihnen umfaßt die Systeme des Galliums mit Elementen der 6. Periode des Periodensystems (Hg, Tl, Pb, Bi), die andere Gruppe bilden binäre Lösungen des Galliums mit Elementen der 3., 4. und 5. Periode, die dem in der 4. Periode stehenden Gallium näher benachbart sind. Dem Fehlpassungsbeitrag zur Mischungsenthalpie überlagert sich bei den Legierungen des Galliums mit Elementen, die eine hohe Atomnummer aufweisen, generell ein positiver Bindungsanteil. Aus der Extrapolation der durch die ΔH^L_{max}-d-Punkte für Systeme mit Elementen der 6.Periode gezogenen Linie auf d = O ergibt sich seine Größenordnung zu $\Delta H^L_{max(O)} \approx 0{,}4$ kcal/g-Atom.

Die ΔH^L_{max}-Werte der Systeme mit Elementen aus der 3. bis 5. Periode weisen innerhalb der Streuungen, die eher auf individuelle Bindungseigenheiten als auf Meßfehler zurückzuführen sind, eine einfache Abhängigkeit von der relativen Atomvolumendifferenz auf mit einem verschwindend kleinen mittleren Bindungsanteil. Die ΔH^L_{max}-d-Linien für die beiden Systemgruppen sind annähernd parallel. Der Fehlpassungsbeitrag zur Mischungsenthalpie ist offensichtlich bei vorgegebener Atomvolumendifferenz in beiden Fällen annähernd gleich.

Völlig analoge Verhältnisse liegen bei flüssigen Legierungen des Germaniums vor. Die zur Zeit zugänglichen maximalen

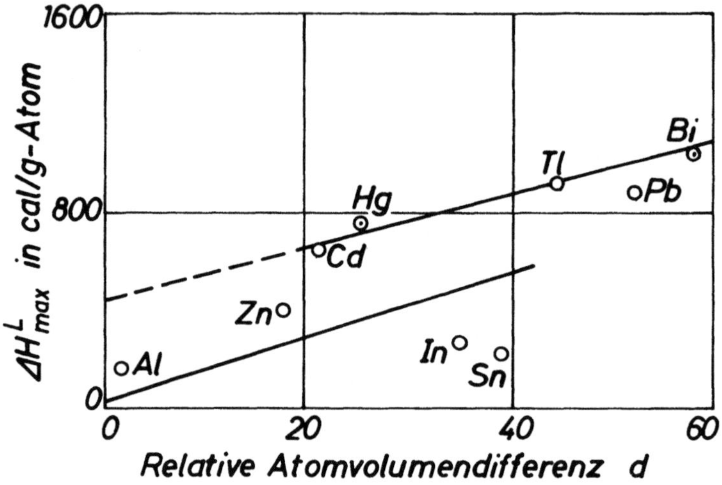

Bild 202

Maximale Mischungsenthalpien flüssiger Ga-Legierungen als Funktion der Atomvolumendifferenz [124]

⊙ korrigiert um den "Bindungsanteil"

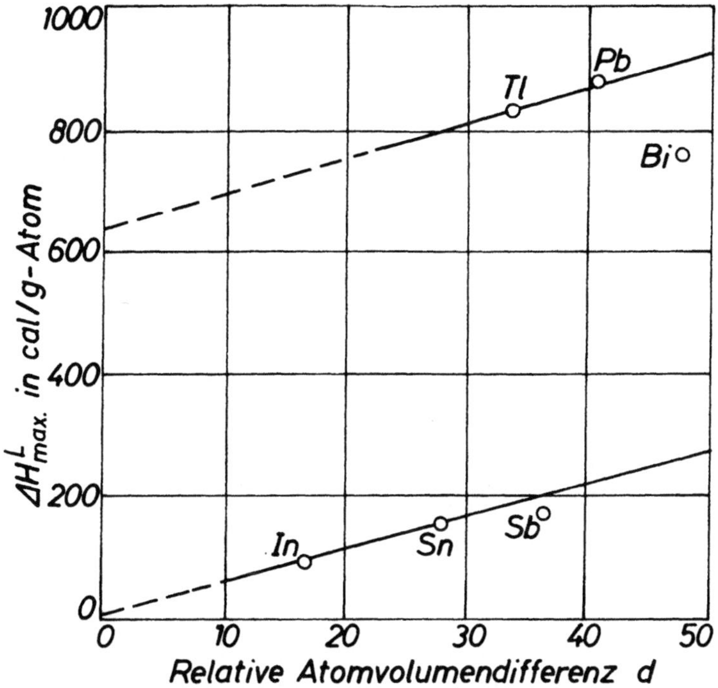

Bild 203

Maximale Mischungsenthalpien flüssiger Ge-Legierungen als Funktion der relativen Atomvolumendifferenz[161]

Mischungsenthalpien von Entmischungssystemen des Germaniums sind in Bild 203 als Funktion der relativen Atomvolumendifferenz dargestellt. Dabei wurde der ΔH^L_{max}-Wert des Systems Germanium-Wismut nicht um den "individuellen Bindungsanteil" korrigiert. Die Gruppe der Systeme, die aus Germanium und einem Element der 3., 4. oder 5. Periode gebildet werden, zeigen eine einfache Abhängigkeit von der Atomvolumendifferenz. Merkliche "Bindungseinflüsse" sind kaum zu erkennen. Die Gruppe der Systeme des Germaniums mit Elementen der 6. Periode weisen indessen neben dem Einfluß der Fehlpassung noch einen merklichen Anteil auf, der auf eine Änderung der chemischen Bindungsverhältnisse bei der Legierungsbildung zurückzuführen ist. Eine Extrapolation auf d = 0 liefert für diese Gruppe als Bindungsanteil $\Delta H^L_{max(0)} \approx 0,6$ kcal/g-Atom. Die ΔH^L_{max}-d-Linien sind für beide Systemgruppen praktisch parallel. Ein Unterschied im Fehlpassungseinfluß ist nicht erkennbar. Der ΔH^L_{max}-Wert des Systems Germanium-Wismut liegt niedriger, als aus den ΔH^L_{max}-Werten der Systeme Ge-Tl und Ge-Pb zu erwarten wäre. Dies entspricht dem bereits erwähnten Verhalten von Wismutsystemen. Es ist indessen zu bemerken, daß hier die Abweichung geringer ist als dem mittleren individuellen Bindungsanteil der Wismutsysteme entspricht.

Ferner sei erwähnt, daß im Falle der Systeme des Germaniums mit Elementen der 6. Periode die starke Entmischungstendenz nicht mehr dominierend durch die atomare Fehlpassung bedingt ist. Beispielsweise beträgt im Falle des Systems Ge-Pb $\Delta H^L_F = 0,24$ kcal/g-Atom, während die Änderung der Bindungsverhältnisse einen Beitrag zur maximalen Mischungsenthalpie von $\Delta H^L_B = 0,64$ kcal/g-Atom liefert.

Auch in Systemen, deren eine Komponente ein niedrigschmelzendes B-Metall ist und in denen als zweite Komponente Aluminium, Beryllium oder ein Übergangsmetall fungiert, treten maximale

Mischungsenthalpien auf, die neben dem Fehlpassungsanteil noch einen erheblichen positiven "Bindungsanteil" enthalten. Als Beispiele sind in Bild 204 die ΔH^{L}_{max}-Werte von Entmischungssystemen mit Indium bzw. mit Zinn als gemeinsamer Komponente in Abhängigkeit von d dargestellt. Die durch Extrapolation auf d = 0 erhältliche Größenordnung dieses "Bindungsanteils" ist noch höher, als im Falle der oben betrachteten Gallium- und Germanium-Systeme. Das dürfte mit den starken Bindungskräften in den Übergangsmetallen sowie im Aluminium und Beryllium zusammenhängen, die sich auch in den hohen Verdampfungsenthalpien dokumentieren. Zur Störung dieser Bindungsverhältnisse bei der Legierungsbildung mit einem B-Metall ist offenbar ein beträchtlicher Enthalpieaufwand erforderlich. Der daraus resultierende Anteil an der maximalen Mischungsenthalpie kann in der Größenordnung einiger kcal/g-Atom liegen. Offenbar ist dies der Grund für die verschiedentlich auftretende extrem geringe Mischbarkeit von B-Metallen und Übergangsmetallen im flüssigen Zustand.

Ergänzend sei noch erwähnt, daß die individuellen Bindungsverhältnisse in Systemen, die Wismut oder Quecksilber enthalten, kleinere positive Überschußentropien bedingen, als aufgrund der Fehlpassung zu erwarten wäre. Es können sogar negative $\Delta S^{ex,L}_{max}$-Werte auftreten. Beispielsweise wird im System Ga-Bi $\Delta S^{ex,L}_{max}$ = - 0,2 cal/g-Atom ^{o}K gefunden. Auch im System Ge-Bi ist $\Delta S^{ex,L}_{max}$ = - 0,2 cal/g-Atom ^{o}K.

In analoger Weise, wie dies an den bisherigen Beispielen für integrale Überschußfunktionen dargestellt worden ist, können die Fehlpassungseinflüsse naturgemäß auch anhand der entsprechenden partiellen Überschußfunktionen verfolgt werden. Die Behandlung anhand der partiellen Größen bietet in den

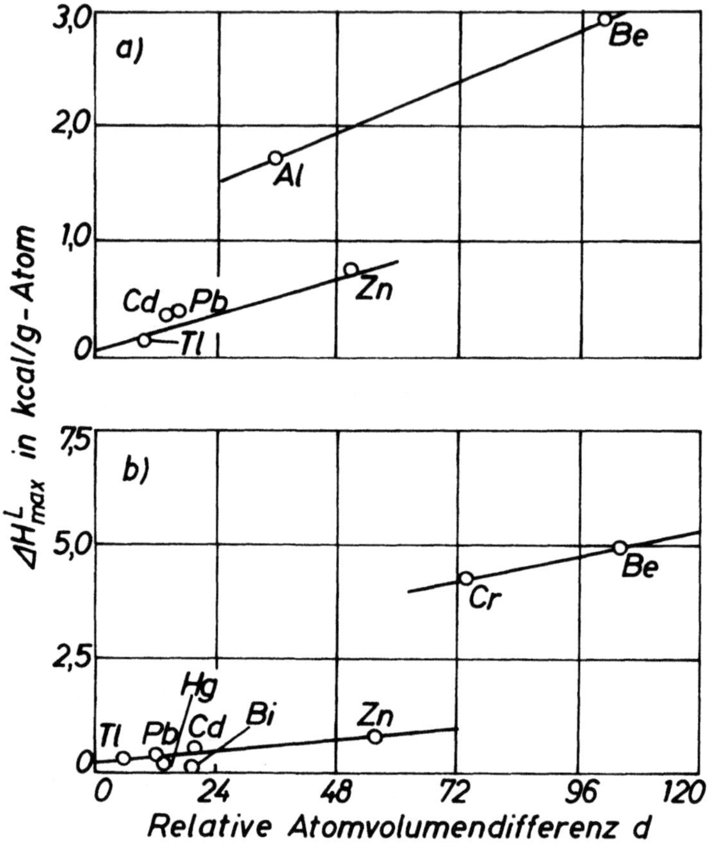

Bild 204

Maximale Mischungsenthalpien als Funktion der relativen Atomvolumendifferenz[145)]

a) für flüssige In-Legierungen

b) für flüssige Sn-Legierungen

Fällen einen besonderen Vorteil, in denen, z.B. bei Aktivitätsmessungen, lediglich die partiellen Größen der einen Komponente experimentell mit guter Genauigkeit zugänglich sind. Dabei ist es ferner gelegentlich zweckmäßig, die partiellen freien Überschußenthalpien zu betrachten, die unmittelbar aus EMK- oder Partialdampfdruckmessungen gewonnen werden können. Sinnvollerweise werden diese Größen, deren Konzentrationsabhängigkeit in der Regel leicht zugänglich ist, auf unendliche Verdünnung extrapoliert. Für den speziellen Fall einer regulären Lösung gilt ein einfacher Zusammenhang zwischen den so erhaltenen, auf $x_A \rightarrow 0$ bezogenen $\overline{\Delta G}_A^{ex,L,O}$-Werten und der entsprechenden integralen Überschußfunktion. Für reale Systeme, insbesondere bei Vorliegen individueller Tendenzen zur Verbindungsbildung, sind einfache Verknüpfungen nicht mehr gegeben. Fehlpassungseinflüsse können in bestimmten Konzentrationsbereichen von starken Bindungsanteilen überdeckt sein, wodurch eine Erschließung der Auswirkung von Atomvolumendifferenzen erschwert wird. Bei starker Verdünnung der Lösungen treten indessen die von den Verbindungstendenzen herrührenden Einflüsse zurück, während die Fehlpassung weiterhin wirksam bleibt. Beispielsweise ist es für die von uns untersuchten flüssigen Legierungen von Hume-Rothery-Systemen zweckmäßig, den Einfluß der Fehlpassung anhand der partiellen Größen im edelmetallarmen Teil des jeweiligen Systems zu betrachten, in dem die Verbindungstendenz, die aufgrund der für eine Verbindungsbildung geforderten Valenzelektronenkonzentration bei höherwertigen Zweitkomponenten auf hohe Edelmetallkonzentrationen beschränkt ist, sich nur noch geringfügig auswirken kann.

In Bild 205 sind für flüssige Kupferlegierungen bei 727°C die partiellen freien Überschußenthalpien des Kupfers bei unendlicher Verdünnung als Funktion der relativen Atomvolumendifferenz dargestellt. Obwohl in dieser Darstellung Daten von Kupfersystemen mit extremer Entmischungstendenz

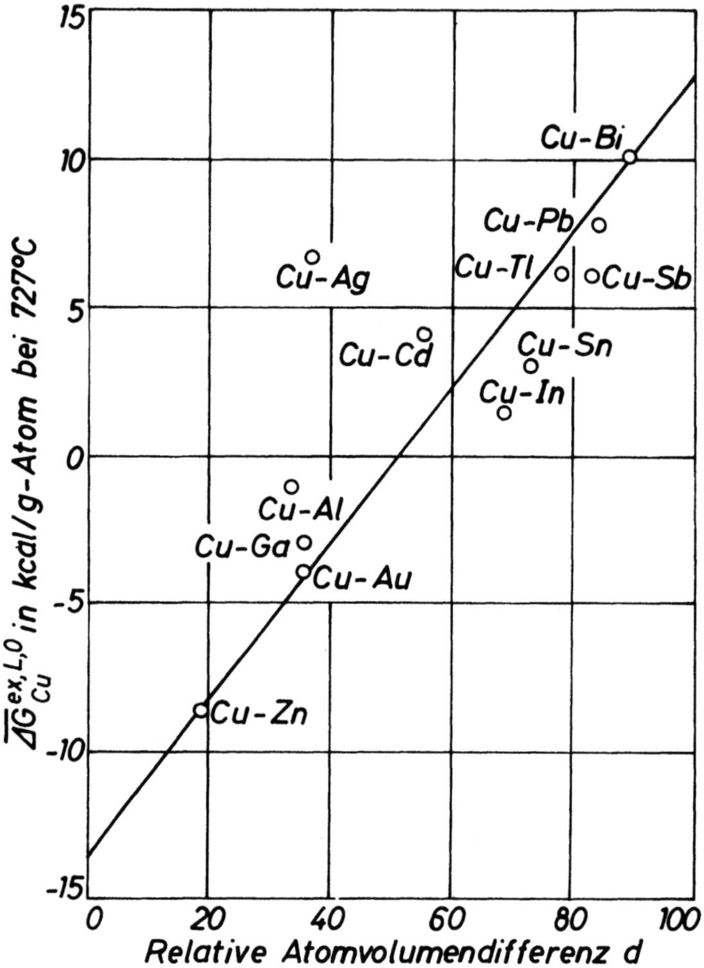

Bild 205

Partielle freie Überschußenthalpie des Cu bei unendlicher Verdünnung $\overline{\Delta G}_{Cu}^{ex,L,0}$ für flüssige Cu-Legierungen bei 727 °C in Abhängigkeit von der relativen Atomvolumendifferenz[150)]

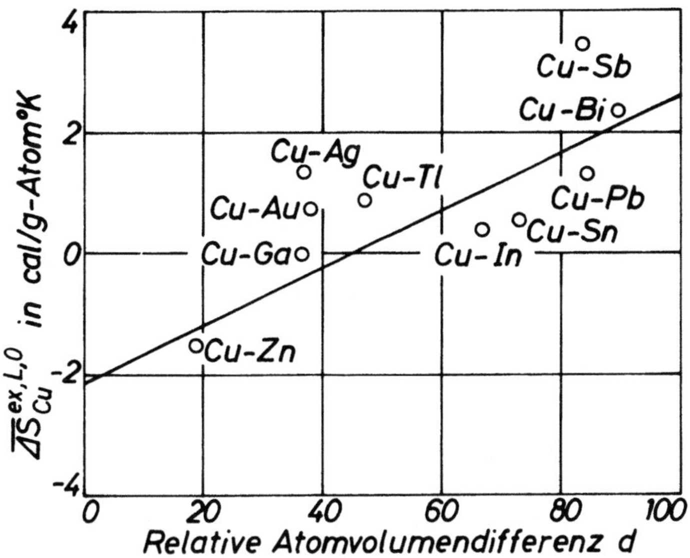

Bild 206

Partielle Überschußentropien des Cu bei unendlicher Verdünnung $\overline{\Delta S}_{Cu}^{ex,L,0}$ für flüssige Cu-Legierungen als Funktion der relativen Atomvolumendifferenz[150)] (z.B. Cu-Pb, Cu-Tl) und solche von Systemen mit starker Verbindungstendenz (z.B. Cu-Zn, Cu-Au) enthalten sind, ist ein gemeinsamer linearer Zusammenhang zwischen $\overline{\Delta G}_{Cu}^{ex,L,O}$ und d vorhanden. Nach Eliminierung der Auswirkungen von individuellen, in mittleren Konzentrationsbereichen vorliegenden Bindungseigenheiten der Systeme tritt der Einfluß der Atomvolumendifferenz der Legierungspartner klar hervor. Entfällt dieser Fehlpassungsbeitrag zum $\overline{\Delta G}_{Cu}^{ex,L,O}$-Wert bei Atomvolumengleichheit der Komponenten (d = O), dann ist die partielle freie Überschußenthalpie des Kupfers bei unendlicher Verdünnung allein durch die Änderung der Bindungsverhältnisse des flüssigen Kupfers beim Übergang in einen unendlich verdünnten Lösungszustand festgelegt. Der dann auftretende Wert für die partielle freie Mischungsenthalpie des Kupfers bei unendlicher Verdünnung beträgt, wie ein Blick auf Bild 205 zeigt, $(\overline{\Delta G}_{Cu}^{ex,L,O})_{d = O} = - 13,4$ kcal/g-Atom. Dieser Wert ist offensichtlich nur wenig von der Natur der zweiten Komponente abhängig.

Auch die analoge Auftragung der partiellen Überschußentropien des Kupfers bei unendlicher Verdünnung, $\overline{\Delta S}_{Cu}^{ex,L,O}$, zeigt deutlich, daß neben einem "Bindungsanteil" auch ein "Fehlpassungsanteil" den Betrag und das Vorzeichen dieser Größe bestimmen (vgl. Bild 206). Eine Extrapolation der mittelnden Geraden in Bild 206 auf den Wert d = O ergibt einen "Bindungsanteil" von $(\overline{\Delta S}_{Cu}^{ex,L,O})_{d = O} \approx - 2$ cal/g-Atom °K. Nur bei beträchtlichen relativen Atomvolumendifferenzen wird dieser Wert durch den Fehlpassungsanteil übertroffen, so daß positive partielle Überschußentropien des Kupfers bei unendlicher Verdünnung resultieren.

In ähnlicher Weise sind in den Bildern 207 bzw. 208 die Werte $\overline{\Delta G}_{Ag}^{ex,L,O}$, $\overline{\Delta G}_{Au}^{ex,L,O}$, $\overline{\Delta S}_{Ag}^{ex,L,O}$ und $\overline{\Delta S}_{Au}^{ex,L,O}$ für flüssige Legierungen mit Silber und mit Gold als gemeinsamer Komponente gegen die relative Atomvolumendifferenz aufgetragen. Innerhalb

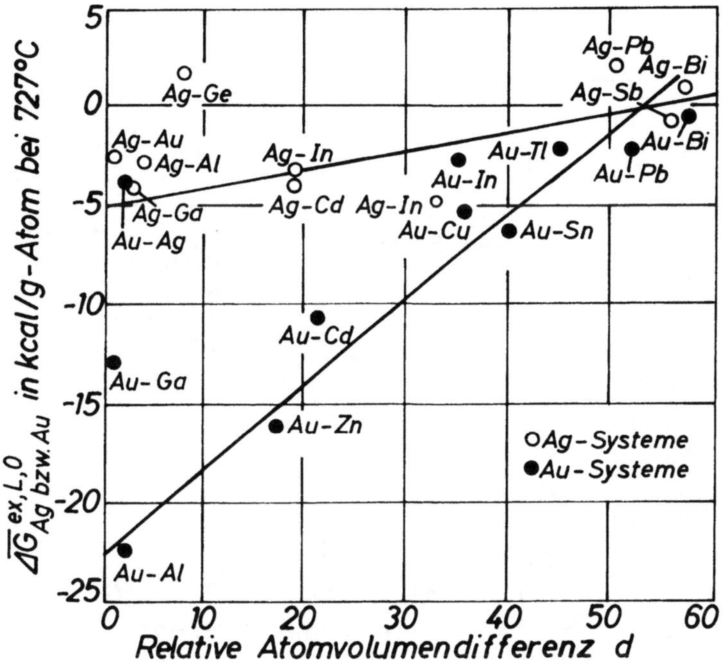

Bild 207
Partielle freie Überschußenthalpien des Ag und Au bei unendlicher Verdünnung (727°C) als Funktion der relativen Atomvolumendifferenz[169)]

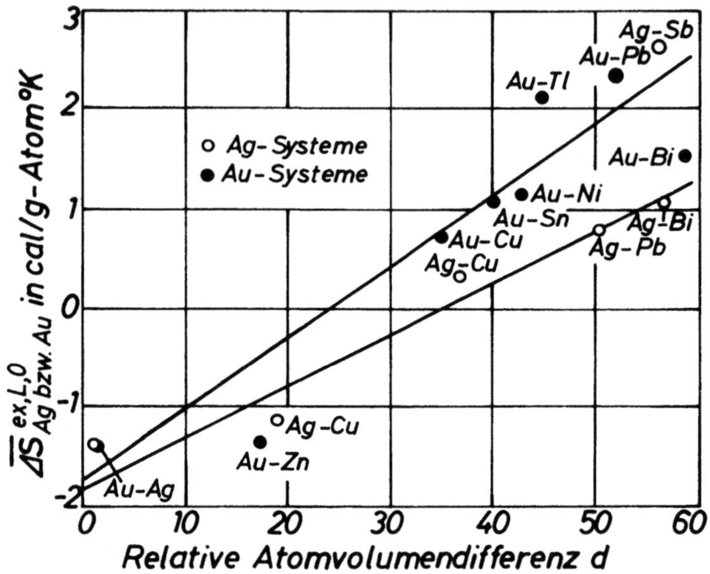

Bild 208

Partielle Überschußentropien des Ag und Au bei unendlicher Verdünnung als Funktion der relativen Atomvolumendifferenz [169]

der zum Teil beträchtlichen Streuungen der Einzelwerte sind analoge Zusammenhänge zu erkennen, wie sie für die entsprechenden partiellen Größen in flüssigen Kupferlegierungen anhand der Bilder 205 und 206 erläutert worden sind. Die durch Extrapolation der eingezeichneten mittelnden Geraden auf d = O erhältlichen "Bindungsanteile" sind in Tabelle 4 zusammengestellt. Ein Vergleich mit den ebenfalls aufgeführten Elektronegativitätswerten der Elemente Kupfer, Silber und Gold zeigt, daß eine einfache Korrelation vorhanden ist. Mit steigender Elektronegativität des Edelmetalls A nimmt der Betrag des "Bindungsanteils" $(\overline{\Delta G}_A^{ex,L,O})_{d=O}$ zu. Im Falle der $(\overline{\Delta S}_A^{ex,L,O})_{d=O}$-Werte, die naturgemäß nur mit geringerer Zuverlässigkeit aus experimentellen Daten zu gewinnen sind, ist die Streuung der Einzelwerte zu groß, um eine sinnvolle Aussage zu ermöglichen.

Tabelle 4

Element	Elektronegativität	"Bindungsanteil" $\overline{\Delta G}_A^{ex,L,O}$ in kcal/g-Atom	$\overline{\Delta S}_A^{ex,L,O}$ in cal/g-Atom ^oK
Cu	2,2	- 13,4	- 2,0
Ag	1,9	- 5,0	- 1,8
Au	3,1	- 22,5	- 1,7

5.2 Einfluß der Bindungsverhältnisse

Im Zusammenhang mit der Betrachtung der Auswirkungen einer Atomvolumendifferenz der Legierungspartner ist bereits der Einfluß von Änderungen der zwischenatomaren Wechselwirkungen bei der Legierungsbildung deutlich zutage getreten. Es sind indessen reale Fälle bekannt, in denen die Überschußfunktionen praktisch ausschließlich durch den Bindungsterm der Gl. (94) bzw. Gl. (95) festgelegt sind. Dies trifft beispielsweise für das System Silber-Gold zu. Die Kristallstrukturen der beiden Komponenten sind gleich und auch die Atomvolumina unterscheiden sich nur unwesentlich. Die Bildungsenthalpien und die Überschußentropien der festen Lösungen müssen in dominierender Weise durch den Bindungsterm ΔH_B bzw. ΔS_B bestimmt sein. Analoges ist für die flüssigen Legierungen zu erwarten.

In Bild 209 sind die Werte für ΔH^S, ΔH^L, ΔS^S und ΔS^L als Funktion des Atombruchs dargestellt. Innerhalb der eingezeichneten Fehlergrenzen stimmen ΔH^S und ΔH^L sowie ΔS^S und ΔS^L miteinander überein. Trotz der merklichen Verbindungstendenz, die sich in den beachtlichen negativen Werte für ΔH ausdrückt, deutet sich kein Unterschied zwischen den energetischen Verhältnissen im flüssigen und festen Zustand an.

Es sei erinnert, daß auch bei Entmischungssystemen (vgl. Bild 198) der für d = O durch Extrapolation erhältliche "mittlere Bindungsanteil" einer Systemreihe für feste und flüssige Legierungen praktisch gleich ist. Offensichtlich ist der auf einer Änderung der Bindungsverhältnisse beruhende Beitrag zu den Überschußfunktionen unabhängig davon, ob aus den festen Komponenten eine feste Lösung oder aus den flüssigen Legierungspartnern eine gleich zusammengesetzte flüssige Legierung gebildet wird. Die Berücksichtigung dieses Faktums, das in gleicher Weise für Entmischungs- wie für Verbindungssysteme gilt, kann die Analyse der Faktoren, die für die thermodynamischen Eigenschaften eines Systems maßgeblich sind, erheblich erleichtern.

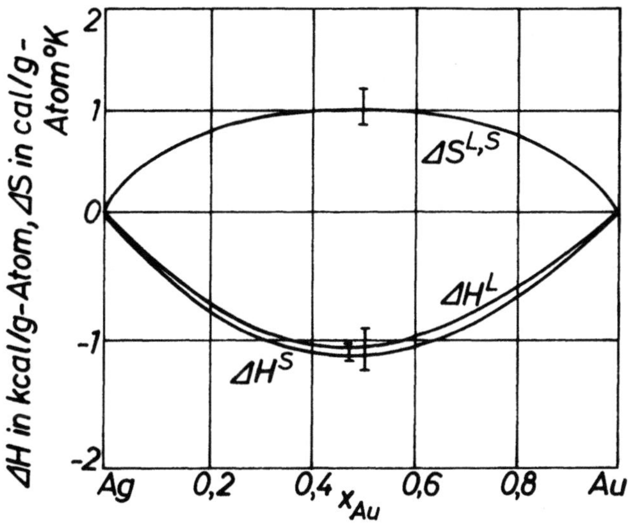

Bild 209

ΔH^S, ΔH^L, ΔS^S und ΔS^L für das System Ag - Au als Funktion des Atombruches[9)]

Wie bereits erwähnt, treten im mittleren Konzentrationsbereich mancher Systeme individuelle Bindungsverhältnisse auf. Sie können im einzelnen analysiert werden, wenn der von einer Atomvolumendifferenz herrührende Fehlpassungsanteil an der Überschußfunktion erfaßt und eliminiert werden kann. Dies sei am Beispiel von Hume-Rothery-Systemen dargestellt.

Wird von den in den Bildern 205 bis 208 wiedergegebenen Einzelwerten von $\overline{\Delta G}_A^{ex,L,O}$ bzw. $\overline{\Delta S}_A^{ex,L,O}$ der Bindungsanteil $(\overline{\Delta G}_A^{ex,L,O})_{d=O}$ bzw. $(\overline{\Delta S}_A^{ex,L,O})_{d=O}$ subtrahiert, so ergibt sich unmittelbar der Fehlpassungsanteil an der partiellen Überschußfunktion bei unendlicher Verdünnung. Für den Fehlpassungsanteil der integralen Überschußfunktionen flüssiger Legierungen kann eine zu x = 0,5 symmetrische Konzentrationsabhängigkeit angenommen werden:

$$\Delta G_F^L = \overline{\Delta G}_A^{ex,L,O} (1 - x_A) \cdot x_A \qquad (98)$$

und

$$\Delta S_F^L = \overline{\Delta S}_A^{ex,L,O} (1 - x_A) \cdot x_A \qquad (99)$$

Aus den so näherungsweise zugänglichen integralen Fehlpassungsanteilen können gemäß

$$\Delta G_B^L = \Delta G^{ex,L} - \Delta G_F^L \qquad (100)$$

und

$$\Delta S_B^L = \Delta S^{ex,L} - \Delta S_F^L \qquad (101)$$

die Anteile an den Überschußfunktionen ermittelt werden, die durch die Änderung der "chemischen" Bindungsverhältnisse bedingt sind.

Bekanntlich kann nicht nur das Auftreten von Hume-Rothery-Verbindungen, sondern auch das energetische Verhalten und damit die thermodynamische Stabilität der α-Mischkristalle der Elemente Kupfer, Silber und Gold mit mehrwertigen Metallen als zweiter Komponente durch Erhöhung der Valenzelektronenkonzentration gegenüber derjenigen der reinen Edelmetallkomponente erklärt werden. Bei den reinen I B-Metallen ist das s-Leitungsband, das insgesamt zwei Elektronen fassen kann, nur zur Hälfte besetzt. Wird ein höherwertiges Element hinzulegiert, so wird es in das Wirtsgitter als Ion eingebaut, das einen den Gitterbausteinen der Grundkomponente entsprechenden Elektronenzustand hat. Die restlichen Valenzelektronen des Fremdteilchens dienen zum Auffüllen des Leitungsbandes des I B-Metalls. Mit dieser Auffüllung ist eine Erniedrigung der freien Enthalpie des Systems verbunden. Sie liefert den "Bindungsanteil" an der freien Überschußenthalpie. Naturgemäß kann dies nur für kleine Fremdatomkonzentrationen gelten, da mit steigendem Gehalt an der zweiten Komponente eine zunehmende Störung des Leitungsbandes der Grundkomponente durch die Fremdionenrümpfe zu erwarten ist.

Die Existenzbereiche der α-Mischkristalle in Hume-Rothery-Systemen sind oft nur auf geringe Fremdatomgehalte begrenzt. Die Störungen des Leitungsbandes der I B-Metalle können daher nicht über große Konzentrationsbereiche hinweg untersucht werden. Das ist indessen im Falle der flüssigen Legierungen möglich, in denen analoge elektronische Gegebenheiten anzunehmen sind. Hinreichend stark ausgeprägte Störungen können eine partielle Lokalisierung der Valenzelektronen darstellen. Diese Tendenz zur Ausbildung "heteropolarer" Bindungsanteile kann anhand der Konzentrationsabhängigkeit des "Bindungsanteils" der integralen freien Überschußenthalpie verfolgt werden.

Sofern der Bindungseffekt ausschließlich durch eine Auffüllung des Leitungsbandes erfolgt, kann ein effektiver Atombruch der höherwertigen Komponente A definiert werden, der ein Maß für die zur Auffüllung bereitgestellten Valenzelektronen ist:

$$x_A^{eff} = (z_A - z_B) \cdot x_A \tag{102}$$

Es bedeuten z_A die Wertigkeit des höherwertigen Zusatzelements A, $z_B = 1$ die Wertigkeit der Grundkomponente (I B-Metall) und x_A den Atombruch der Komponente A. Zur vollständigen Auffüllung des s-Leitungsbandes eines I B-Metalls ist pro Atom ein Elektron erforderlich. Mit $x_A^{eff} = 1$ erhält man somit aus Gl. (102) den Atombruch x_A^A , bei dem eine völlige Auffüllung des Leitungsbandes erreicht ist und ein maximaler Bindungseffekt erwartet werden kann:

$$x_A^A = \frac{1}{z_A - 1} \tag{103}$$

Indessen ist, wie bereits angedeutet, mit einer Polarisation der Leitungselektronen zu rechnen, die um so stärker ausgeprägt sein dürfte, je größer der Elektronegativitätsunterschied der Legierungspartner ist , der vor allem bei nicht zu kleinen Konzentrationen der Komponente A zum Tragen kommen dürfte. Hinweise dafür, daß in Hume-Rothery-Verbindungen zum Teil erhebliche heteropolare Bindungsanteile wirksam sind, liegen als Ergebnis einer anderweitig durchgeführten Analyse thermodynamischer Eigenschaften einer Reihe solcher intermetallischer Phasen vor[173]. Der Grenzfall der rein heteropolaren Bindung ist gegeben, wenn eine totale Lokalisierung der Bindungselektronen erfolgt. Dabei tritt die stärkste Erniedrigung der freien Enthalpie ein, wenn die Anzahl der pro Atom von der elektropositiveren Komponente abgegebenen Elektronen genau der Anzahl von Elektronen entspricht, die die elektronegativere Komponente pro Atom aufnehmen kann. Das ist der Fall, wenn:

$$x_A \cdot z_A = x_B \cdot z_B \tag{104}$$

ist. Mit $z_B = 1$ für die Komponente B (I B-Metalle) ist eine maximale Erniedrigung der freien Enthalpie des Systems aufgrund einer extremen Polarisation bei einem Atombruch x_A^P der höherwertigen Komponente von

$$x_A^P = \frac{1}{z_A + 1} \qquad (105)$$

zu erwarten.

Für den Fall, daß der Auffülleffekt dominierend für die Änderung der Bindungskräfte bei der Legierungsbildung verantwortlich ist, sollte z.B. in Systemen mit Gallium oder Indium als jeweils höherwertiger Komponente eine maximale Erniedrigung der freien Enthalpie des Systems gemäß Gl. (103) bei $x_A^A = 0{,}5$ vorliegen, während ein Extremwert des Bindungsanteils der integralen freien Überschußenthalpie im Falle von ausschließlich heteropolaren Bindungen bei $x_A^P = 0{,}25$ auftreten müßte. Um zu entscheiden, welcher Fall eher realisiert ist, sind in Tabelle 5 für eine Reihe flüssiger Legierungen von Hume-Rothery-Systemen die Atombrüche $x_{A(Min)}$ aufgeführt, bei denen der Bindungsanteil der integralen freien Überschußenthalpie, ΔG_B^L, einen Minimalwert hat. Daneben sind die zugehörigen Atombrüche x_A^A und x_A^P aufgeführt und ferner die nach Angaben von W. Gordy[204] ermittelten Elektronegativitätsdifferenzen $\Delta\varepsilon$ wiedergegeben.

Tabelle 5

Zum Nachweis von Polarisationseffekten in flüssigen Legierungen von Hume-Rothery-Systemen. ΔG_B^L in kcal/g-Atom bei 727 °C.

System	$\Delta\varepsilon$	x_A^P	$x_{A(Min)}$	x_A^A
Cu-Zn	1,0	0,33	0,50	1,0
Cu-Cd	1,1	0,33	0,45	1,0
Cu-In	0,8	0,25	0,40	0,5
Cu-Al	0,7	0,25	0,48	0,5
Cu-Sb	0,4	0,25	0,40	0,5

Fortsetzung der Tabelle 5:

System	$\Delta\varepsilon$	x_A^P	$x_{A(Min)}$	x_A^A
Ag-Zn	0,7	0,33	0,49	1,0
Ag-Cd	0,8	0,33	0,49	1,0
Ag-Ga	0,5	0,25	0,38	0,5
Ag-In	0,5	0,25	0,45	0,5
Ag-Al	0,4	0,25	0,42	0,5
Ag-Sb	0,1	0,25	0,42	0,5
Au-Zn	1,9	0,33	0,50	1,0
Au-Cd	2,0	0,33	0,50	1,0
Au-Ga	1,7	0,25	0,36	0,5
Au-In	1,7	0,25	0,44	0,5
Au-Al	1,3	0,25	0,45	0,5

Wie ein Vergleich der in Tabelle 5 aufgelisteten x-Werte zeigt, liegt der Atombruch der höherwertigen Legierungskomponente, bei dem ΔG_B^L minimal ist, zwischen den beiden Atombrüchen für optimale Legierungsgehalte bei dominierendem Auffülleffekt, x_A^A, bzw. dominierendem Polarisationseffekt, x_A^P. In den hier betrachteten flüssigen Legierungen liegen offensichtlich merkliche heteropolare Bindungsanteile vor. Es ist die Tendenz zu erkennen, daß die $x_{A(Min)}$-Werte um so näher bei x_A^P liegen, je größer die Elektronegativitätsdifferenz der Legierungspartner ist.

Die Auswirkungen der Elektronegativitätsdifferenz der Legierungspartner sei ferner am Beispiel von flüssigen Lösungen mit Aluminium als einer Komponente kurz erörtert. Insbesondere bei intermetallischen Verbindungen mit hohen negativen Werten der Bildungsenthalpien ist eine Proportionalität zwischen dem Quadrat der Elektronegativitätsdifferenz der Legierungspartner und ΔH^S gegeben. Dies deutet sich auch für die Mischungsenthalpien der flüssigen Aluminiumlegierungen mit starker Verbindungstendenz an. In Bild 210 sind die maximalen Mischungsenthalpien als Funktion des Elektronegativitätskoeffizienten $(\Delta\varepsilon)^2$ aufgetragen. Ein einfacher Zusammenhang ist unmittelbar ersichtlich.

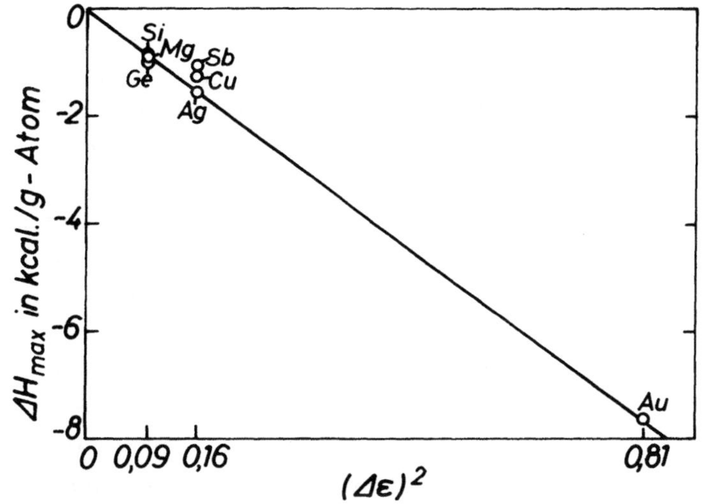

Bild 210
Maximale Mischungsenthalpien flüssiger Al-Legierungen als Funktion des Elektronegativitätskoeffizienten $(\Delta\varepsilon)^2$

Zweifellos kann, wie bereits dargelegt, auch in Systemen mit starker Verbindungstendenz ein merklicher Fehlpassungsanteil in ΔH^L-Werten enthalten sein, sofern die Atomvolumina der Komponenten sich entsprechend voneinander unterscheiden. Um diesem Einfluß in den in Bild 210 betrachteten Al-Systemen nachzugehen, ist die Linie vom Koordinatenanfangspunkt ausgehend durch die ΔH^L_{max}-Werte derjenigen Systeme gelegt worden, bei denen kein merklicher Atomvolumenunterschied der Partner vorliegt. Das sind die ΔH^L_{max}-Werte fürAl-Ag- und Al-Au-Legierungen,bei denen die relative Atomvolumendifferenz nur d = 2,9% bzw. d = 1,2% beträgt. Von der so gelegten Geraden weichen die ΔH^L_{max}-Werte der Systeme Al-Cu und Al-Sb zu kleineren Beträgen hin ab, wie dies bei einer Auswirkung der Fehlpassung zu erwarten ist. Die relativen Atomvolumendifferenzen betragen für Al-Cu d = 29,4% und für Al-Sb d = 57%. Entsprechend weist auch der ΔH^L_{max}-Wert des Systems Al-Sb die größte Abweichung von der eingezeichneten $\Delta H^L_{max}-(\Delta\varepsilon)^2$-Geraden auf. Neben dem Bindungsanteil ist in diesen Legierungen der Fehlpassungsanteil von deutlichem Einfluß auf die Mischungsenthalpien. Auch in den Systemen Al-Si und Al-Ge sind merkliche Fehlpassungseinflüsse zu erwarten. Sie sind indessen aufgrund der zur Zeit vorliegenden Daten nicht erkennbar.

Schließlich sei noch auf den Einfluß der Wertigkeitsdifferenz der Legierungspartner hingewiesen, die nach J.Friedel[205] zu erwarten ist, weil die überschüssige Ladung der Atomrümpfe der höherwertigen Komponente in metallischen Systemen, wenn sie in kleiner Konzentration vorliegen, von den Leitungselektronen abgeschirmt werden. Aufgrund dieses Effektes soll die zweite Ableitung der integralen Mischungsenthalpie nach dem Atombruch ein positives Vorzeichen annehmen, wenn die Wertigkeit des Fremdatoms größer ist als die der Grundkomponente. Ferner soll der Wert $d^2\,\Delta H^L/dx^2$ um so größer sein, je größer die Wertigkeitsdifferenz ist. Diese Gegebenheiten können naturgemäß nur dann leicht erkannt werden, wenn keine Störungen durch Fehlpassungseinflüsse oder andere Besonderheiten vorliegen.

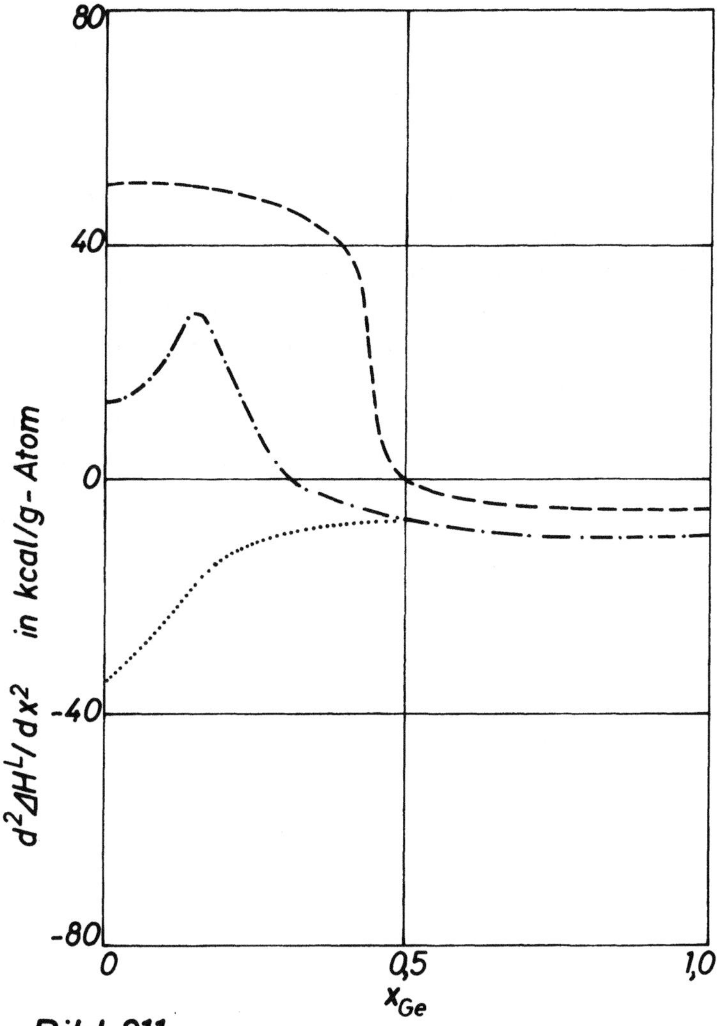

Bild 211

Zum Nachweis des Einflusses der Valenzdifferenz der Komponenten auf die Gestalt der ΔH^L-x-Kurve[176)]

---- Cu-Ge

—·—·— Ag-Ge

.... Au-Ge

In Bild 211 ist für flüssige Legierungen des Germaniums mit Kupfer, Silber und Gold $d^2\ \Delta H^L/dx^2$ gegen den Atombruch des Germaniums aufgetragen. Die Voraussagen von J. Friedel[205], die sich zunächst auf Mischkristalle bezogen, sind offensichtlich auch für flüssige Legierungen der Systeme Cu-Ge und Ag-Ge erfüllt. Bei hohen Cu- bzw. Ag-Konzentrationen hat $d^2\ \Delta H^L/dx^2$ erwartungsgemäß ein positives Vorzeichen. Bei hohen x_{Ge}-Werten hat die Wertigkeitsdifferenz ein anderes Vorzeichen als bei kleinen x_{Ge}-Werten. Entsprechend ist $d^2\ \Delta H^L/dx^2$ dort negativ. Im System Au-Ge sind infolge der hohen Elektronegativitätsdifferenz die Polarisationseinflüsse offensichtlich so groß, daß die Voraussetzungen für die Anwendung der Vorstellungen von J. Friedel[205] nicht mehr hinreichend erfüllt sind.

5.3 Einfluß von Strukturdifferenzen

5.3.1 Das System Indium-Zinn

Neben der Änderung der Bindungsverhältnisse bei der Legierungsbildung und dem Einfluß der Atomvolumendifferenz der Legierungspartner können auch die Unterschiede zwischen der Kristallstruktur der Komponenten und der gebildeten festen Phase für die Energetik eines Systems von Bedeutung sein. Im System Indium-Zinn ist diese Strukturdifferenz der entscheidende Faktor. In Bild 212 ist sowohl das Zustandsdiagramm Indium-Zinn als auch eine Darstellung der Mischungs- und Bildungsenthalpie als Funktion des Atombruchs wiedergegeben. Indium kristallisiert tetragonal-flächenzentriert. Auf der Indiumseite des Systems tritt ein breites Mischkristallgebiet auf. Das Achsenverhältnis c/a ist größer als 1 und nimmt mit steigendem Zinngehalt ab. Die Phase β kristallisiert ebenfalls tetragonal-flächenzentriert, allerdings mit $c/a < 1$. In beiden Fällen sind die Abweichungen von $c/a = 1$ nur gering. Es konnte für analoge Verhältnisse in den Systemen Indium-Cadmium und Indium-Thallium gezeigt werden[41)], daß die Umwandlungsenthalpie zwischen diesen beiden Strukturen sehr gering ist. Sie liegt in der Größenordnung von 1 cal/g-Atom. Für unsere weiteren Betrachtungen kann daher der gesamte Bereich der In-Mischkristalle, der β-Phase und des Zweiphasengebietes (In) + β als praktisch einheitliches "Mischkristallgebiet" mit annähernd kubisch-flächenzentrierter Stuktur angesehen werden.

Zinn und Indium unterscheiden sich im Atomradius nur um 0,6%. Ein merklicher Einfluß einer atomaren Fehlpassung in diesem "Mischkristallgebiet" auf der Indiumseite des Systems ist nicht zu erwarten. Dies gilt in noch höherem Maße für die flüssigen Legierungen. Da für die Schmelzen in diesem Falle zudem ein merklicher, von Strukturänderungen

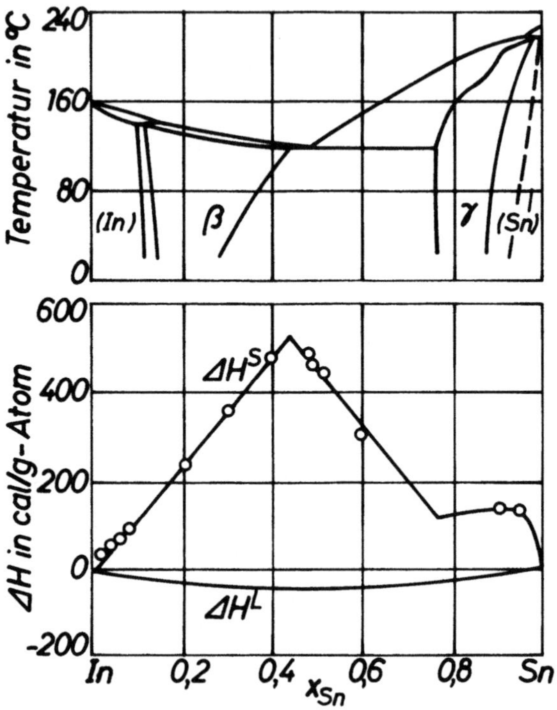

Bild 212

Zustandsdiagramm In - Sn[199)]
ΔH^{S} [188)] und ΔH^{L} [174) 200)] als Funktion des Atombruchs

beim Vermischen der flüssigen Komponenten herrührender Beitrag zur Mischungsenthalpie nicht zu erwarten ist, dürfte im vorliegenden Falle ΔH^L allein von der Änderung der Bindungsverhältnisse bei der Vermischung der flüssigen Legierungspartner bestimmt sein. Diese Mischungsenthalpien haben, wie ein Blick auf Bild 212 zeigt, negatives Vorzeichen, weisen indessen nur relativ geringe Beträge auf. Auch die Änderung der Bindungsverhältnisse bei der Legierungsbildung ist offenbar sehr gering. Bemerkenswerterweise sind die Bildungsenthalpien der "Mischkristalle" positiv und von erheblichem Betrage.

Aufgrund der weiter oben dargelegten Betrachtungen kann näherungsweise $\Delta H^L = \Delta H_B^L = \Delta H_B^S$ gesetzt werden. Wird ferner aufgrund der geringen Atomvolumendifferenz der Partner die Verzerrungsenthalpie gegenüber den anderen Termen vernachlässigt, so nimmt Gl. (94) folgende Form an:

$$\Delta H^S = \Delta H^L + \Delta H_U^S \qquad (106)$$

ΔH^S und ΔH^L sind bekannt. Damit ergibt sich aus Gl. (106) unmittelbar der Umwandlungsterm, der verknüpft ist mit der Überführung des Zinnanteils in der Legierung von seiner tetragonalen Modifikation in eine praktisch kubisch-flächenzentrierte Struktur. ΔH_U^S ist von der Menge des in den "Mischkristallen" enthaltenen Zinns abhängig:

$$\Delta H_U^S = \Delta H_{U(Sn \rightarrow kub.fz.)} \cdot x_{Sn} \qquad (107)$$

In der Tat ist die ΔH^S-x-Kurve im Bereich des "Mischkristallgebiets" praktisch linear, insbesondere nach Abzug des relativ geringen Bindungsanteils $\Delta H_B^S = \Delta H^L$. Eine Extrapolation auf $x_{Sn} = 1$ ergibt den Enthalpieaufwand, der erforderlich ist, um 1 g-Atom des weißen Zinns in eine hypothetische, kubisch-flächenzentrierte Modifikation zu überführen. Er beträgt nach Th. Heumann und Mitarb.[188] [198]:

$$\Delta H_{U(Sn \rightarrow kub.fz.)} = 1{,}31 \text{ kcal/g-Atom.}$$

5.3.2 Das System Thallium-Zinn

Zu einem ähnlichen Ergebnis führt die Analyse des Systems Thallium-Zinn[201]. Das von uns in einer früheren Arbeit aufgestellte Zustandsdiagramm Tl-Sn ist in Bild 213 wiedergegeben. Die Hochtemperaturphase des Thalliums ist kubisch-raumzentriert. Sie löst maximal 14 At.-% Sn. Im Bereich um 20 At.-% Sn ist die kubisch-flächenzentrierte γ-Phase existent. Für diese beiden genannten Legierungsbereiche sind die Schmelzenthalpien ermittelt worden, die bei Kenntnis der Mischungsenthalpien die Bildungsentahlpien der zugehörigen festen Phasen liefern.

In Bild 214 sind ΔH^L und ΔH^S als Funktion des Atombruchs dargestellt. Die aus der Atomradiendifferenz von 5% nach einem von Th. Heumann[191] mitgeteilten Verfahren ermittelten Fehlpassungsenthalpien der festen Legierungen sind ebenfalls eingezeichnet. Sie sind relativ klein. Ihr Maximalwert beträgt 40 cal/g-Atom. Für den Bereich der β-Phase gilt:

$$\Delta(\Delta H) = \Delta H^S_{\beta} - \Delta H^S_F - \Delta H^L = \Delta H_{U(Sn \rightarrow \beta)} \cdot x_{Sn} \qquad (108)$$

Wie ein Blick auf Bild 214 lehrt, ist die $\Delta(\Delta H)$-x-Linie eine Gerade. Der Wert für $\Delta H_{U(Sn \rightarrow \beta)}$ für den Übergang des tetragonalen Zinns in eine hypothetische kubisch-raumzentrierte Modifikation ergibt sich zu

$$\Delta H_{U(Sn \rightarrow kub.rz.)} = 1{,}27 \text{ kcal/g-Atom.}$$

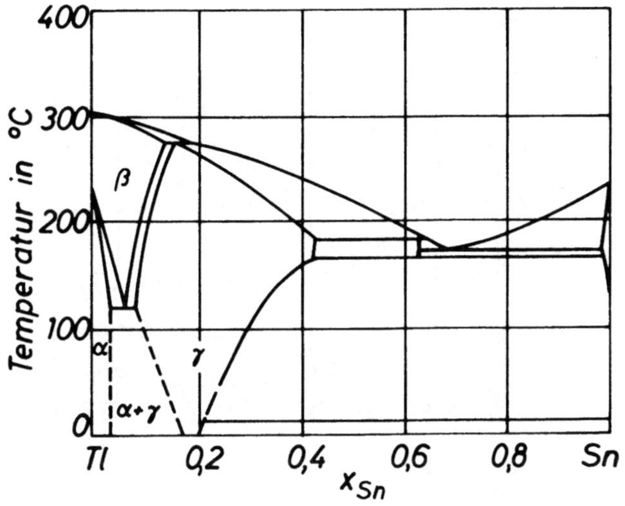

Bild 213
Zustandsdiagramm Tl - Sn [201)]

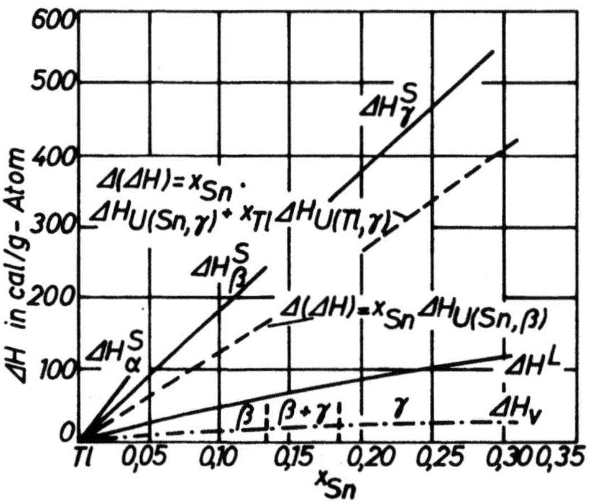

Bild 214
Analyse der Bildungsenthalpien im System Tl - Sn[201]

Bei der Bildung der kubisch-flächenzentrierten γ-Phase ist sowohl der mit der Überführung des kubisch-raumzentrierten Thalliums als auch der mit der Umwandlung des tetragonalen Zinns in die kubisch-flächenzentrierte Struktur der γ-Phase zusammenhängende Umwandlungsterm zu beachten:

$$\Delta(\Delta H) = \Delta H_{\gamma}^{S} - \Delta H_{F}^{S} - \Delta H^{L} = \Delta H_{U(Sn \rightarrow \gamma)} \cdot x_{Sn} + \Delta H_{U(Tl \rightarrow \gamma)} \cdot x_{Tl} \qquad (109)$$

Die Extrapolation der $\Delta(\Delta H)$-x-Geraden bis zu den Werten $x_{Sn} = 1$ bzw. $x_{Tl} = 1$ liefert folgende Umwandlungsenthalpiewerte:

$$\Delta H_{U(Tl,\ kub.rz. \rightarrow kub.fz.)} = -\ 0{,}02 \text{ kcal/g-Atom}$$

$$\Delta H_{U(Sn,\ tetrag. \rightarrow kub.fz.)} = 1{,}35 \text{ kcal/g-Atom}$$

Der Wert für $\Delta H_{U(Sn \rightarrow kub.fz.)}$ stimmt mit dem bei der Auswertung des Systems In-Sn gewonnenen[188)198)] gut überein, was die Zuverlässigkeit des dargestellten Verfahrens erhärtet.

In analoger Weise können die Überschußentropien gemäß Gl. (95) ausgewertet werden. Es resultieren folgende Ergebnisse:

$$\Delta S_{U(Sn,\ tetrag. \rightarrow kub.rz.)} = 2{,}25 \text{ cal/g-Atom } ^{o}K$$

$$\Delta S_{U(Sn,\ tetrag. \rightarrow kub.fz.)} = 2{,}36 \text{ cal/g-Atom } ^{o}K$$

Bei der Umwandlungstemperatur T_U (in ^{o}K) einer allotropen Modifikationsänderung gilt:

$$\Delta S_U = \frac{\Delta H_U}{T_U} \qquad (110)$$

Mit den vorliegenden Umwandlungsenthalpien und Umwandlungsentropien für Zinn ergeben sich folgende Temperaturen für den Übergang in die betreffende hypothetische Modifikation:

$$t_{U(Sn,\ tetrag.\ \rightarrow\ kub.rz.)} = 290^{o}C$$

$$t_{U(Sn,\ tetrag.\ \rightarrow\ kub.fz.)} = 300^{o}C$$

Diese Temperaturen sind höher als die Schmelztemperatur des Zinns. Das Zinn schmilzt (bei 1 atm. Druck) beim Erhitzen, bevor es die beiden hypothetischen Modifikationsänderungen vollziehen kann.

Für die Umwandlungsenthalpie des Thalliums beim Übergang von der kubisch-raumzentrierten in eine kubisch-flächenzentrierte Modifikation liegen in der Literatur Vergleichswerte vor. Kubisch-flächenzentriertes Thallium tritt als Hochdruckmodifikation auf. P.W. Bridgman[202)] sowie P.N. Adler und H. Margolin[203)] haben durch Auswertung von Hochdruckexperimenten an reinem Thallium ΔH_U-Werte gewonnen. Der von den letztgenannten Autoren mitgeteilte, neueste Wert lautet:

$$\Delta H_U = -\ 0{,}015\ \text{kcal/g-Atom.}$$

Der von uns durch Auswertung der thermodynamischen Eigenschaften von Tl-Sn-Legierungen gewonnene Wert stimmt damit praktisch völlig überein.

5.3.3 Das System Quecksilber-Indium

Wie weiter oben dargelegt (vgl. Bild 21), haben die Bildungsenthalpien der indiumreichen Mischkristalle des Systems Quecksilber-Indium ebenso wie die Mischungsenthalpien der entsprechenden flüssigen Legierungen ein negatives Vorzeichen. Die Beträge von ΔH^S sind indessen erheblich größer als diejenigen von ΔH^L. Diese Differenz dürfte kaum auf unterschiedliche Bindungsverhältnisse im festen und flüssigen Zustand zurückzuführen sein. Vielmehr ist an einen Einfluß der Strukturdifferenz zwischen Legierungspartnern und Mischkristall zu denken.

Wie ein Blick auf das Zustandsdiagramm in Bild 18 zeigt, liegen auf der Indiumseite ähnliche Gleichgewichtsverhältnisse vor, wie im System Indium-Zinn bei höheren x_{In}-Werten (vgl. Bild 212). Die α_T-Mischkristalle mit Quecksilberkonzentrationen bis zu etwa 6 At.-% Hg weisen ein tetragonal-flächenzentriertes Kristallgitter auf. Das Achsenverhältnis nimmt von c/a = 1,076 für reines Indium mit steigendem Quecksilbergehalt ab und erreicht bei 6 At.-% Hg den Wert c/a = 1,036[27]. Die oberhalb 7,5 At.-% Hg bei 20° C existente Phase α_K hat eine kubisch-flächenzentrierte Struktur. In den Systemen In-Tl und In-Cd treten analoge Phasenbereiche mit ähnlichen Gitterstrukturen auf. Die dort für den Übergang zwischen diesen Phasen ermittelten Umwandlungsenthalpien sind, wie bei der Behandlung des Systems In-Sn bereits erwähnt, außerordentlich gering. Sie betragen im System In-Tl ΔH^U = 0,5 cal/g-Atom und im System In-Cd ΔH^U = 1,0 cal/g-Atom[42]. Diese Enthalpiedifferenz ist so gering, daß sie bei der im folgenden durchgeführten Analyse vernachlässigt werden kann. Die Gebiete der α_T-und der α_K-Phase sowie das enge Zweiphasengebiet $\alpha_K + \alpha_T$ können praktisch als ein geschlossenes α-Mischkristallgebiet mit kubisch-flächenzentrierter Kristallstruktur betrachtet werden.

Die relative Atomvolumendifferenz der Legierungspartner ist recht klein, nämlich d = 4%. Ein merklicher Fehlpassungseinfluß im Mischkristall ist nicht zu erwarten. Noch geringer dürfte die Auswirkung einer Fehlpassung in den flüssigen Legierungen sein. Unter Vernachlässigung des Fehlpassungsterms und mit $\Delta H_B^S = \Delta H^L$ kann für die Enthalpiebilanz Gl. (106) benützt werden:

$$\Delta H^S = \Delta H^L + \Delta H_U^S \qquad (106)$$

Es ist noch zu bemerken, daß in ΔH_U^S zwei Anteile enthalten sind, einer, der von der Umwandlung des Quecksilbers von der stabilen rhomboedrischen Modifikation in eine hypothetische, praktisch kubisch-flächenzentrierte Struktur herrührt und ein weiterer Anteil, der mit dem Übergang des tetragonalen Indiums in die Gitterstruktur des Mischkristalls verbunden ist. Der letztere Anteil kann, wie bereits erwähnt, wegen seiner Geringfügigkeit vernachlässigt werden. Aus dem vorliegenden Wert für ΔH^S und ΔH^L folgt:

$$\Delta H_{U(\text{Hg rhomboedr.} \rightarrow \text{kub.fz.})} = 1{,}27 \text{ kcal/g-Atom.}$$

Analog ergibt sich für die Umwandlungsentropie:

$$\Delta S_{U(\text{Hg rhomboedr.} \rightarrow \text{kub.fz.})} = 2{,}85 \text{ cal/g-Atom } ^{\circ}\text{K.}$$

Gemäß Gl. (110) resultiert damit als Umwandlungstemperatur, bei der die hypothetische kubisch-flächenzentrierte Modifikation des Quecksilbers mit der stabilen rhomboedrischen Modifikation im Gleichgewicht steht:

$$t_{U(\text{Hg rhomboedr.} \rightarrow \text{kub.fz.})} = 173^{\circ}\text{C.}$$

Diese Analyse der thermodynamischen Eigenschaften zeigt, daß die Stabilität der Mischkristalle des Systems Hg-In sehr wesentlich durch die Umwandlungsenthalpie und die Umwandlungsentropie mitbestimmt wird, die aufzuwenden sind, um das rhomboedrische Quecksilber in die praktisch kubisch-flächenzentrierte Struktur der festen In-Hg-Lösung zu überführen.

5.3.4 Das System Silber-Germanium

Bei der Bildung von silberreichen Mischkristallen des Systems Ag-Ge ist u.a. die Umwandlungsenthalpie zur Überführung des Germaniums von seiner stabilen Diamantstruktur in eine metallische, kubisch-flächenzentrierte Modifikation aufzuwenden. Sofern die Bildungsenthalpien bekannt sind, kann diese Umwandlungsenthalpie erschlossen werden. Um dies zu ermöglichen, wurden von uns die Bildungsenthalpien der silberreichen Ag-Ge-Mischkristalle lösungskalorimetrisch mit flüssigem Zinn als Lösungsmittel bestimmt[176]. Die Werte sind in Tabelle 6 zusammengestellt.

Tabelle 6

Lösungsenthalpien ΔH^S von Ag-Ge-Mischkristallen bei 649°C in kcal/g-Atom

Atom-% Ge	ΔH^S
2	0,65 ± 0,20
4	0,52 ± 0,20
6	0,73 ± 0,23
8	1,11 ± 0,22

In Bild 215 wurden die Enthalpiegrößen, die für eine Analyse der bei der Legierungsbildung maßgeblichen Faktoren erforderlich sind, als Funktion des Atombruchs aufgetragen. Die Fehlpassungsenthalpien für feste Ag-Ge-Lösungen, ΔH_F^S, wurden gemäß einer von Th. Heumann[191] angegebenen Beziehung errechnet. Sie sind relativ klein.

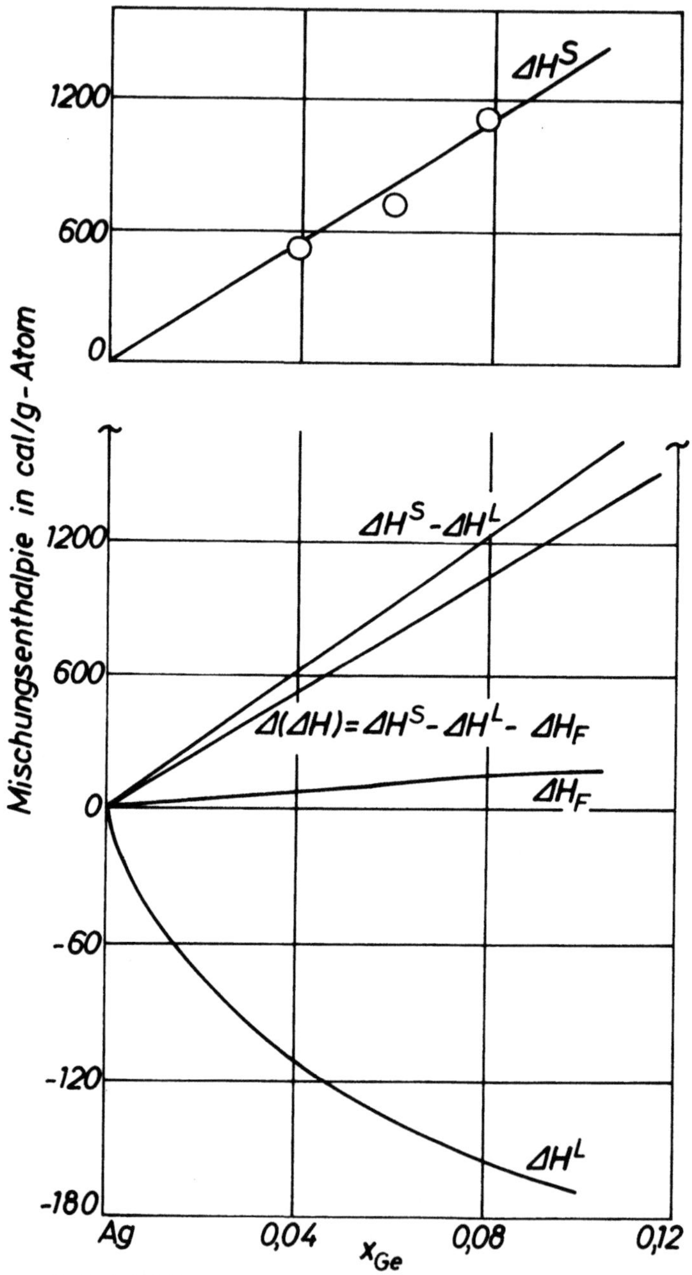

Bild 215

Zur Analyse der Bildungsenthalpien im System Ag-Ge[176)]

Die Mischungsenthalpien ΔH^L sind aus der Literatur bekannt[175]. Wird, was auch im vorliegenden Falle gerechtfertigt erscheint, $\Delta H^L = \Delta H_B^S$ gesetzt, so ist der Anteil an der Bildungsenthalpie, der mit der Überführung des Germaniums in eine kubisch-flächenzentrierte Struktur zusammenhängt, zugänglich. Es sei bemerkt, daß die in Bild 215 eingezeichnete Differenz $\Delta(\Delta H) = \Delta H^S - \Delta H^L - \Delta H_F^S$ linear mit dem Atombruch des Germaniums zunimmt. Eine Extrapolation dieser Geraden auf $x_{Ge} = 1$ liefert:

$$\Delta H_{U(Ge,\ Diamant \rightarrow kub.fz.)} = 13{,}0\ kcal/g\text{-}Atom.$$

Im Vergleich zu den weiter oben genannten Umwandlungsenthalpien hypothetischer Phasenumwandlungen ist dieser Wert außerordentlich hoch. Das ist bei der hier vorliegenden extremen Strukturdifferenz zwischen stabiler und hypothetischer Modifikation indessen nicht verwunderlich.

5.3.5 Das System Kupfer-Germanium

Eine analoge Auswertung kann im System Kupfer-Germanium erfolgen. Die erforderlichen Enthalpiegrößen sind in Bild 216 als Funktion des Atombruchs x_{Ge} wiedergegeben.

Die Atomvolumina der Komponenten unterscheiden sich hier merklich stärker als im Falle des Systems Ag-Ge. Die dadurch bedingten Fehlpassungsenthalpien wurden nach der von Th. Heumann[191] angegebenen Methode errechnet. Bei 12 At.-% Ge beträgt die Fehlpassungsenthalpie bereits ΔH_F^S = 550 cal/g-Atom. Auch in den entsprechenden flüssigen Legierungen ist sie nicht mehr zu vernachlässigen. Aufgrund der weiter oben dargelegten Gegebenheiten, wonach die Fehlpassungsenthalpie in der Schmelze etwa um den Faktor 2 kleiner ist als im gleichartig zusammengesetzten Mischkristall, wurde $\Delta H_F^L = 0{,}5 \cdot \Delta H_F^S$ angenommen.

Wie ein Blick auf Bild 216 lehrt, nimmt der Wert $\Delta(\Delta H) = \Delta H^S - \Delta H^L - 0{,}5\,\Delta H_F^S$ nicht linear mit x_{Ge} zu. Das ist offensichtlich auf spezielle Bindungsverhältnisse im mittleren Konzentrationsbereich zurückzuführen. Diese individuellen Bindungsgegebenheiten, die - anders als im System Ag-Ge - zur Ausbildung stabiler intermetallischer Verbindungen im festen Zustand führen, dürften mit sinkendem Germaniumgehalt indessen an Einfluß verlieren. Es kann daher eine Ermittlung des Umwandlungsterms versucht werden, indem an die $\Delta(\Delta H)$-x_{Ge}-Kurve eine Tangente bei $x_{Ge} = 0$ gelegt wird. In der Tat liefert dieses Vorgehen einen $\Delta H_{U(Ge)}$-Wert, der mit dem anhand von Ag-Ge-Legierungen gewonnenen weitgehend übereinstimmt. Er beträgt:

$$\Delta H_{U(Ge,\ \text{Diamant} \rightarrow \text{kub.fz.})} = 13{,}7 \text{ kcal/g-Atom.}$$

Es sei bemerkt, daß dem Wert, der durch Auswertung der Ag-Ge-Mischkristalle erhalten wurde, wegen der dort günstigeren

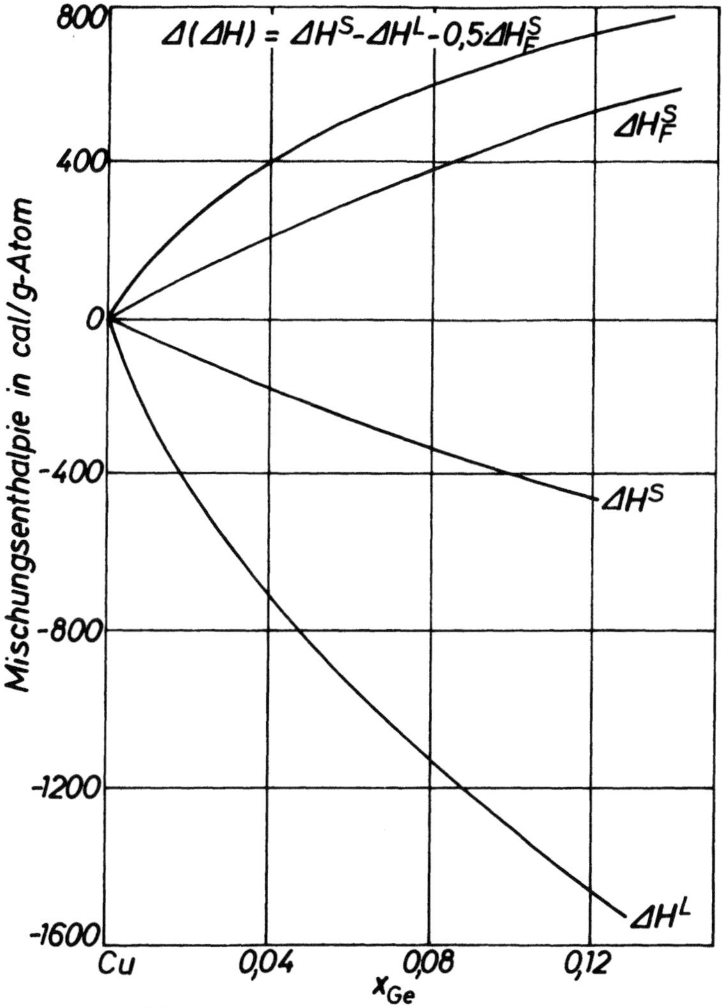

Bild 216
Zur Analyse der Bildungsenthalpien im System Cu - Ge[176]

Auswertungsbedingungen naturgemäß die größere Zuverlässigkeit zukommt. Er wird indessen durch die Ergebnisse im System Cu-Ge vortrefflich erhärtet.

5.3.6 Zur Frage nach der Stabilität einiger hexagonal primitiver Phasen

Im System Quecksilber-Zinn tritt bei hohen Zinngehalten eine intermetallische Verbindung mit hexagonal primitiver Struktur auf. Ähnliche Phasen sind auch in einigen anderen Systemen mit Zinn als Grundkomponente zu finden. Ihre Existenz ist an bestimmte elektronische Gegebenheiten gebunden. Hexagonal-primitiv kristallisierende Phasen sind zu erwarten, wenn die Valenzelektronenkonzentration des Zinns durch Zulegieren eines niedrigerwertigen Elements auf 3,4 bis 3,9 reduziert wird[58)59)]. Neben dieser Grundvoraussetzung müssen offensichtlich noch weitere Bedingungen erfüllt sein. Zu nennen ist die Vermeidung hoher Fehlpassungsenthalpien als Folge von merklichen Atomvolumendifferenzen. Auf zu große Fehlpassungsenthalpien dürfte es z.B. zurückzuführen sein, daß im System Zinn-Thallium keine hexagonal-primitive Phase auftritt. Weiterhin könnte die Umwandlungsenthalpie für die Stabilität dieser Verbindungen bedeutsam sein, die aufzuwenden ist, um das tetragonale weiße Zinn in eine hypothetische, hexagonal-primitive Struktur zu überführen. Diesem Faktor soll im folgenden nachgegangen werden. Es sei im voraus bemerkt, daß alle bisher diesbezüglich untersuchten hexagonal-primitiven zinnreichen Phasen eine positive Bildungsenthalpie aus den festen Komponenten aufweisen, was als erster Hinweis auf die Wirksamkeit des Umwandlungsterms und zum Teil auch des Fehlpassungsterms gewertet werden kann.

In Bild 217 sind Ausschnitte aus Zustandsdiagrammen wiedergegeben, die das Existenzgebiet der drei stabilen Vertreter dieses Typs darstellen. Aufgrund der positiven Bildungsenthalpien sind die hexagonal-primitiven Phasen bei tiefen Temperaturen nicht stabil. Zudem verschiebt sich ihr Existenzbereich mit steigender Temperatur zu höheren Zinnkonzentrationen hin. Offensichtlich ist bei hohen Temperaturen bereits eine geringere Reduzierung der VEK des Zinns ausreichend, um diese Kristallstruktur zu stabilisieren. Eine grobe Extrapolation dieses Trends bis zur Konzentration $x_{Sn} = 1$ zeigt, daß bei etwa 250°C ein Umwandlungspunkt des tetragonalen Zinns in eine hexagonal-primitive Struktur zu erwarten wäre, wenn dieses Element nicht wenig unterhalb (bei 232°C) schmelzen würde.

Die Atomvolumendifferenz ist bei den hier betrachteten Beispielen der Systeme Sn-In, Sn-Cd und Sn-Hg gering und dürfte nicht von ausschlaggebender Bedeutung sein. Die Fehlpassungsenthalpien können daher im Hinblick auf die Fehlergrenzen der übrigen für eine Analyse der Einflußfaktoren vorliegenden Daten vernachlässigt werden. Die Daten sind in Tabelle 7 zusammengestellt.

Tabelle 7

Daten zur Ermittlung der Einflußfaktoren primitiv-hexagonaler, zinnreicher Phasen.
ΔH in cal/g-Atom; ΔS in cal/g-Atom °K.

System	Atom-% Sn	ΔH^S	ΔS^S	ΔH^L	$\Delta H_{U(Sn)}$
Sn-Hg	93,1	0 ± 70[105)]	0,2 ± 0,2[105)]	+ 33[9)]	
Sn-In	90,0	135[105) 199)]	0,81[105) 199)]	- 17[9)]	140
Sn-In	95,0	135[105) 199)]	0,55[105) 199)]	- 9[9)]	140
Sn-Cd	94,7	200[105)]	0,49[105)]	+ 70[9)]	130

Nach Vernachlässigung von ΔH_F ist mit $\Delta H_B^S = \Delta H^L$ in einfacher Weise der Umwandlungsanteil an der Bildungsenthalpie zugäng-

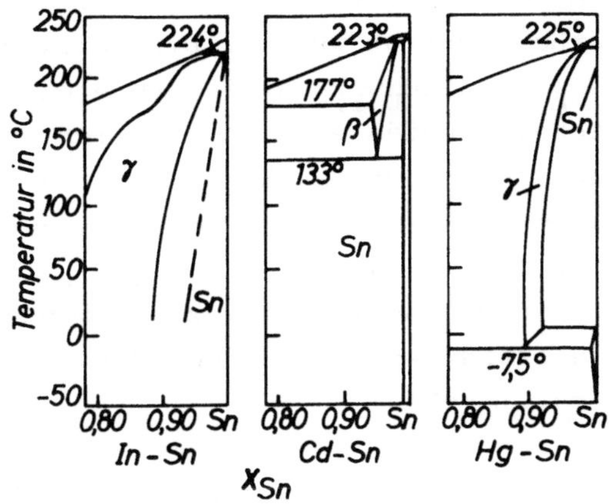

Bild 217
Zum Existenzbereich der hexagonal primitiven Phasen in den Systemen Sn-In[199], Sn-Cd[27] und Sn-Hg[105]

lich. Dieser setzt sich gemäß

$$\Delta H_U = x_A \cdot \Delta H_{U(A)} + x_B \, \Delta H_{U(B)} \qquad (111)$$

aus den entsprechenden Beiträgen der Komponenten A und B der intermetallischen Verbindung zusammen. Wie ein Blick auf Tabelle 7 zeigt, ist der ΔH^S-Wert für die hexagonal-primitive Phase des Systems Sn-Hg nicht genau genug für eine Auswertung. Im folgenden sollen daher nur die Systeme Sn-In und Sn-Cd berücksichtigt werden. Eine gleichzeitige Ermittlung von $\Delta H_{U(A)}$ und $\Delta H_{U(B)}$ ist in Ermangelung hinreichend umfangreicher Grunddaten nicht möglich. Eine Abschätzung des Umwandlungsterms des Zinns in eine hypothetische hexagonal-primitive Modifikation kann indessen versucht werden. Dazu ist anzunehmen, daß die Größen $x_{In} \cdot \Delta H_{U(In)}$ und $x_{Cd} \cdot \Delta H_{U(Cd)}$ wegen des geringen Wertes von x_{In} bzw. x_{Cd} gegenüber $x_{Sn} \, \Delta H_{U(Sn)}$ vernachlässigt werden können. Mit diesen groben Vereinfachungen resultiert[26]:

$$\Delta H_{U(Sn,\ tetragonal \rightarrow hex.primitiv)} = 0{,}14 \pm 0{,}01 \text{ kcal/g-Atom.}$$

Dieser Wert ist aufgrund der vorgenommenen Vereinfachungen mit Sicherheit etwas zu groß. Er kann als oberer Grenzwert angesehen werden. Dennoch ist sein Betrag relativ klein. Zum Vergleich sei erwähnt, daß die Umwandlungsenthalpie des Zinns für den Übergang in eine hypothetische kubisch-flächenzentrierte Modifikation um den Faktor 10 größer ist. Die strukturelle Differenz der tetragonalen Kristallstruktur des weißen Zinns und der hexagonal-primitiven Struktur ist, wie bereits G.V. Raynor und J.A. Lee[58] betonten, außerordentlich gering. Entsprechend klein ist der Enthalpieaufwand für die Überführung des stabilen weißen Zinns in die hexagonal-primitive metastabile Struktur. Ein Vergleich der Werte für $\Delta H^L = \Delta H_B$ (siehe Tabelle 7) mit $x_{Sn} \cdot \Delta H_{U(Sn)}$ zeigt schließlich, daß der Umwandlungsterm den Hauptanteil an der Bildungsenthalpie darstellt und für das positive Vorzeichen und damit auch für die Instabilität der hexagonal-primitiven Phasen bei tiefen Temperaturen verantwortlich ist.

Ergänzend sei noch erwähnt, daß sich mit $\Delta H_{U(Sn)}$ und mit der aus dem Gang des Existenzgebietes mit der Temperatur abgeschätzten Umwandlungstemperatur für die hypothetische Modifikationsänderung tetragonal → hexagonal-primitiv gemäß

$$\Delta S_{U(Sn)} = \frac{\Delta H_{U(Sn)}}{T_{U(Sn)}} \qquad (112)$$

ein grober Schätzwert für die Umwandlungsentropie ergibt. Er beträgt $\Delta S_{U(Sn,\ tetragonal \rightarrow hex.primitiv)} = 0{,}27 \pm 0{,}04$ cal/ g-Atom ^{o}K. Dies ist, ähnlich wie $\Delta H_{U(Sn)}$, ein oberer Grenzwert. Er ist etwa um den Faktor 10 kleiner als die Umwandlungsentropie, die mit dem Übergang des tetragonalen Zinns in eine hypothetische kubisch-flächenzentrierte Modifikation verbunden ist.

5.3.7 Das System Nickel-Gallium

Wie bereits weiter oben dargelegt, treten im System Nickel-Gallium mehrere intermetallische Phasen mit jeweils unterschiedlichen Kristallstrukturen auf. Die gewonnenen Bildungsenthalpien liefern indessen eine glatte ΔH^S-x-Linie, was darauf hinweist, daß die Umwandlungsenthalpie für den hypothetischen Übergang zwischen Strukturen benachbarter Phasen geringer ist, als die Streuung der einzelnen Meßpunkte, welche etwa 0,5 kcal/g-Atom beträgt (vgl. Bild 192). Vergleicht man indessen diese Bildungsenthalpien mit denen der Legierungen des homologen Systems Nickel-Aluminium, so tritt der Einfluß der Strukturdifferenz zwischen Gallium und Aluminium deutlich zutage.

In Bild 218 sind die Bildungsenthalpien der nickelreichen Mischkristalle der Systeme Ni-Al und Ni-Ga als Funktion des Atombruchs dargestellt. Die Differenz $\Delta(\Delta H)$ dieser beiden Bildungsenthalpien ist ebenfalls wiedergegeben. Die $\Delta(\Delta H)$-x-Linie ist eine Gerade. Die $\Delta(\Delta H)$-Werte können zwanglos als durch den Betrag bedingt angesehen werden, der bei der Bildung der Ni-Ga-Legierungen erforderlich ist, um das orthorhombische Gallium in eine hypothetische kubisch-flächenzentrierte Modifikation zu überführen, wie sie das Aluminium besitzt. Eine Auswertung dieser Gegebenheit liefert als Umwandlungsenthalpie des Galliums den Wert[183]:

$$\Delta H_{U(\text{Ga, orthorhomb.} \rightarrow \text{kub.fz.})} = 6{,}5 \pm 3 \text{ kcal/g-Atom.}$$

Innerhalb der Fehlergrenzen stimmt dieser Wert mit der Umwandlungsenthalpie des Galliums für den Übergang in eine hypothetische kubisch-flächenzentrierte Modifikation überein, wie sie durch Analyse der thermodynamischen Eigenschaften von Ag-Ga-Legierungen gefunden werden konnte[173].

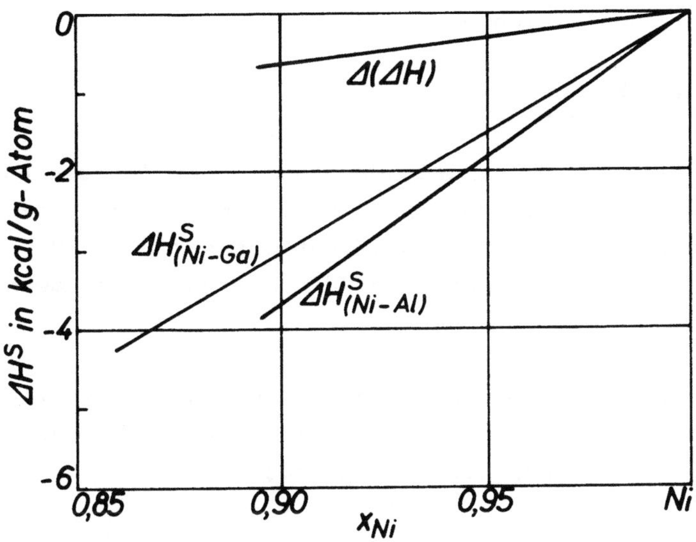

Bild 218
Zur Analyse der Bildungsenthalpien im System Ni - Ga

5.3.8 Zur Frage nach der Stabilisierbarkeit hypothetischer Modifikationen durch hohen Druck

Erste Informationen über die Stabilität hypothetischer Modifikationen bei hohen Drucken können anhand der Clausius-Clapeyronschen Gleichung

$$\frac{dp}{dT} = \frac{\Delta H_U}{T_U \cdot \Delta V_U} \qquad (113)$$

gewonnen werden. Dabei ist neben der Umwandlungsenthalpie ΔH_U und der Umwandlungstemperatur in ^{o}K (T_U) noch die Kenntnis der Volumenänderung beim Modifikationsübergang, ΔV_U, erforderlich. dp/dT stellt bekanntlich die Steigung der Umwandlungstemperatur-Druck-Kurve dar.

Das Umwandlungsvolumen ΔV_U kann in analoger Weise wie ΔH_U gewonnen werden, und zwar durch eine Analyse der Überschußvolumina ΔV, die definiert sind gemäß

$$\Delta V = V_L - (x_A \cdot V_A + x_B \cdot V_B) \qquad (114)$$

Die Überschußvolumina können aufgespalten werden in einen "Bindungsanteil" ΔV_B, einen "Fehlpassungsanteil" ΔV_F und einen "Umwandlungsanteil" ΔV_U. Ohne auf Einzelheiten der Analyse einzugehen, sei erwähnt, daß für den Übergang des Zinns in eine hypothetische, kubisch-flächenzentrierte Modifikation

$$\Delta V_{U(Sn,\ tetragonal \rightarrow kub.fz.)} = +\ 0{,}27\ cm^3/g\text{-Atom}$$

gefunden worden ist[207]. Bemerkenswert ist, daß beim Übergang in eine kubisch dichtest gepackte Modifikation das Volumen des Zinns zunimmt. Im Falle des Wismuts wurde für den Übergang in eine Struktur mit kubisch-dichtester Kugelpackung indessen eine Volumenabnahme gefunden:

$$\Delta V_{U(Bi,\ rhomboedr. \rightarrow kub.fz.)} = -\ 2{,}0\ cm^3/g\text{-Atom}$$

Anhand der Clausius-Clapeyronschen Gleichung ergibt sich aufgrund der nun vorliegenden Grunddaten für den Übergang $Sn_{(tetrag. \rightarrow kub.fz.)}$

$$\frac{dp}{dT} \approx 0{,}3 \text{ kbar/Grad.}$$

Da $\Delta H_{U(Sn)}$ und $\Delta V_{U(Sn)}$ positives Vorzeichen haben, steigt die Umwandlungstemperatur mit steigendem Druck an. Die p-T_U-Kurve dieses Umwandlungsprozesses ist in Bild 219 gemeinsam mit dem von G.C. Kennedy und R.C. Newton[208] mitgeteilten p-T-Diagramm des Zinns wiedergegeben. Die Schmelzdruckkurve des weißen Zinns (Sn I) wird von der p-T_U-Kurve für den Übergang tetragonal → kubisch-flächenzentriert nicht geschnitten. In den bisher experimentellen Untersuchungen zugänglichen Druckbereichen kann dementsprechend eine kubisch-flächenzentrierte Modifikation des Zinns nicht stabilisiert werden. Gleiches gilt für die hypothetische Zinnmodifikation mit hexagonal-primitiver Struktur.

Bei Drucken oberhalb 35 kbar tritt, wie aus Bild 219 ersichtlich, eine mit Sn II bezeichnete Modifikation auf. Sie hat ein etwas verzerrtes kubisch-raumzentriertes Gitter. Eine durch Th. Heumann und H. Wöstmann[198] vorgenommene Auswertung der p-T-Kurve für die Umwandlung Sn I → Sn II liefert eine Umwandlungsenthalpie von ΔH_U = 1,20 kcal/g-Atom. Dieser Wert stimmt mit dem von uns durch Analyse der thermodynamischen Eigenschaften des Systems Tl-Sn gewonnenen Wert $\Delta H_{U(Sn,\ tetragonal \rightarrow kub.rz.)}$ = 1,27 kcal/g-Atom praktisch völlig überein. Dieses Beispiel zeigt, ebenso wie das weiter oben erwähnte Beispiel des Umwandlungsverhaltens von Thallium und von Thalliumlegierungen, daß sich Ergebnisse von Hochdruckexperimenten und Ergebnisse aus thermodynamischen Untersuchungen an Legierungssystemen sinnvoll ergänzen können.

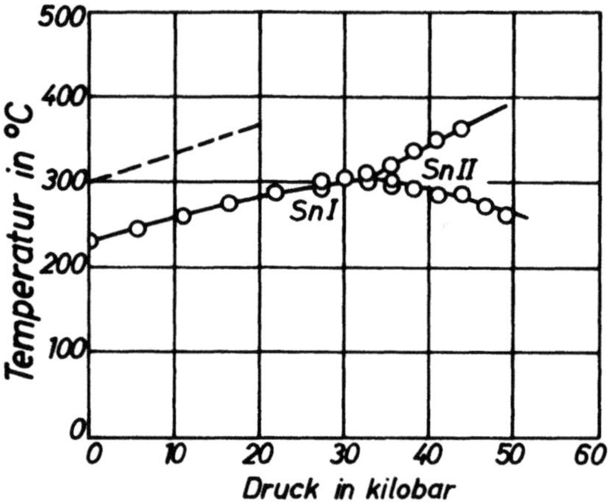

Bild 219
Temperatur - Druck - Diagramm des Zinns

o nach [208]

--- für den Übergang tetragonal → k.f.z. berechnet nach Gl. (113)

5.3.9 Auswirkung von Strukturdifferenzen auf die Konstitution von Legierungen

Eine Übersicht über die bisher aus den thermodynamischen Eigenschaften von Legierungen erschlossenen Umwandlungsenthalpien und Umwandlungsentropien für hypothetische Modifikationsänderungen gibt Tabelle 8. Die ΔH_U- und ΔS_U-Werte können bei großen Strukturdifferenzen erhebliche Beträge erreichen. Es ist dann damit zu rechnen, daß sie die thermodynamischen Eigenschaften der entsprechenden Legierungen und gleichzeitig auch die Phasengleichgewichte des Legierungssystems entscheidend bestimmen. Als einfaches Beispiel seien hier die Zustandsdiagramme des Germaniums mit den Elementen der I B-Gruppe des Periodensystems betrachtet.

In der Regel bedingt ein Zusatz eines höherwertigen Elements zu den einwertigen Metallen Kupfer, Silber oder Gold infolge der Erhöhung der Valenzelektronenkonzentration die Bildung von Hume-Rothery-Phasen. Das ist auch für Legierungen der I B-Metalle mit Germanium zu erwarten. Es treten jedoch lediglich im System Cu-Ge derartige "Elektronenverbindungen" auf. Die Systeme Ag-Ge und Au-Ge weisen einfache eutektische Schmelzgleichgewichte mit relativ geringer Löslichkeit im festen Zustand auf (vgl.Bild 220). Offensichtlich sind die primären Bindungseinflüsse nur im Falle Cu-Ge dominant. Kupfer bildet bekanntlich bei Zusatz höherwertiger Elemente Hume-Rothery-Verbindungen, die in der Regel eine höhere thermodynamische Stabilität aufweisen, als die analogen Verbindungen mit Silber oder Gold als Edelmetallkomponente. Wie Bild 220 zeigt, ist diese Tendenz auch in den thermodynamischen Eigenschaften der Schmelzen zu erkennen. Die flüssigen Kupfer-Germanium-Legierungen weisen einen höheren maximalen Betrag der negativen Mischungsenthalpie auf als die Schmelzen der Systeme Silber-Germanium und Gold-Germanium. Trotz dieser

Tabelle 8

Thermodynamische Daten hypothetischer Phasenumwandlungen ΔH_U in kcal/g-Atom, ΔS_U in cal/g-Atom °K und T_U in °K

Umwandlung	ΔH_U	ΔS_U	T_U
$Hg_{rhomb.}$ → hex.	1,19[28)]	2,65[28)]	447[28)]
$Hg_{rhomb.}$ → kub.fz.	1,27[212)]	2,85[212)]	446[212)]
$Sn_{tetrag.}$ → kub.rz.	1,27[201)]	2,25[201)]	563[201)]
$Sn_{tetrag.}$ → kub.fz.	1,31[188)]	2,27[188)]	577[188)]
	1,35[201)]	2,36[201)]	574[201)]
	1,29[198)]	2,45[198)]	527[198)]
$Bi_{rhomb.}$ → kub.fz.	2,10[213)]	3,20[213)]	658[213)]
$Bi_{rhomb.}$ → hex.	2,20[213)]	3,20[213)]	688[213)]
$Sb_{rhomb.}$ → kub.rz.	5,0[134)]	4,87[134)]	1026[134)]
$Sb_{rhomb.}$ → tetrag.	3,8[214)]	5,3[214)]	724[214)]
$Ga_{orthorhomb.}$ → kub.fz.	2 ± 1[173)]	-	-
$Ge_{Diamant}$ → kub.fz.	13,0[176)]	-	-

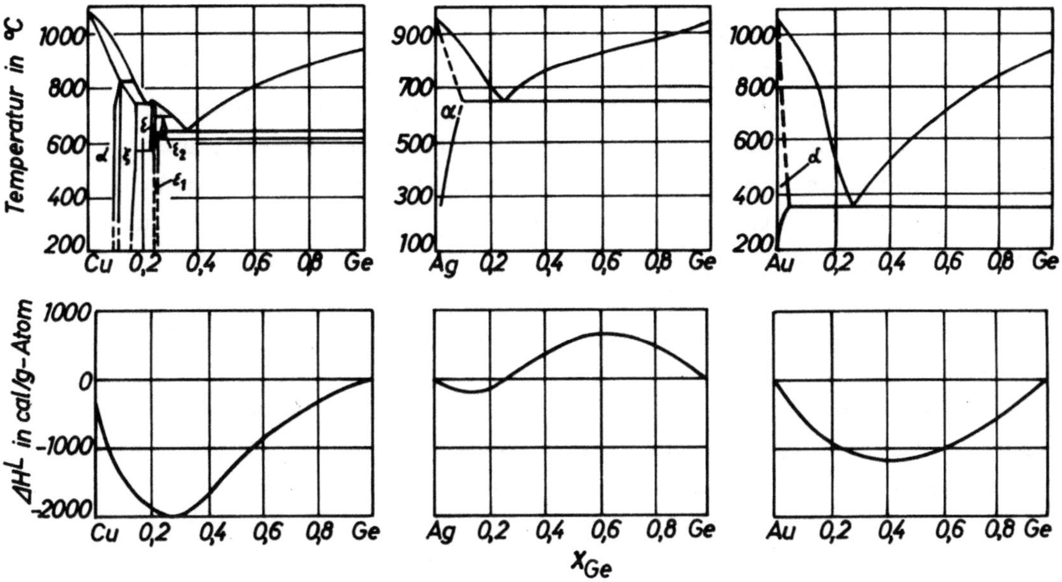

Bild 220

Zustandsdiagramme Cu - Ge, Ag - Ge und Au - Ge [27] sowie Mischungsenthalpien ΔH^L der entsprechenden flüssigen Legierungen [175) 176) 209)]

Unterschiede in quantitativer Hinsicht ist eine Verbindungstendenz auch in den Systemen Ag-Ge und Au-Ge in deutlichem Ausmaß vorhanden. Bei den Silber-Germanium-Legierungen treten zumindest in dem Konzentrationsbereich negative ΔH^L-Werte auf, in dem die VEK für eine Bildung von Elektronenverbindungen passend ist. Daß diese Verbindungen in den Systemen Ag-Ge und Au-Ge trotz der vorhandenen Tendenz zu ihrer Bildung nicht auftreten, ist zweifellos auf einen starken Einfluß des Umwandlungsterms in der Enthalpiebilanz zurückzuführen. Die Umwandlungsenthalpie des Germaniums für den Übergang in die Struktur der in dichten Gittern kristallisierenden Hume-Rothery-Phasen dürfte sich von $\Delta H_{U(Ge,Diamant \rightarrow kub.fz.)} =$ 13 kcal/g-Atom nicht wesentlich unterscheiden. Im Falle der Cu-Ge-Legierungen, bei denen offensichtlich der stärkste "Bindungsanteil" an den thermodynamischen Überschußgrößen vorliegt, ist dieser dominierend. Bei den Systemen Silber-Germanium und Gold-Germanium überwiegt zweifellos der Umwandlungsterm, und zwar offensichtlich in einem so hohen Maße, daß Hume-Rothery-Phasen hier weniger stabil sind als ein Gemenge der Mischkristalle der Komponenten.

Daß in den Systemen Ag-Ge und Au-Ge tatsächlich die Tendenz zur Bildung von Hume-Rothery-Phasen besteht, wird durch Ergebnisse von "splat cooling"-Experimenten erhärtet. Durch extrem rasche Erstarrung aus der Schmelze gelingt es, in diesen Systemen metastabile Hume-Rothery-Phasen zu gewinnen[210)211)].

6. Literaturverzeichnis

1) R. Hargreaves; J.Inst.Metals, 64 (1939) 115

2) F. Hombeck; Diplomarbeit,Münster (1958)

3) B. Predel; Z.Metallkde., 49 (1958) 226

4) H. Schmalzried; Z.Phys.Chem., 25 (1960) 178

5) R.A. Rapp und F. Maak; Acta Met., 10 (1962) 63

6) F. Hund und R. Mezger; Z.Phys.Chem., 201 (1952) 268

7) C.H. Steele und C.B. Alcock; Trans.Met.Soc.AIME, 233 (1965) 1359

8) O. Kubaschewski und E.L. Evans; Metallurgical Thermochemistry, Pergamon Press, London (1958)

9) R. Hultgren, R.L. Orr, P.D. Anderson und K.K. Kelley; Selected Values of Thermodynamic Properties of Metals and Alloys, John Wiley & Sons, New York (1963)

10) W. Seith und H. Johnen und J. Wagner; Z.Metallkde., 46(1955) 392

11) B. Predel und D. Rothacker; J.Less-Common Metals, 10(1966) 392

12) T.W. Richards und G.N. Lewis; Z.Phys.Chem., 28 (1899) 1

13) T.W. Richards und G.S. Forbes; Z.Phys.Chem., 58 (1906) 683

14) N.A. Puschin; Z.Anorg.Chem., 36 (1903) 201

15) F.E. Smith; Phil.Mag., 19 (1910) 250

16) G.A. Hulett und R.E. de Lury; J.Amer.Chem.Soc., 30(1908) 1805

17) T.W. Richards, H.L. Freveret und C.E. Teeter; J.Amer.Chem.Soc. 50 (1928) 1293

18) H.C. Bijl; Z.Phys.Chem., 41 (1902) 641

19) J.H. Hildebrand, A.H. Foster und C.W. Beebe; J.Amer.Chem.Soc., 42 (1920) 545

20) W. Meyer-Jungnick; Z.Phys.Chem.N.F,.13 (1957) 184

21) J.S.Pedder und S. Barrat; J.Chem.Soc, (London), (1933) 537

22) O.J. Kleppa; Acta Met., 8 (1960) 435

23) E. Müller; Dissertation, Universität München, 1958

24) F.E. Wittig und P. Scheidt; Naturwissenschaften, 47 (1960) 250

25) B.Predel und D. Rothacker; Acta Met., 15 (1967) 135

26) E. Kordes und F. Raaz; Z.Anorg.Chem., 181 (1929) 225

27) M. Hansen und K. Anderko; Constitution of Binary Alloys, McGraw-Hill Book Comp., New York (1958)

28) B. Predel und W. Schwermann; J.Inst.Metals, 97 (1969) 122

29) B. Predel und W. Schwermann; J.Inst.Metals, 99 (1971) 209

30) R. Hultgren, P.D. Desai, D.T. Hawkins, M. Gleiser und K.K. Kelley; Amer.Soc.Metals, Metals Park, Ohio (1973)

31) Y. Claire, H. Tachoire und M. Laffitte; Bull.Soc.Chim. France, 8 (1968) 3152

32) H. Schenck, E. Steinmetz und M.G. Frohberg; Arch. Eisenhüttenwes., 34 (1963) 561

33) J.H. Hildebrand und E.D. Eastman; J.Amer.Chem.Soc. 36 (1914) 2020

34) W. Oelsen, O. Oelsen und D. Thiel; Z.Metallkde., 46 (1955) 555

35) B. Predel; Acta Met., 14 (1966) 209

36) B.R. Coles, M.F. Merriam und Z. Fisk; J.Less-Common Metals, 5 (1963) 41

37) W. Morawietz; Chem.Techn., 36 (1964) 638

38) O.J. Kleppa und M. Kaplan; J.Chem.Phys., 61 (1957) 1120

39) Y. Claire, H. Tachoire und M. Laffitte; Bull.Soc.Chim. France, 5 (1967) 1613

40) Th. Heumann und B. Predel; Z.Metallkde., 53 (1962) 240

41) B. Predel; Z.Metallkde., 55 (1964) 117

42) B. Predel; Z.Metallkde., 55 (1964) 97

43) A. Succheni; Z.Elektrochem., 12 (1906) 726

44) T.W. Richards und J.H. Wilson; Carnegie Inst.Publ., 118 (1909) 1

45) T.W. Richards und F. Daniels; J.Amer.Chem.Soc., 41 (1919) 1732

46) T.W. Richards und C.P. Smyth; J.Amer.Chem.Soc., 44 (1922) 524

47) R.H. Gerke; J.Amer.Chem.Soc., 44 (1922) 1684

48) J.H. Hildebrand und E.D. Eastman; J.Amer.Chem.Soc., 37 (1915) 2452

49) W. Biltz und F. Meyer; Z.Anorg.Chem., 176 (1928) 23

50) L.L. Hirst und A.R. Olson; J.Amer.Chem.Soc., 51 (1929) 2398

51) G. Tammann und E. Ohler; Z.Anorg.Chem., 135 (1924) 118

52) C.S. Hoyot und G. Stegeman; J.Phys.Chem., 38 (1934) 753

53) J. Spencer; Z.Elektrochem., 11 (1905) 681

54) D.R. Conant; J.Chem.Eng.Data, 14 (1969) 9

55) B.R. Burgau, R.C. Hall und R.F. Hehemann; J.Inst.Metals, 80 (1951) 413

56) B. Predel und D. Rothacker; J.Less-Common Metals, 17 (1969) 223

57) A. Sieverts und H.Oehme; Ber.Deutsch.Chem.Ges., 46 (1913) 1238

58) G.V. Raynor und J.A. Lee; Acta Met., 2 (1954) 616

59) K. Schubert, U. Rösler, W. Mahler, E. Dörre und W. Schütt; Z.Metallkde., 45 (1954) 643

60) B. Predel; J.Less-Common Metals, 7 (1964) 347

61) A.N. Campbell, L.B. Buchnan, J.M. Kuzmak und R.H. Tuxworth, J.Amer.Chem.Soc., 47 (1952) 1962

62) B. Predel; Z.Metallkde., 56 (1965) 791

63) F.E. Wittig und G. Keil; Z.Metallkde., 54 (1963) 576

64) W. Klemm und H.A. Klein; Z.Anorg.Chem., 256 (1948) 240

65) E. Raub und M. Engel; Z.Metallkde., 37 (1946) 148

66) S. Valentiner und J. Puzieha; Z.Metallforschg., 2 (1947) 127

67) B. Predel und H. Sandig; Mater.Sci.Eng., 4 (1969) 49

68) J.L. White; A Thermodynamic Analysis of Solubility in Liquid Metal Systems, U.S. Naval Research Laboratory, Washington, D.C. (1960)

69) R. Martin-Garin, G. Massart, P.Desré und E. Bonnier; Compt.Rend.Acad.Sci.Ser.C., 262 (1966) 335

70) R. Martin-Garin und P. Desré; Compt.Rend.Acad.Sci.Paris, 264 (1967) 49

71) B. Predel und H. Sandig; Z.Metallkde., 60 (1969) 126

72) Y. Dardel; Light Metals, 9 (1946) 220; Z.Metallkde., 39 (1948) 214

73) W. Claus und J. Hermann; Metallwirtschaft, 18 (1939) 957

74) K. Schneider; Z.Metallkde, 39 (1948) 349

75) L.W. Kempf und K.R. van Horn; Trans.AIME, 133 (1939) 81

76) H. Bauer; Aluminium-Arch., 24 (1939) vgl. Ref. 27)

77) A. Schneider und E.K. Stoll; Z.Elektrochem., 47 (1941) 527

78) A.J. Beljajew, E.A. Shemtschushina und L.A. Firsanowa, Physikalische Chemie geschmolzener Salze, VEB-Verlag, Leipzig (1964), S. 86

79) J.S. Morosow, B.G. Koruschunow und A.T. Simonitsch, Zhurn.neorg.chim., 1 (1956) 1646

80) T.C. Wilder und J.F. Elliott; J.Electrochem.Soc., 111 (1964) 352

81) B. Predel und U. Schallner; Z.Metallkde., 60 (1969) 869

82) W. Leitgebel, Z.Anorg.Chem.Allg.Chem., 202 (1931) 305

83) M. Kawakami; Science Rep. Tohoku Imp. Univers., 16 (1927) 915, 19 (1930) 521

84) B. Predel und U. Schallner; Mater.Sci.Eng., 5 (1969/70) 210

85) G.G. Urasov; Zh.Fiz.Khim., 51 (1919) 461

86) V.M. Glazov und D.A. Petrov; Izv.Akad.Nauk SSSR, Otd.Tekhn.Nauk., 4 (1958) 125

87) D. Charquet, P. Desré, E. Bonnier und G. Chaudron; Compt.Rend., 264, Ser. C. (1967) 1637

88) T.C. Wilder; Trans.AIME, 233 (1965) 1202

89) G.Grube und F. Hantelmann; Z.Elektrochem., 48 (1942) 399

90) T.C. Wilder und F. Elliott; J.Electrochem.Soc., 107 (1960) 628

91) Th. Heumann und B. Predel; Z.Metallkde., 49 (1958) 90

92) O.J. Kleppa; Acta Met., 6 (1958) 225

93) V. Genta, M. Fiorani und V. Valenti; Gazz.Chim.Ital., 85 (1955) 103

94) B. Predel, R. Mohs und D. Rothacker; J.Less-Common Metals, 12 (1967) 483

95) E.Burmeister und K. Jellinek; Z.Phys.Chem., 165 (1933) 121

96) K. Jellinek und H.A. Wannow; Z.Elektrochem., 41 (1935) 346

97) N.W. Taylor; J.Amer.Chem.Soc., 45 (1923) 2865

98) M. Fiorani und V. Valenti; Gazz.Chim.Ital., 85 (1955) 607

99) Th. Heumann und B. Predel; Z.Metallkde., 51 (1960) 509

100) O.J. Kleppa und C.E. Thalmayer; J.Phys.Chem., 63 (1959) 1953

101) W.J. Svirbley und S.M. Read; J.Phys.Chem., 66 (1962) 658

102) L.N. Gerasimenko, V.A. Zaitsev, L.N. Loshkin und A.G. Morachevskii; Tsvetnaya Met., 1 (1966) 46

103) V.G. Ryabov und J.T. Sryvalin; Izvest.Akad.Nauk SSSR, Metally, 2 (1971) 78

104) B. Predel; Z.Physik.Chem. N.F., 24 (1960) 206

105) B. Predel und D. Rothacker; Acta Met., 17 (1969) 783

106) E. Jenckel; Z.Metallkde., 26 (1934) 249

107) N.A. Puschin und O.P. Micic; Z.Anorg.Chem., 234 (1937) 233

108) H. Zoller; Metall 11 (1957) 378

109) J.W. Clare; J.Inst.Metals, 86 (1957-1958) 431

110) J.H. Hildebrandt und R.L. Scott; The Solubility of Non-Electrolytes, 3rd Edition, Reinhold Publ.Corp., New York (1950)

111) V.N. Danilin und S.P. Yatsenko; J.Appl.Chem. USSR, 41 (1968) 1396

112) Y.K. Lee und A. Yazawa; J.Japan Inst.Metals, 33 (1969) 323

113) G.J. Macur, R.K. Edwards und P.G. Wahlbeck; J.Phys.Chem., 72 (1968) 1047

114) Lecoq de Boisbaudran; Compt.Rend., 100(1885) 701

115) S.J. French, D.J. Saunders und G.W. Ingle; J.Phys.Chem., 42 (1938) 265

116) J.P. Denny, J.H. Hamilton und J.R. Lewis; Trans.AIME, 194 (1952) 39

117) W.J. Svirbley und S.M. Selis; J.Phys.Chem., 58 (1954) 33

118) U. Heubner und P. Wincierz; Metall, 20 (1966) 703

119) B. Predel und D.W.Stein; J.Less-Common Metals, 18 (1969) 49

120) J.P. Bros, R. Castanet und M. Laffitte; Compt.Rend., C 264 (1967) 1804

121) B. Predel; Z.Metallkde., 50 (1959) 664

122) V.N. Danilin und S.P. Yatsenko; Zh.Fiz.Khim, 41 (1967) 879

123) V.N. Danilin, S.P. Yatsenko und E.P. Druzhinina; Izvest.Vysokhikh Uchebn.Zavedenii, Tsvetnaya Met., (2) (1968) 103

124) B. Predel und D.W. Stein; J.Less-Common Metals, 24 (1971) 159

125) P. Elliott; Constitution of Binary Alloys, First Supplement, McGraw-Hill Book Comp., New York (1965)

126) B. Predel und D.W. Stein; Z.Metallkde., 62 (1971) 499

127) B. Predel; J.Less-Common Metals, 7 (1964) 347

128) B. Predel und D.W. Stein; J.Less-Common Metals, 24 (1971) 391

129) M.H. Maglione und A. Potier; J.Chim.Phys.Chim.Biol., 65 (9) (1968) 1595

130) A Yazawa, T. Kawashima und K. Itagaki; J.Japan Inst. Metals, 32 (1968) 1288

131) B.D. Lichter und P. Sommelet; Trans.AIME, 245 (1969) 99

132) A. Steiner, E. Miller und K.L. Komarek; Trans.AIME, 230 (1964) 1361

133) Chu Hsi-Hsiung, Chao P'eng-Nien, Mo Chin-Chi; Acta Met. Sinica, 9 (1) (1966) 113

134) B. Predel und W. Schwermann; Z.Naturforsch., 25a (1970) 877

135) E. Bonnier, P. Desré und G. Petot-Ervas; Compt.Rend., 255 (1962) 2432

136) H. Krebs; Angew.Chemie, 74 (1962) 504

137) B. Predel, M. Frebel und W. Gust; J.Less-Common Metals, 17 (1969) 391

138) K. Weckerle; Dissertation, Freiburg i.Br. (1935)

139) N.A. Puschin und O.P. Micic; Z.Anorg.Allg.Chem., 234 (1937) 229

140) W. Hume-Rothery und G.V. Raynor; J.Inst.Metals, 63 (1938) 201

141) W. Haucke; Naturwissenschaften, 26 (1938) 577

142) E. Hellner; Fortschr.Mineral., 29-30 (1950-51) 58

143) B.Predel und D.W. Stein; J.Less-Common Metals, 18 (1969) 203

144) H. Slaby und J. Terpilowski; Bull.Acad.Polon.Sci., Ser.Sci.Chim., 12 (1964) 581

145) B. Predel und H. Sandig; Z.Metallkde., 60 (1969) 208

146) D.A. Stevenson und J. Wulff; Trans.Met.,Soc.AIME, 221 (1961) 271

147) C.D. Hodgman, R.C. Weast und S.M. Selby, ed.; Handbook of Chemistry and Physics, Chemical Rubber Pub.Comp., Cleveland, Ohio,42nd ed.(1960)

148) A. Yazawa, T. Azakami und T. Kawashima; J.Mining Metal. Inst.Japan, 82 (1966) 519

149) O.J. Kleppa; J.Amer.Chem.Soc., 74 (1952) 6047

150) B. Predel und U. Schallner; Z.Metallkde., 63 (1972) 119

151) T.C. Wilder; Trans.AIME, 238 (1966) 88

152) G.F. Batalin und E.A. Beloborodova; Zhur.Fiz.Khim., 42 (1968) 781

153) F.A. Shunk; Constitution of Binary Alloys, Second Supplement, McGraw-Hill Book Comp., New York (1969)

154) A. Schneider und H. Schmid; Z.Elektrochem., 48 (1942) 627

155) W. Klemm und L. Klemm; Z.anorg.Chem., 256 (1948) 244

156) P.H. Keck und J. Broder; Phys.Rev., 90 (1953) 827

157) B. Predel und D.W. Stein; Z.Metallkde., 61 (1970) 909

158) E.M. Savitskii, V.V. Baron und M.A. Tylkina; Zh.Neorgan.Khim, 3 (1958) 763

159) C.D. Thurmond und M. Kowalchik; Bell System Techn.J., 39 (1960) 169

160) W. Klemm und L. Klemm; Z.anorg.Chem., 256 (1948) 248

161) B. Predel und D.W. Stein; Z.Metallkde., 62 (1971) 381

162) H. Stöhr und W. Klemm; Z.anorg.Chem., 241 (1939) 305

163) W. Guertler und M. Pirani; Techn.Publ.Internat.Tin Research Develop. Council, Ser.A., Nr. 50 (1937)

164) K. Ruttewit und G. Masing; Z.Metallkde., 32 (1940) 52

165) H. Stöhr und W. Klemm; Z.anorg.Chem., 244 (1940) 205

166) T. Azakami und A. Yazawa; J.Mining Met.Inst. Japan, 85 (1969) 97

167) C.B. Alcock, R. Sridhar und R.C. Svedberg; Acta Met., 17 (1969) 839

168) N.F. Mott und H. Jones; The Theory of the Properties of Metals and Alloys, Oxford (1936)

169) B. Predel und U. Schallner; Z.Metallkde., 63 (1972) 341

170) E.P. Mycielska, J. Terpilowski und K. Strozecka; Archiwum Hutnictwa, 8 (1963) 85

171) V.N. Danilin und S.P. Yatsenko; Izv.Akad.Nauk SSSR Metally, 3 (1968) 224

172) O.J. Kleppa; J.Amer.Chem.Soc., 72 (1950) 3346

173) B. Predel und D.W. Stein; Acta Met., 20 (1972) 515, 681

174) O.J. Kleppa; J.Phys.Chem., 60 (1956) 846, 852, 858

175) K. Ehrlich; Dissertation, Naturwiss.Fakultät der Ludwig-Maximilian-Universität in München (1965)

176) B.Predel und D.W. Stein; Z.Naturforschung, 26a (1971) 722

177) O.J. Kleppa und R.C. King; Acta Met., 10 (1962) 1183

178) T.B. Massalski und B. Cockayne; Acta Met., 7 (1959) 762

179) H.L. Lukas und E.Th. Henig; Z.Metallkde., 66 (1975) 98

180) H. Hellner; Z.Metallkde., 41 (1950) 480

181) M. Ellner, S. Bhan und K. Schubert; J.Less-Common Metals, 19 (1969) 245

182) M. Ellner, K.J. Best, H. Jacobi und K. Schubert; J.Less-Common Metals, 19 (1969) 294

183) B.Predel, W. Vogelbein und U. Schallner; Thermochim.Acta, 12 (1975) 367

184) R.C. Weast, ed.; Handbook of Chemistry and Physics, The Chemical Rubber Comp., Cleveland, Ohio, 53rd ed. (1972)

185) H. Jacobi, D. Stöckel und H.L. Lukas; Z.Metallkde., 62 (1971) 305

186) J.N. Pratt, J.M. Bird und S. Martosudirdjo; Thermodynamics of Alloys, Final Technical Report, European Research Office, United States Army, London W.1, England, Contract No. DAJA 37-72-C-3034 (1973)

187) O. Vollmer, R. Kohlhaas und M. Braun; Z.Naturforsch., 21a (1966) 181

188) O. Alpaut und Th. Heumann; Acta Met., 13 (1965) 543

189) W. Hume-Rothery; The Structure of Metals and Alloys, The Institute of Metals, London (1950)

190) A.W. Lawson; J.Chem.Phys., 15 (1947) 831

191) Th. Heumann; Z.Elektrochemie, 57 (1953) 724

192) I. Prigogine und A. Bellemans; Disc.Faraday Soc., 15 (1953) 80

193) H.J. Axon; Nature, London, 162 (1948) 997

194) B.W. Mott; Phil.Mag., 2 (1957) 259

195) S.W. Strauss, J.L. White und B.F. Brown; Acta Met., 6 (1958) 604

196) S.W. Strauss; Acta Met., 10 (1962) 171

197) R.W. Bohl und V.D. Hildebrandt; J.Amer.Chem.Soc., 79 (1957) 2711

198) Th. Heumann und H. Wöstmann; Z.Metallkde., 63 (1972) 332

199) Th. Heumann und O. Alpaut; J.Less-Common Metals, 6 (1964) 108

200) F.E. Wittig und P. Scheidt; Z.Phys.Chem.,N.F., 28 (1961) 120

201) B. Predel und W. Schwermann; Acta Met., 19 (1971) 85

202) P.W. Bridgman; Phys.Rev., 48 (1935) 893

203) P.N. Adler und H. Margolin; Trans.AIME, 230 (1964) 1048

204) W. Gordy; Phys.Rev., 69 (1946) 604

205) J. Friedel; Adv.Phys., 3 (1954) 446

206) B. Predel und F. Gerdes; J.Less-Common Metals, 1975, im Druck

207) B. Predel und A. Emam; Z.Metallkde., 60 (1969) 469

208) G.C. Kennedy und R.C. Newton, in "Solids under Pressure", Herausgeber W. Paul und D.M. Warschauer, McGraw-Hill Book Comp., New York (1963)

209) R. Castanet, Y. Claire und M. Laffitte; J.Chim.Phys., 66 (1969) 1276

210) P. Duwez, R.H. Willens und W. Klement jr.; J.Appl.Phys., 31 (1960) 1137

211) P. Ramachandrarao, P.R. Rao und T.R. Anantharaman; Z.Metallkde., 61 (1970) 471

212) B. Predel und D. Rothacker; Acta Met., 15 (1967) 135

213) B. Predel und W. Schwermann; Z.Metallkde., 58 (1967) 553

214) B. Predel und W. Schwermann; J.Inst.Metals, 99 (1971) 169

215) G. Petot-Ervas, M. Allibert, C. Petot, P. Desré und E. Bonnier; Bull.Soc.Chim., 5 (1969) 1477

216) L.F. Kozin und R.S. Nigmetova; Zh.Prikl.Khim, 40 (1967) 1914

217) L.F. Kozin; Tr.Inst.Khim.Nauk, Akad.Nauk Kaz.SSR, 9 (1962) 81

218) K. Schubert und S. Bhan; J.Less-Common Metals, 17 (1969) 73

GPSR Compliance

The European Union's (EU) General Product Safety Regulation (GPSR) is a set of rules that requires consumer products to be safe and our obligations to ensure this.

If you have any concerns about our products, you can contact us on ProductSafety@springernature.com

In case Publisher is established outside the EU, the EU authorized representative is:

Springer Nature Customer Service Center GmbH
Europaplatz 3
69115 Heidelberg, Germany

Batch number: 10584556

Printed by Printforce, the Netherlands